高等院校智能制造人才培养系列教材

机械产品数字化表达

孙铁红 主编 丁乔 副主编

Digital Representation of Mechanical Products

化学工业出版社

·北京·

内容简介

《机械产品数字化表达》以常用的机械产品数字化表达软件——AutoCAD 和 SOLIDWORKS 的实践应用为主要内容，以任务驱动为主线，通过多个机械产品表达实例来组织教材内容。结合编者多年的工程实践和课堂教学经验，介绍了利用 AutoCAD 2022 软件绘制符合国家标准的工程图的方法、流程和技巧，以及运用 SOLIDWORKS 2022 软件完成机械零件的建模、机械部件的装配和工程图转化的方法和技巧。本书提供了大量讲解和演示微视频，使软件的学习更加直观、轻松，针对性和个性化更强。

本书可作为高等院校智能制造工程及机械类相关专业的教材，也可供相关领域的工程技术人员学习参考。

图书在版编目（CIP）数据

机械产品数字化表达 / 孙铁红主编 ; 丁乔副主编. 北京 : 化学工业出版社, 2024. 9. -- (高等院校智能制造人才培养系列教材). -- ISBN 978-7-122-45992-3

Ⅰ. TH122

中国国家版本馆 CIP 数据核字第 2024A47Y63 号

责任编辑：张海丽　　　　文字编辑：温潇潇
责任校对：宋　夏　　　　装帧设计：韩　飞

出版发行：化学工业出版社（北京市东城区青年湖南街 13 号　邮政编码 100011）
印　　装：大厂回族自治县聚鑫印刷有限责任公司
787mm×1092mm　1/16　印张 15　字数 361 千字　　2024 年 11 月北京第 1 版第 1 次印刷

购书咨询：010-64518888　　售后服务：010-64518899
网　　址：http://www.cip.com.cn
凡购买本书，如有缺损质量问题，本社销售中心负责调换。

定　　价：49.00 元

版权所有　违者必究

高等院校智能制造人才培养系列教材

建设委员会

主任委员：

罗学科　　郑清春　　李康举　　郎红旗

委员（按姓氏笔画排序）：

门玉琢　　王进峰　　王志军　　王丽君　　田　禾

朱加雷　　刘　东　　刘峰斌　　杜艳平　　杨建伟

张　毅　　张东升　　张烈平　　张峻霞　　陈继文

罗文翠　　郑　刚　　赵　元　　赵　亮　　赵卫兵

胡光忠　　袁夫彩　　黄　民　　曹建树　　戚厚军

韩伟娜

序

党的二十大报告指出，要建设现代化产业体系，坚持把发展经济的着力点放在实体经济上，推进新型工业化，加快建设制造强国、质量强国、航天强国、交通强国、网络强国、数字中国。实施产业基础再造工程和重大技术装备攻关工程，支持专精特新企业发展，推动制造业高端化、智能化、绿色化发展。推动战略性新兴产业融合集群发展，构建新一代信息技术、人工智能、生物技术、新能源、新材料、高端装备、绿色环保等一批新的增长引擎。其中，制造强国、高端装备等重点工作都与智能制造相关，可以说，智能制造是我国从制造大国转向制造强国、构建中国制造业全球优势的主要路径。

制造业是一个国家的立国之本、强国之基，历来是世界各主要工业国高度重视和发展的重要领域。改革开放以来，我国综合国力得到稳步提升，到 2011 年中国工业总产值全球第一，分别是美国、德国、日本的 120%、346%和 235%。党的十八大以来，我国进入了新时代，发展的格局更为宏大，“一带一路”倡议和制造强国战略使我国工业正在实现从大到强的转变。我国不但建立了全球最为齐全的工业体系，而且在许多重大装备领域取得突破，特别是在三代核电、特高压输电、特大型水电站、大型炼化工、油气长输管线、大型矿山采掘与炼矿综采重点工程建设项目、重大成套装备、高端装备、航空航天等领域取得了丰硕成果，补齐了短板，打破了国外垄断，解决了许多“卡脖子”难题，为推动重大技术装备高质量发展，实现我国高水平科技自立自强奠定了坚实基础。进入新时代的十年，制造业增加值从 2012 年的 16.98 万亿元增加到 2021 年的 31.4 万亿元，占全球比重从 20%左右提高到近 30%；500 种主要工业产品中，我国有四成以上产量位居世界第一；建成全球规模最大、技术领先的网络基础设施……一个个亮眼的数据，一项项提气的成就，勾勒出十年间大国制造的非凡足迹，标志着我国迎来从“制造大国”“网络大国”向“制造强国”“网络强国”的历史性跨越。

最早提出智能制造概念的是美国人 P.K.Wright，他在其 1988 年出版的专著 *Manufacturing Intelligence*（《制造智能》）中，把智能制造定义为“通过集成知识工程、制造软件系统、机器人视觉和机器人控制来对制造技工们的技能与专家知识进行建模，以使智能机器能够在没有人工干预的情况下进行小批量生产”。当然，因为智能制造仍处在发展阶段，各种定义层出不穷，国内外有不同专家给出了不同的定义，但智能机器、智能传感、智能算法、智能设计、解决制造过程中不确定问题的智能方法、智能维护是智能制造的核心关键词。

从人才培养的角度而言，实现智能制造还任重道远，人才紧缺的局面很难在短时间内扭转，相关高校师资力量也不足。据不完全统计，近五年来，全国有300多所高校开办了智能制造专业，其中既有双一流高校，也有许多地方院校和民办高校，人才培养定位、课程体系、教材建设、实践环节都面临一系列问题，严重制约着我国智能制造业未来的长远发展。在此情况下，如何培养出适应不同行业、不同岗位要求的智能制造专业人才，是许多开设该专业的高校面临的首要任务。

智能制造的特点决定了其人才培养模式区别于其他传统工科：首先，智能制造是跨专业的，其所涉及的知识几乎与所有工科门类有关；其次，智能制造是跨行业的，其核心技术不仅覆盖所有制造行业，也适用于某些非制造行业。因此，智能制造人才培养既要考虑本校专业特色，又不能脱离社会对智能制造人才的需求，既要遵循教育的基本规律，又要创新教育体系和教学方法。在课程设置中要充分考虑以下因素：

- 考虑不同类型学校的定位和特色；
- 考虑学生已有知识基础和结构；
- 考虑适应某些行业需求，如流程制造、离散制造、混合制造等；
- 考虑适应不同生产模式，如多品种、小批量生产、大批量生产等；
- 考虑让学生了解智能制造相关前沿技术；
- 考虑兼顾应用型、技能型、研究型岗位需求等。

改革开放40多年来，我国的高等教育突飞猛进，高等教育的毛入学率从1978年的1.55%提高到2021年的57.8%，进入了普及化教育阶段，这就意味着高等教育担负的历史使命、受教育的对象都发生了深刻的变化。面对地方应用型高校生源差异化大，因材施教，做好智能制造应用型人才培养，解决高校智能制造应用型人才培养的教材需求就是本系列教材的使命和定位。

要解决好这个问题，首先要有一个好的定位，有一个明确的认识，这套教材定位于智能制造应用型人才培养需求，就是要解决应用型人才培养的知识体系如何构造，智能制造应用型人才的课程内容如何搭建。我们知道，应用型高校学生培养的主要目的是为应用型学科专业的学生打牢一定的理论功底，为培养德才兼备、五育并举的应用型人才服务，因此在课程体系、基础课程、专业教育、实践能力培养上与传统综合性大学和“双一流”学校比较应有不同的侧重，应更着眼于学生的实用性需求，应满足社会对应用技术人才的需求，满足社会实际生产和社会实际发展的需求，更要考虑这些学校学生的实际，也就是要面向社会发展需求，为社会各行各业培养“适销对路”的专业人才。因此，在人才培养的过程中，对实践环节的要求更高，要非常注重理论和实践相结合。据此，在应用型人才培养模式的构建上，从培养方案、课程体系、教学内容、教学方式、教材建设上都应注重应用型人才培养的规律，这正是我们编写这套智能制造相关专业教材的目的。

这套教材的突出特色有以下几点：

① 定位于应用型。这套教材不仅有适应智能制造应用型人才培养的专业主干课程和选修课程教

材，还有基于机械类专业向智能制造转型的专业基础课教材，专业基础课教材的编写中以应用为导向，突出理论的应用价值。在编写中引入现代教学方法和手段，结合教学软件和工业仿真软件，使理论教学更为生动化、具象化，努力实现理论课程通向专业教学的桥梁作用。例如，在制图课程中较多地使用工业界成熟设计软件，使学生掌握比较扎实的软件设计能力；在工程力学教学中引入有限元软件，实现设计计算的有限元化；在机械设计中引入模块化设计的概念；在控制工程中引入 MATLAB 仿真和计算机编程内容，实现基础教学内容的更新和对专业教育的支撑，凸显应用型人才培养模式的特点。

② 专业教材突出实用性、模块化、柔性化。智能制造技术是利用先进的制造技术，以及数字化、网络化、智能化等知识和控制理论来解决制造过程中不确定和非固定模式的问题，使得制造过程具有智能的技术，它的特点是综合性和知识内涵的丰富性以及知识本身的创新性。因此，在教材建设上与以前传统的知识技术技能模式应有大的区别，更应注重对学生理念、意识、认知、思维方式和系统解决问题能力的培养。同时考虑到各行业、各地和各校发展阶段和实际办学水平的不同，希望这套教材尽可能为各校合理选择教学内容提供一个模块化、积木式结构，并在实际编写中尽量提供项目化案例，以便学校根据具体情况做柔性化选择。

③ 本系列教材注重数字资源建设，更多地采用多媒体的互动方式，如配套课件、教学视频、测试题等，使教材呈现形式多样化，数字内容更为丰富。

由于编写时间紧张，智能制造技术日新月异，编写人员专业水平有限，书中难免有不当之处，敬请读者及时批评指正。

高等院校智能制造人才培养系列教材建设委员会

前　言

智能制造工程专业是顺应“中国制造 2025”“两化融合”国家战略及“新工科”建设要求，由教育部审批设立的新工科专业。数字化是智能制造的基础，如何用计算机软件对机械产品进行数字化表达，是智能制造工程专业人才必备的技能。为了满足智能制造对机械产品数字化表达的需要，本教材选择了制造业领域应用最广的二维设计软件 AutoCAD 和三维设计软件 SOLIDWORKS 作为切入点，以如何绘制出符合国标要求的工程图样和完成机械零件三维造型、机器部件装配设计及工程图转化为任务目标，让读者能够快速掌握机械产品数字化表达方法，为后续的学习提供良好的技术支持。

本教材以任务驱动为主线，突出软件学习的实用性。每个章节通过具体实例来组织内容。通过文字、微视频、图片等多种媒介形式来说明如何进行表达分析，进而形成表达的思路，再通过微视频演示整个表达过程。

本教材配套大量演示视频和讲解视频，可满足读者随时随地碎片化学习的需要。提供了拓展知识介绍和绘图技巧说明，为学有余力的读者提高绘图水平提供资料，可满足读者个性化学习的需求。

在编写时，将数字化表达需要的图学知识和国家标准融入每个实例中。读者在学习软件的同时，也学到了相关的工程图学知识，从而使机械产品数字化表达更规范、更专业。

本教材由北京石油化工学院孙轶红任主编，丁乔任副主编，韩丽艳、仵亚红老师参与了书中部分章节的编写。全书分上下两篇，共 12 章。上篇共 5 章，介绍了用二维设计软件 AutoCAD 2022 数字化表达工程图样的方法。第 1 章介绍了 AutoCAD 2022 的安装、工作界面及基本操作；第 2 章介绍了设置符合我国国家标准机械图样绘图环境的方法；第 3 章和第 4 章以实例的形式介绍了简单二维图形和复杂二维图形精确绘制及编辑的方法与技巧；第 5 章以零件图图样为例，介绍了如何规范表达机械零件的方法。下篇共 7 章，介绍了三维设计软件 SOLIDWORKS 数字化表达机械零件、装配体和工程图转化的方法和技巧。第 6 章介绍了 SOLIDWORKS 2022 的安装、工作界面及基本操作；第 7 章以实例的形式介绍了草图绘制的方法；第 8 章和第 9 章通过具体实例说明了基本实体建模和复杂实体建模的分析方法、特征命令及应用技巧；第 10 章从实际应用的角度出发，分别介绍了轴类零件、支架类零件和箱体类零件建模的方法、常见结构的建模过程和应用技巧；第 11

章介绍了装配体装配设计的方法和步骤、爆炸图及动画生成方法；第 12 章介绍了工程图样转化的相关方法和技巧。本教材每章后都附有课后练习供读者进行学习巩固，提供的参考视频可以帮助读者更好地完成上机练习。本教材还配套了课件及习题参考答案，可扫码获取。

由于编者水平有限，同时软件的更新较快，书中难免有疏漏和不足之处，恳请各位读者和专家批评指正。

编者

扫码获取本书配套资源

目　录

上篇　AutoCAD 二维表达

第3章 AutoCAD 绘制基础 23

第4章 AutoCAD 绘制进阶 43

第5章 机械工程图的绘制 70

下篇 SOLIDWORKS 三维表达

第6章 SOLIDWORKS 2022 概述 84

第 7 章 草图绘制及编辑 96

第 8 章 基本实体建模 119

第 9 章　复杂实体建模　143

第 10 章　典型零件建模　164

第 11 章　装配体设计　190

第 12 章　工程图转化　213

参考文献　226

上篇

AutoCAD 二维表达

机械产品数字化表达

第 1 章

AutoCAD 2022 软件概述

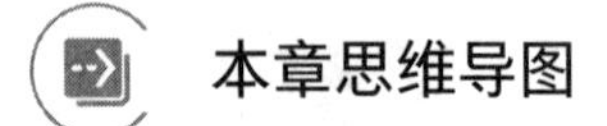

本章思维导图

扫码获取本书配套资源

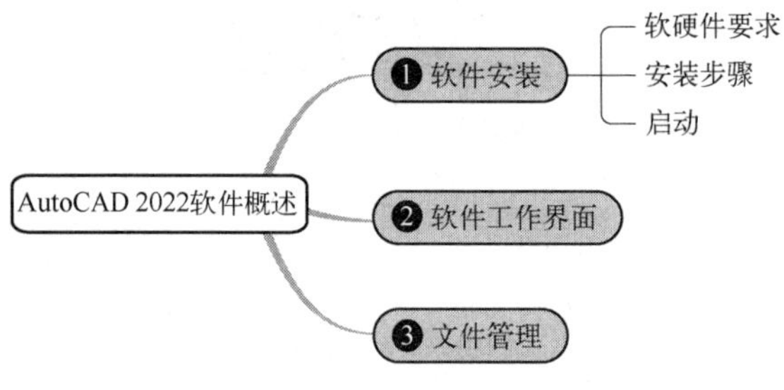

本章学习目标

（1）了解 AutoCAD 2022 软件对计算机系统和硬件的要求。掌握 AutoCAD 2022 软件安装的步骤和方法。掌握 AutoCAD 2022 软件启动的方法。

（2）掌握 AutoCAD 2022 默认工作界面的构成及使用方法。

（3）掌握 AutoCAD 2022 常用文件管理方法及操作。

AutoCAD（Auto Computer Aided Design）是由美国 Autodesk 公司开发的通用计算机辅助设计软件。自 1982 年问世以来，软件性能得到了不断的完善和提升。目前，AutoCAD 已成为一款功能强大、性能稳定、兼容性与扩展性好的主流设计软件，被广泛应用于机械、建筑、电子、航天、造船、石油化工、土木工程、冶金、地质、气象、纺织、服装等领域。在中国，AutoCAD 已成为在工程设计领域中应用较为广泛的计算机辅助绘图软件之一。

AutoCAD 具有优秀的二维图形和三维图形绘制功能、二次开发功能与数据管理功能。同传统的手工绘图相比，用 AutoCAD 绘图速度更快、精度更高。AutoCAD 具有良好的用户界面，可通过交互的方式进行各种操作。

1.1 AutoCAD 2022 的安装

1.1.1 AutoCAD 2022 对系统和硬件的要求

AutoCAD 2022 可以安装在工作站和个人计算机上。如果在个人计算机上安装，为了保证软件安全和正常使用，对计算机系统和硬件的要求主要有：

① 操作系统，Windows 10 64 位系统下运行；

② CPU 类型，2.5～2.9GHz 处理器；

③ 内存基本要求 8G，建议 16GB 或者以上；

④ 显卡基本要求 1GB GPU，具有 29GB/S 带宽，与 DirectX11 兼容，建议 4GB GPU，具有 106GB/s 带宽，与 DirectX11 兼容；

⑤ 硬盘空间建议 7GB 及以上。

1.1.2 AutoCAD 2022 安装过程

① 双击运行系统的安装程序 setup.exe 文件。

② 在弹出的法律协议对话框中选择“我同意使用条款”，然后点击“下一步”按钮，如图 1-1 所示。

③ 在弹出的“选择安装位置”对话框中设置软件安装位置，点击“下一步”按钮，如图 1-2 所示。

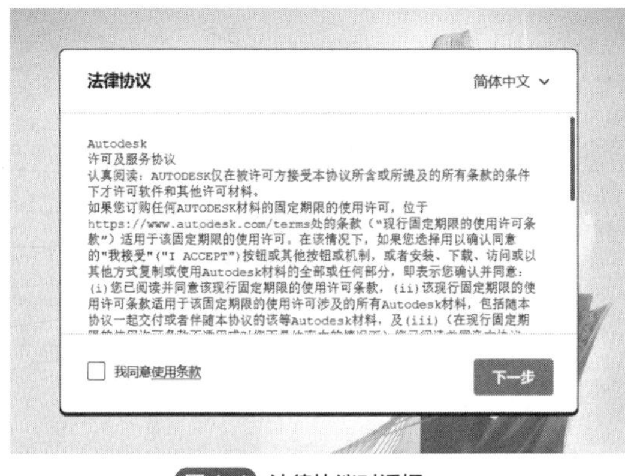

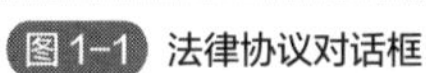
图1-1 法律协议对话框

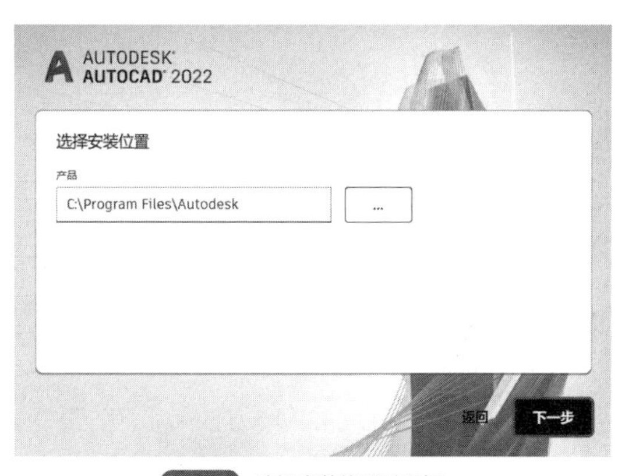

图1-2 选择安装位置对话框

④ 在弹出的“选择其他组件”对话框中，建议取消选中 AutoCAD Performance Reporting Tool 选项，不安装该组件。然后点击“安装”按钮，等待安装完成，如图 1-3 所示。

⑤ 安装完成后，弹出安装后显示界面，单击“完成”按钮，完成软件安装，如图 1-4 所示。

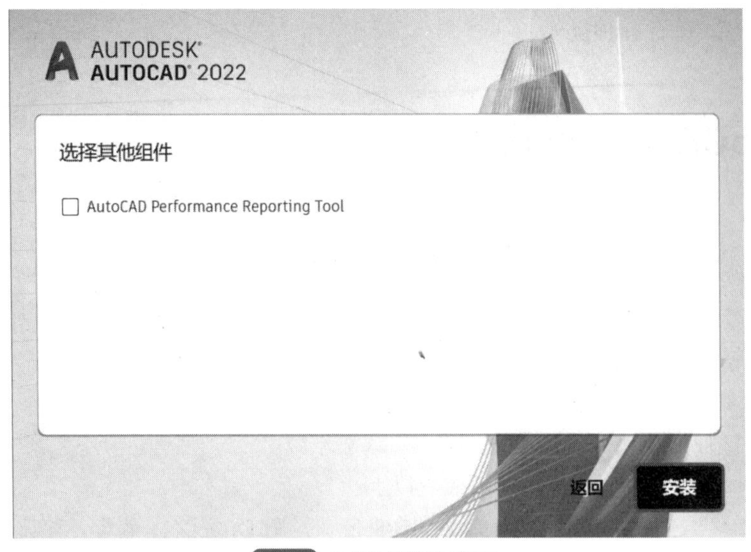

图 1-3 选择安装组件对话框

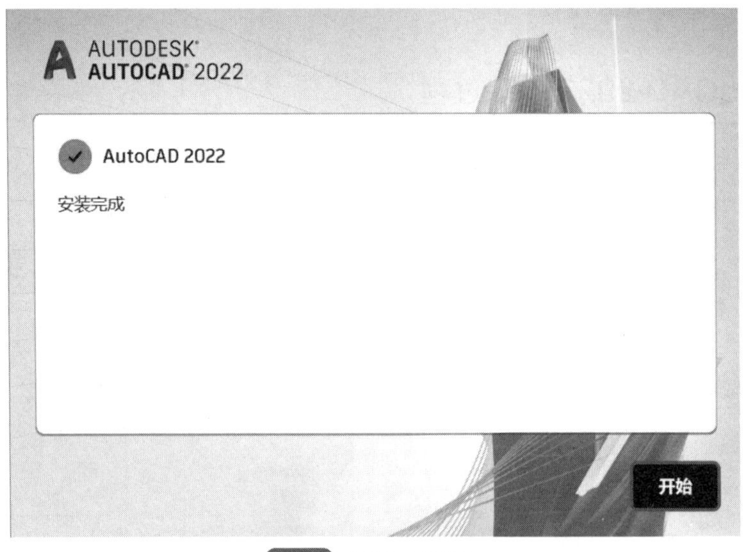

图 1-4 安装后显示界面

1.1.3 AutoCAD 2022 的启动

启动 AutoCAD 2022 的方法主要有三种：

方法一：双击桌面快捷方式。双击 Windows 操作系统桌面上的 AutoCAD 2022 快捷方式图标，即可启动。

方法二：使用“开始”菜单。单击 Windows 操作系统桌面的“开始”按钮，打开“开始”菜单，并进入“程序”菜单中的 Autodesk－AutoCAD 2022-简体中文（Simplified Chinese）程序组，然后单击“AutoCAD 2022-简体中文（Simplified Chinese）”，即可启动。

方法三：直接双击 AutoCAD 格式文件（*.dwg 文件）。

1.2　AutoCAD 2022 的工作界面

AutoCAD 默认的草图与注释工作空间的工作界面由标题栏、“快速访问”工具栏、菜单栏、绘图区、功能区、导航栏、命令行和状态栏等组成，详见图 1-5。

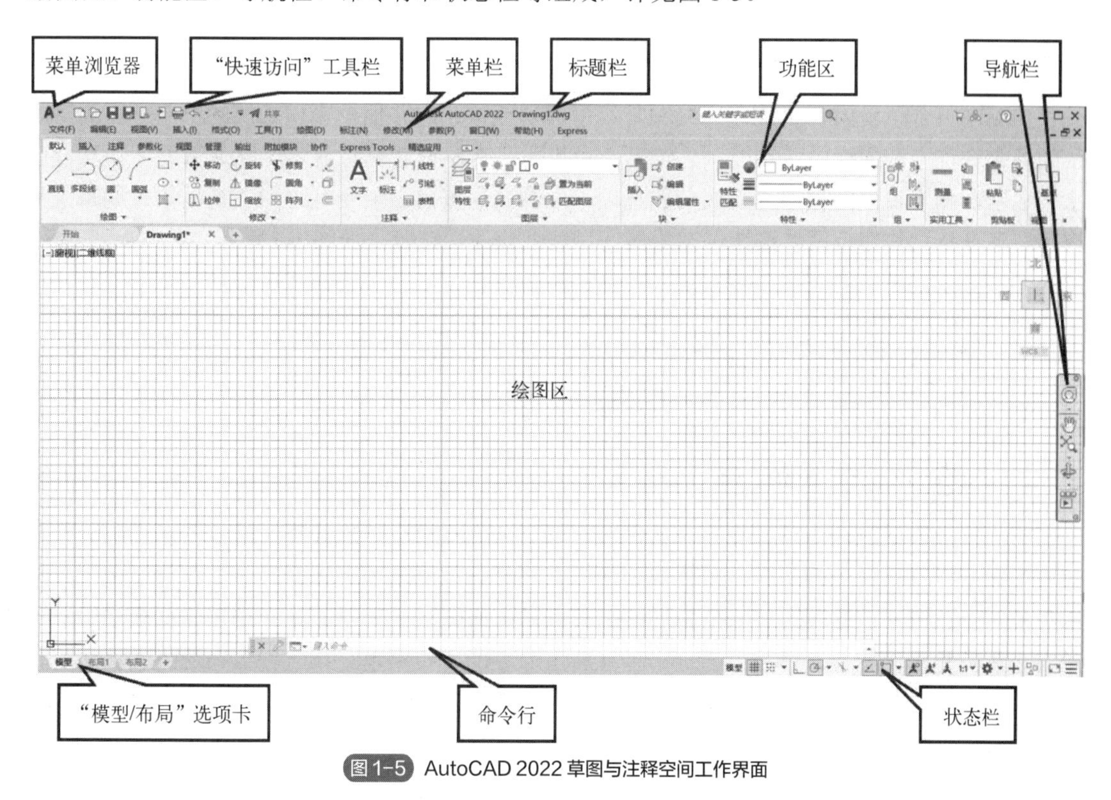

图 1-5　AutoCAD 2022 草图与注释空间工作界面

1.2.1　标题栏和“快速访问”工具栏

标题栏位于工作界面的最上方，用于显示 AutoCAD 2022 的程序图标和当前操作的图形文件的名称。“快速访问”工具栏位于标题栏的左侧区域，如图 1-6 所示。它提供对定义的常用命令集的直接访问，如新建、打开、保存、打印等。点击“快速访问”工具栏中“自定义快速访问工具栏”按钮，从弹出的菜单中选择所需的命令。前面有“√”表示已经显示在“快速访问”工具栏中。

图 1-6　自定义快速访问工具栏及显示菜单栏操作

1.2.2　菜单栏

AutoCAD 2022 将命令按其实现的功能分为文件、编辑、视图、插入、格式、工具、绘图、标注、修改、参数、窗口、帮助和 Express 几个大项。单击菜单的某一项可以打开相应的下拉菜单，选择相关的命令。下拉菜单中的命令比较全，在使用 AutoCAD 绘图时，大多数的命令都可以在下拉菜单中找到。

在默认的草图与注释工作空间中下拉菜单是隐藏的，用户可以在“快速访问”工具栏中单击“自定义快速访问工具栏”按钮，从出现的下拉菜单列表中选择“显示菜单栏”命令，即可在当前工作空间界面显示菜单栏，如图 1-6 所示。

1.2.3 功能区

功能区包含了使用 AutoCAD 绘图时常用的功能按钮，并根据实现功能的不同分布到功能区的各个选项卡和面板中。功能区各选项卡可以水平显示或者垂直显示。默认情况下，功能区水平显示在图形窗口的顶部。默认功能选项卡中的命令按钮，主要有绘图工具按钮、编辑工具按钮、注释标注按钮、图层按钮、图块按钮、特性修改按钮等，如图 1-7 所示。

图 1-7 默认功能选项卡

（1）功能区选项卡的使用

将光标放到各选项卡的命令按钮上稍作停留，AutoCAD 会弹出命令提示，以说明该按钮对应的命令以及该命令的功能，如图 1-8 所示。将光标放到选项卡按钮上，并在显示出工具提示后停留一段时间，这时会显示出扩展的工具提示，如图 1-8 所示。各个选项卡面板中，右下角有小黑三角形的按钮，可以引出一个包含相关命令的下拉菜单。将光标放在这样的按钮上，按下鼠标左键，即可显示出下拉菜单。例如，在“绘图”面板中“圆”按钮上按下鼠标左键，可以出现如图 1-9 所示的下拉菜单。

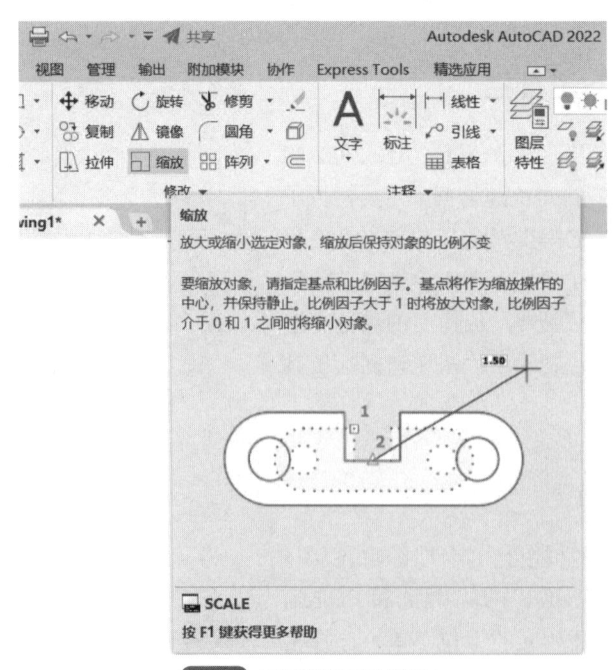

图 1-8 面板按钮扩展功能提示

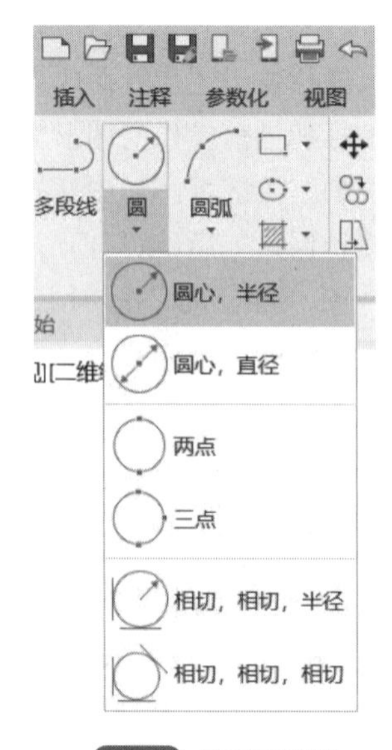

图 1-9 显示下拉菜单

（2）面板的打开与关闭

图 1-7 中显示出 AutoCAD 2022 草图与注释工作空间默认打开的功能区选项卡。用户可以根据需要打开或关闭任一个选项卡和面板。其操作方法是，在功能区上的任意位置点击鼠标右键，然后使用“显示选项卡”和“显示面板”菜单打开所需的选项卡或面板。在该快捷菜单中选择需要打开或关闭的选项卡和面板名称即可。快捷菜单中，前面有“√”的菜单项表示已打开的面板，如图 1-10、图 1-11 所示。

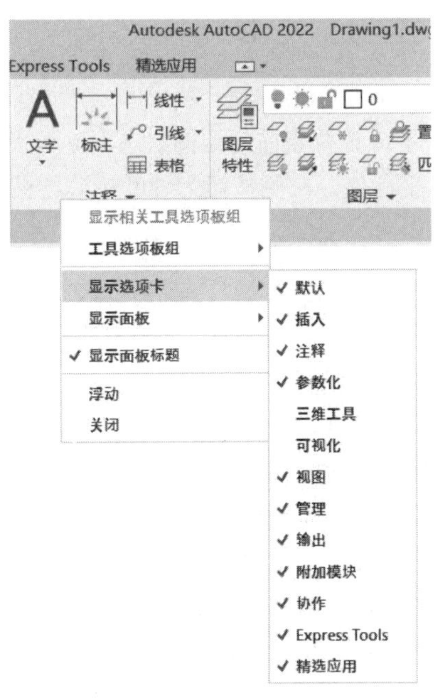

图 1-10 设置显示选项板

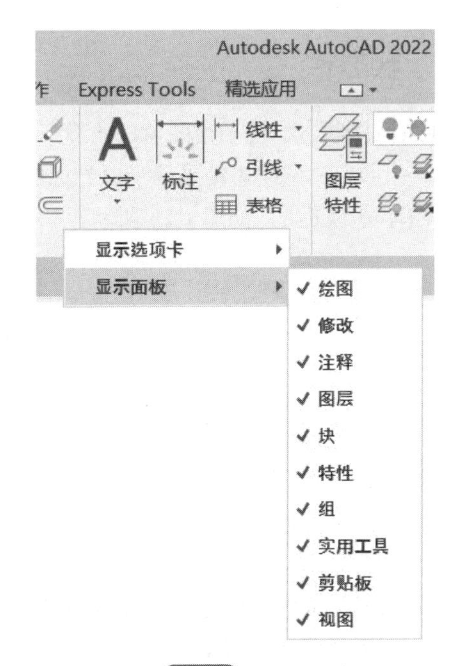

图 1-11 设置显示面板

1.2.4 绘图区

绘图区是 AutoCAD 2022 的主要工作区域，绘制的图形在该区域中显示。在绘图区域中，需要关注绘图光标和当前坐标系图标。

一般情况下，鼠标光标在绘图区域内显示为十字光标，十字线的交点为光标的当前位置。当使用光标在绘图区域内选择对象时，光标会变成方形拾取框。

坐标系图标用于表示当前绘图所使用的坐标系形式以及坐标方向。AutoCAD 提供了世界坐标系和用户坐标系两种坐标系。世界坐标系为默认坐标系，默认时水平向右方向为 X 轴正方向，垂直向上方向为 Y 轴正方向。

1.2.5 命令行

命令行是显示用户输入的命令和 AutoCAD 提示信息的地方，如图 1-12 所示。文本窗口是记录 AutoCAD 命令的窗口，记录已执行的命令。默认设置下，命令行是浮动形式的。在命令行中单击“最近使用的命令”按钮 ，可以打开“最近使用的命令”列表，从中可选择所需的命令进行操作。

图 1-12 命令行

对于浮动命令窗口，单击“自定义”按钮，接着从打开的自定义列表中选择“透明度”命令，在弹出的“透明度”对话框中设置命令行的透明度样式。如果在图形区看不到命令行，可以按快捷键 Ctrl+9 快速显示命令行。

1.2.6 状态栏

AutoCAD 状态栏位于绘图窗口的最下方，用于显示或设置当前的绘图状态。位于状态栏最左边的一组数字，它动态地显示当前光标的 x、y、z 坐标值。右侧按钮为辅助精确绘图工具和影响绘图环境的工具，如图 1-13 所示。

图 1-13 状态栏

在实际绘图中，经常使用状态栏中的按钮，如捕捉按钮、栅格显示按钮、正交按钮、极轴追踪按钮、对象捕捉按钮、对象捕捉追踪按钮等。单击某一按钮实现启用或关闭对应功能的切换，按钮为蓝色时表示启用对应的功能，灰色时表示关闭该功能。

默认情况下，状态栏不会显示所有工具。可根据需要调整状态栏上显示的工具。方法是单击状态栏上最右侧自定义按钮，从打开的“自定义”菜单中选择要显示的工具，如图 1-14 所示。

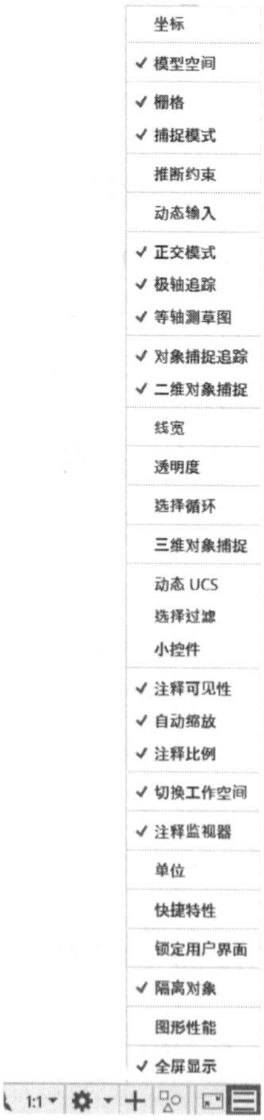

图 1-14 设置状态栏

1.3 AutoCAD 2022 文件管理

AutoCAD 2022 文件管理操作包括创建新图形文件、打开图形文件、保存图形文件、关闭图形文件等。

1.3.1 创建新图形文件

点击快速访问工具栏上“新建”按钮，会弹出“选择样板”对话框，如图 1-15 所示。在样板文件中，通常包含一些通用设置和一些常用的图形对象。以样板文件为模板创建的新图形文件则具有与样板文件相同的设置和图形对象。

在该对话框中，可选择一个样板文件来创建新的图形文件，通常选择样板文件 acadiso.dwt（即默认样板文件），然后单击“打开”按钮。

说明：

在创建新图形文件时，也可以不使用样板文件创建基于英制测量单位或基于公制测量单位的新图形文件。其方法是单击“打开”按钮右侧的▼按钮，选择“无样板打开-英制”或“无样板打开-公制”，如图1-15所示。

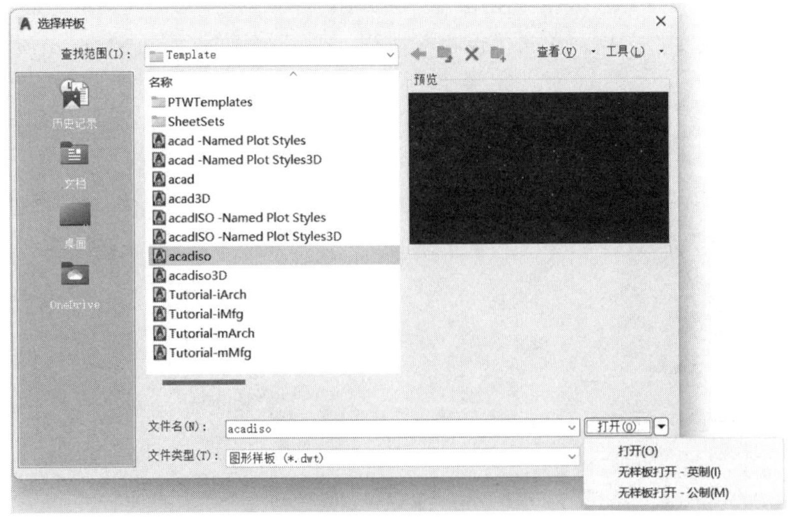

图1-15 “选择样板”对话框

1.3.2 打开图形文件

点击快速访问工具栏上“打开”按钮🗁，会弹出“选择文件”对话框，如图1-16所示。

图1-16 “选择文件”对话框

通过对话框选择要打开的图形文件后，AutoCAD一般会在右边的“预览”图像框中显示出该图形的预览图像。单击“打开”按钮，即可打开该图形文件。

1.3.3 保存图形文件

点击快速访问工具栏上“保存”按钮，会弹出“图形另存为”对话框。通过该对话框指定文件的保存位置及文件名后，单击“保存”按钮，即可实现保存，如图 1-17 所示。

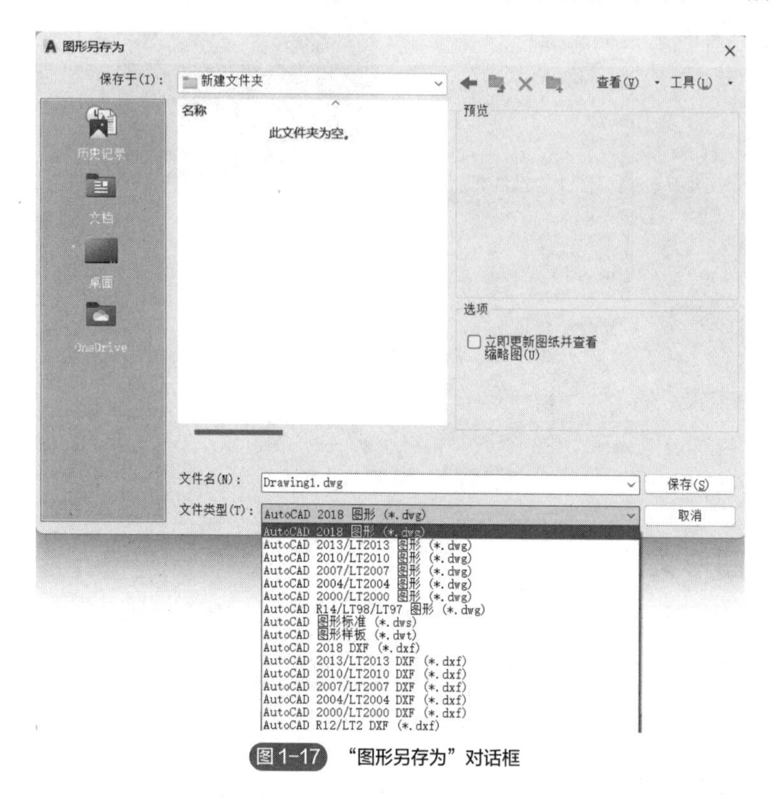

图 1-17 “图形另存为”对话框

知识拓展：

① AutoCAD 常用的文件类型主要有：

- 图形文件：文件后缀为.dwg。
- 样板文件：文件后缀为.dwt。
- 图形文件的备份文件：文件后缀为.bak。
- 自动保存文件：文件后缀为. sv$。

如果在执行保存命令前已保存过当前绘制的图形文件，那么执行 qsave 命令后，AutoCAD 直接以原文件名保存图形，不再要求用户指定文件的保存位置和文件名。而在执行 qsave 前的原有图形文件则以后缀为.bak 的方式保存起来，当用户需找回原来的文件时，可直接将.bak 的文件重命名为.dwg 文件即可在 AutoCAD 中打开。

② AutoCAD 2022 默认保存的文件格式是“AutoCAD2018 图形 (*.dwg)”，如果想以后使用低版本的 AutoCAD 软件打开保存的文件，则需将文件类型设置为某低版本格式的文件，如图 1-17 所示。

③ 为防止在绘图过程中突然断电或其他原因导致文件数据丢失，建议读者养成及时保存文件的绘图习惯。

课后练习

一、单选题

（1）AutoCAD 软件的基本图形格式为（　　）

a. *.map

b. *.lin

c. *.lsp

d.*.dwg

（2）AutoCAD 软件图形文件的备份文件格式是（　　）

a. *.bak

b. *.dwg

c. *.dwt

d. *.shx

二、思考题

（1）使用 AutoCAD 2022 软件绘制图形后，采用默认格式保存。在 AutoCAD 2017 软件上为什么打不开该图形文件？应如何处理？

（2）绘图中由于操作失误，功能区选项卡面板不见了，如何处理？命令行被隐藏，如何操作将其显示出来？

第2章

机械工程图绘图环境设置

本章思维导图

扫码获取本书配套资源

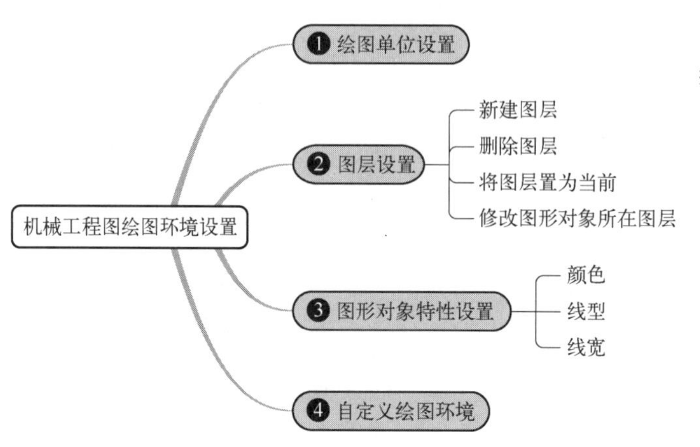

本章学习目标

（1）了解 AutoCAD 2022 设置绘图单位的方法和目的。

（2）了解图层的作用和意义，熟练掌握 AutoCAD 2022 图层的相关操作。

（3）了解 AutoCAD 2022 对象特性的设置方法及相关操作。

（4）掌握自定义绘图环境的设置方法。

在使用 AutoCAD 绘制机械工程图之前，应对绘图必需的条件（如图形单位、图层、特性等绘图环境）进行定义。有了这些充分的准备，才能保证绘图的效率。

通常在启动 AutoCAD 2022 时，可直接使用默认设置或标准的样板文件创建一个新的图形文件。在该文件中设定了绘图单位、图层等相关参数，构建了初始的绘图环境。但设置的初始绘图环境往往不符合我国的技术制图标准，不能满足规范绘图的要求，因此需根据我国国家标准和常规绘图习惯重新设置绘图环境。

2.1　绘图单位设置

绘图单位是在绘图中所采用的单位，在图形文件中创建的所有对象都是根据设置的绘图单位来进行测量的。设置绘图单位包括设置绘图时使用的长度单位的格式、角度单位的格式以及它们的精度等。

我国的机械制图中长度尺寸一般采用“小数”格式，角度尺寸一般采用“十进制度数”格式，长度单位的精度通常取 0.00，AutoCAD 默认的角度正方向为逆时针方向。

操作步骤如下：

在命令行中输入命令 UNITS 后，会弹出“图形单位”对话框，如图 2-1 所示。在该对话框中可分别对长度、角度、插入比例以及方向进行设置。其中，“长度”选项用于确定长度单位的格式及精度；“角度”选项用于确定角度的单位、精度以及默认情况下角度的正方向。

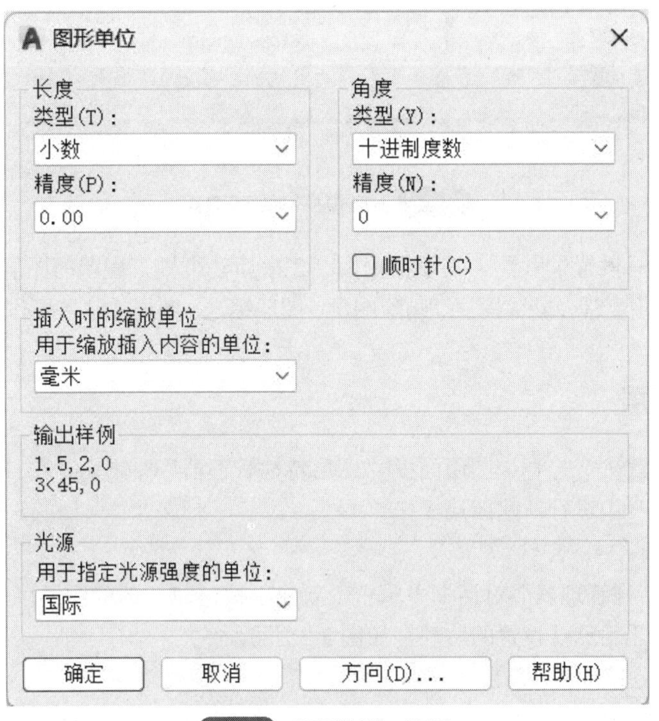

图 2-1　“图形单位”对话框

说明：

当设置绘图单位后，AutoCAD 在状态栏上以对应的格式和精度显示光标的坐标。但设置的精度并不影响用户对小数的输入，精度的设定只影响光标移动的步长。

2.2 图层设置

AutoCAD 提供了图层工具。形象化地说，图层就像是“透明的纸”，我们在屏幕上看到的机械工程图就是这些“透明的纸”一层层叠起来的。不同类型的图形对象画在不同的层上，同一个图层中的对象在默认情况下都具有相同的颜色、线型、线宽等对象特征。通过对各图层进行打开、关闭、冻结、解冻、锁定与解锁、打印与不打印操作，以决定各图层的可见性与可操作性。从而便于管理图形对象，提高绘图效率。

按照机械制图国家标准和《CAD 工程制图规则》、《机械工程　CAD 制图规则》等 CAD 制图标准的规定，对于一般的机械图可以参照图 2-2 来设置图层。

当前图层: 粗实线

状态	名称	开	冻结	锁定	打印	颜色	线型	线宽	透明度	新视口冻结	说明
	0					白	Continuous	默认	0		
	尺寸标注					绿	Continuous	0.25 毫米	0		
✓	粗实线					白	Continuous	0.50 毫米	0		
	点画线					红	ACAD_ISO08W100	0.25 毫米	0		
	双点画线					洋红	ACAD_ISO09W100	0.25 毫米	0		
	细实线					绿	Continuous	0.25 毫米	0		
	剖面线					绿	Continuous	0.25 毫米	0		
	文字					绿	Continuous	0.25 毫米	0		
	虚线					黄	ACAD_ISO02W100	0.25 毫米	0		

全部: 显示了 9 个图层，共 9 个图层

图 2-2　一般机械图样的图层设置

在初始文件中只设置了 0 层，需要根据图 2-2 来新建机械工程图的图层。在设置图层和使用图层绘图的过程中会涉及新建图层、删除图层、图层锁定、图层冻结等操作，下面分别作介绍。

2.2.1 新建图层

教学视频扫码
新建图层操作

点击功能区“默认”选项卡|图层面板|“图层特性管理器”按钮，在打开的“图层特性管理器”中进行新建图层操作。

操作步骤如下：

① 在“图层特性管理器”对话框中单击“新建”按钮，新的图层以临时名称“图层 1”显示在列表中，并采用默认设置的特性，如图 2-3 所示。

② 点击“图层 1”，输入新的图层名。

③ 单击相应的图层颜色、线型、线宽等特性，修改该图层上对象的基本特性。

a. 点击新建图层上“颜色”对应的部分，则弹出“选择颜色”对话框，如图 2-4 所示，选择合适的颜色应用即可。

提示：

在“选择颜色”对话框中有三种调色板：索引颜色、真彩色、配色系统。在机械图中应选用“索引颜色”中的标准颜色，如图 2-4 中所示。

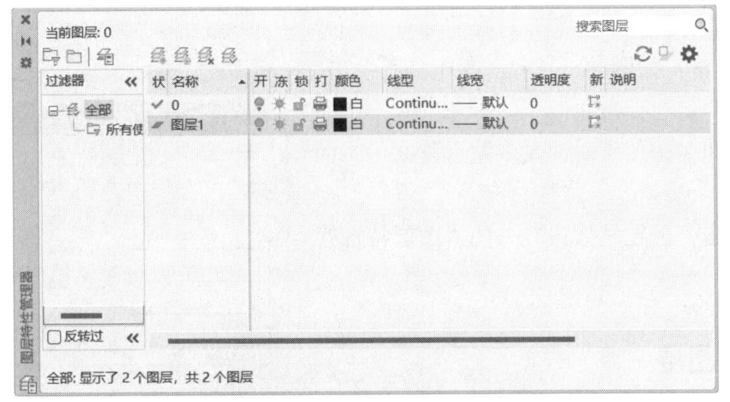

图 2-3　“图层特性管理器”对话框

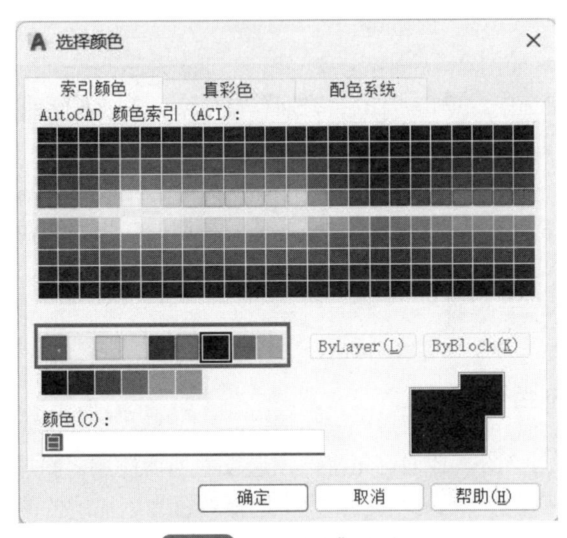

图 2-4　“选择颜色”对话框

b. 点击新建图层上“线型”对应的部分，则弹出“选择线型”对话框，如图 2-5（a）所示，从中选择即可。如果在“选择线型”对话框中没有所需要的线型，则点击“加载”按钮，在弹出的“加载或重载线型”对话框［图 2-5（b）］中，选择合适线型并点击“确定”，回到“选择线型”对话框中。在已加载的线型中选择合适的线型，点击“确定”即可。

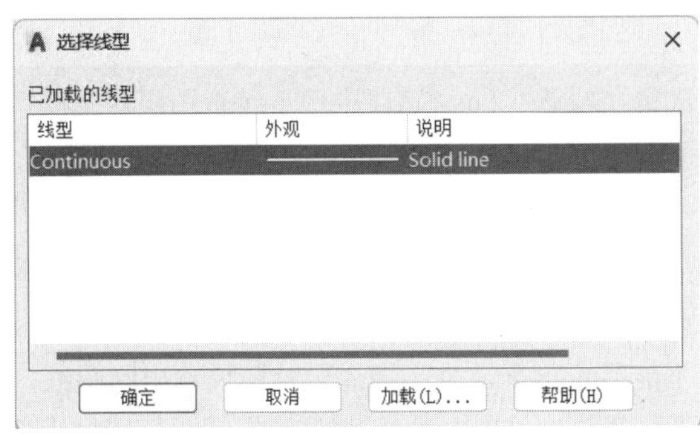

（a）“选择线型”对话框

（b）“加载或重载线型”对话框

图 2-5　设置线型

c. 点击新建图层上“线宽”对应的部分，则弹出“线宽”对话框，如图 2-6 所示。选择合适线宽，点击“确定”即可。

④ 需要创建多个图层时，要多次重复②～④的操作。

⑤ 最后单击“确定”按钮，关闭“图层特性管理器”对话框。

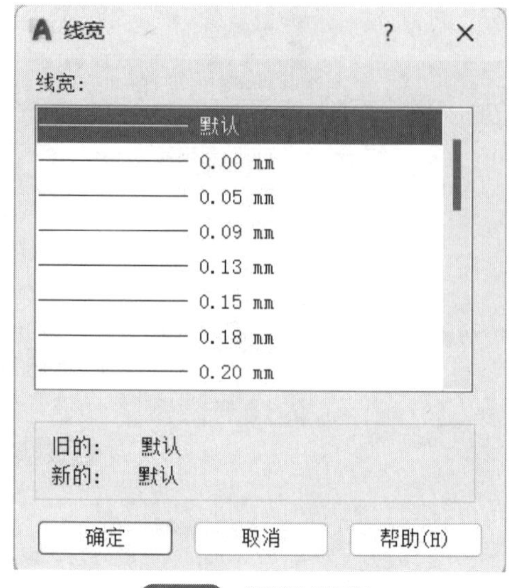

图 2-6 “线宽”对话框

2.2.2 删除图层

操作步骤如下：

① 单击“图层特性管理器”按钮，打开“图层特性管理器”对话框，如图 2-3 所示。

② 将要删除的图层选中，单击“图层特性管理器”中的按钮。

说明：

- 只能删除没有图形对象的图层。也就是说，要删除某一个图层时，必须先删除该图层上的所有对象，然后才可以删除图层。
- 当前层、0 层不能被删除。

2.2.3 将图层置为当前

如果要在某一图层上绘图，必须首先将该图层设为当前图层。将图层“置为当前”的常用方法是直接从图层下拉列表中选择要置为当前层的图层。

2.2.4 修改图形对象所在图层

选中要修改图层的图形对象，在图层工具栏下拉列表中选择图形对象要修改到的图层名称即可。

教学视频扫码
修改图形对象所在图层操作

2.2.5 图层状态的设置

通过设置图层的状态可以实现对图形对象的分类操作。AutoCAD 中用于设置图层状态的操作有开/关、冻结/解冻、锁定/解锁、打印/不打印等几种。

（1）开/关图层

用于控制显示/不显示图层上的图形对象。如果图层被打开，则可在显示器显示或在绘图仪上绘出该图层上的图形。被关闭图层上的图形不能显示出来，也不能通过绘图仪输出到图纸。

单击图层下拉列表中的下拉箭头，单击要进行开/关操作的图层所对应控制图标或，可实现开/关图层的切换。

（2）锁定/解锁图层

用于控制锁定/解锁图层上的对象。锁定图层后并不影响该图层上图形对象的显示，即锁定图层上的图形仍可显示出来，但不能对该图层上的图形对象进行编辑操作。如果锁定图层是当前层，则仍可在该图层上绘图。

单击图层下拉列表中的下拉箭头，单击要进行锁定/解锁操作的图层所对应控制图标或，可实现锁定/解锁图层的切换。

（3）冻结/解冻图层

用于控制冻结/解冻图层上的对象。冻结/解冻图层可以看作开/关图层与锁定/解锁图层操作的一个结合体，被冻结图层里的图形对象不能被修改，也不能被显示或输出。而在被关闭图层里的对象是可以被某些选择集命令（如 all 全部命令）选择并修改的。

单击图层下拉列表中的下拉箭头，单击要进行冻结/解冻操作的图层所对应图标（解冻）或（冻结），可实现图层冻结与解冻操作的切换。

教学视频扫码
图层状态设置操作

说明：

不能冻结当前图层，也不能将冻结图层设为当前层。

2.3　图形对象的颜色、线型和线宽设置

绘制的图形对象通常包括颜色、线型和线宽等特性，这些特性可通过对图层的管理指定给对象，也可以直接指定给对象。AutoCAD 提供了“特性”面板，如图 2-7 所示。利用它可快速、方便地设置图形对象的颜色、线型以及线宽。

图 2-7　“特性”面板

2.3.1　颜色设置

单击“特性”面板上的“颜色控制”下拉列表框，AutoCAD 弹出下拉列表，如图 2-8 所示。单击列表中的对应颜色，即可为图形对象设置颜色。单击“颜色”下拉列表中的“选择颜色”项，则可在弹出的“选择颜色”对话框（图 2-8）中选择更多的颜色。单击“颜色”下拉列表中的“ByLayer”（随层）项，则系统将为图形对象指定与其所在图层相同的颜色。

2.3.2　线型设置

单击“特性”面板上的“线型控制”下拉列表框，AutoCAD 弹出下拉列表，如图 2-9 所示。单击列表中的对应线型，即可为图形对象设置线型。单击“线型”下拉列表中的“其他”项，则可在弹出的“选择线型”对话框（如图 2-5 所示）中选择更多的线型。单击“线型”下拉列表中的“ByLayer”（随层）项，则系统将为图形对象指定与其所在图层相同的线型。

图 2-8 “颜色控制”下拉列表

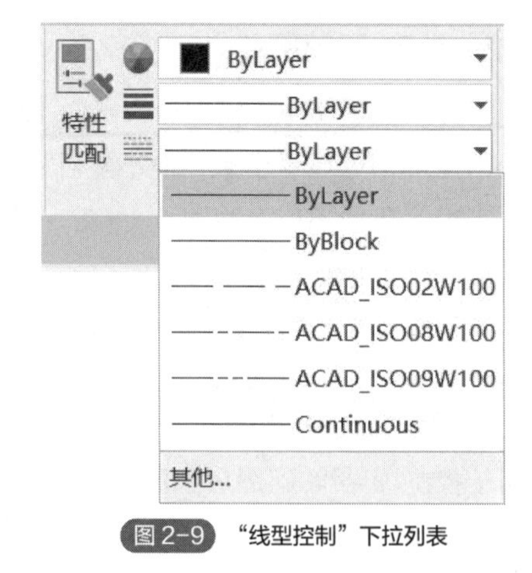

图 2-9 “线型控制”下拉列表

2.3.3 线宽设置

单击“特性”工具栏上的“线宽控制”下拉列表框，AutoCAD弹出下拉列表，如图 2-10 所示。单击列表中的对应线宽，即可为图形对象设置线宽。单击“线宽”下拉列表中的“ByLayer”（随层）项，则系统将为图形对象指定与其所在图层相同的线宽。

提示：

如果通过“特性”面板设置了图形对象具体的绘图颜色、线型或线宽，而不是采用“ByLayer”（随层）设置，则在此之后绘制出的图形对象的颜色、线型和线宽将不再受图层设定的颜色、线型和线宽的限制，这不利于图形的管理。因此，建议将图形对象的特性设定为“ByLayer”（随层）。

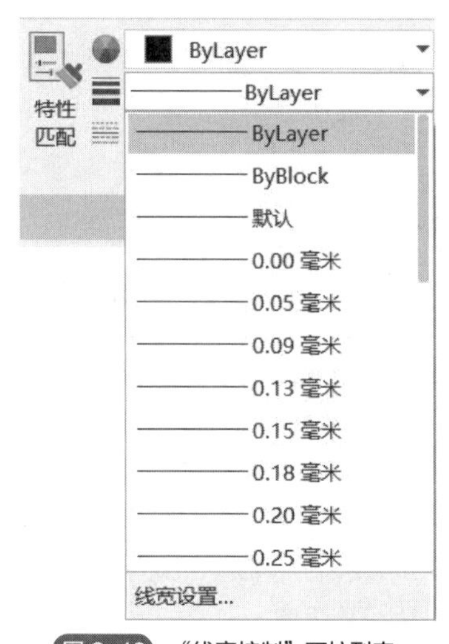

图 2-10 “线宽控制”下拉列表

2.4 自定义绘图环境

AutoCAD 是一个开放的绘图平台，可以非常方便地设置系统参数，以满足不同用户的需求和习惯。对系统参数的设置均是通过对“选项”对话框中各项内容的设置来完成的。将光标移动到绘图区，按鼠标右键，在弹出的菜单（图 2-11）中选择“选项”命令，即可弹出“选项”对话框。该对话框有 10 个选项卡，利用这些选项卡可以设置各系统参数。现介绍常用的设置。

2.4.1 设置自动保存时间

为避免用户数据丢失以及检测错误，可以启动“自动保存”选项，此时系统会自动保存图形文件到相关的目录中。其操作如图 2-12 所示。

系统为自动保存的文件临时指定文件名称为 Filename_a_b_nnnn.sv$。其中，“Filename”为当前图形文件名称。将自动保存的文件更名为以.dwg 为后缀的图形文件，即可直接使用。

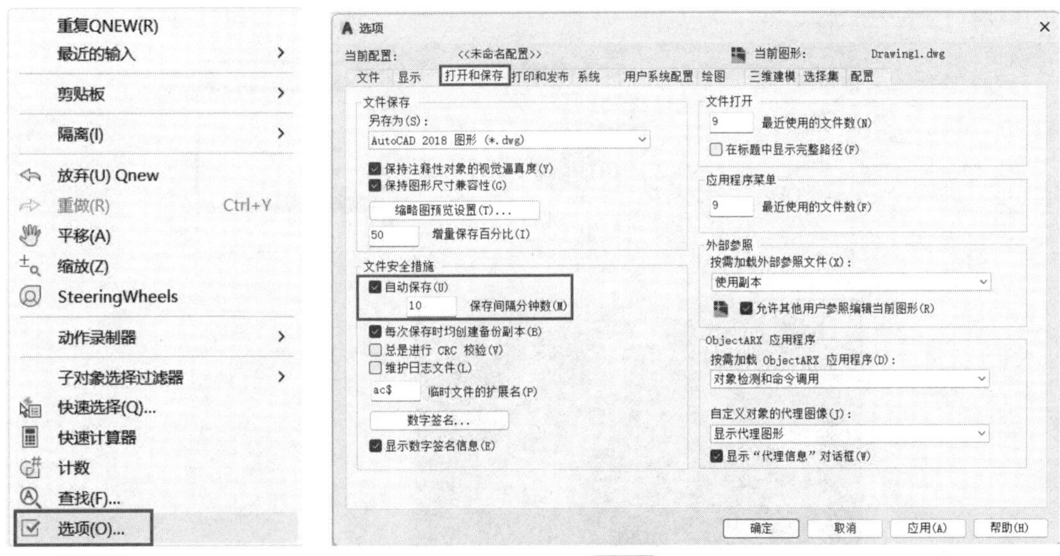

图 2-11 右击弹出的菜单　　图 2-12 设置自动保存时间

2.4.2 设置绘图区颜色

在第一次运行 AutoCAD 2022 时，模型空间的背景颜色为黑色，可根据需要将其设置为白色或其他颜色。

操作步骤如下：

① 在弹出的“选项”对话框中选择“显示”选项卡，如图 2-13 所示。

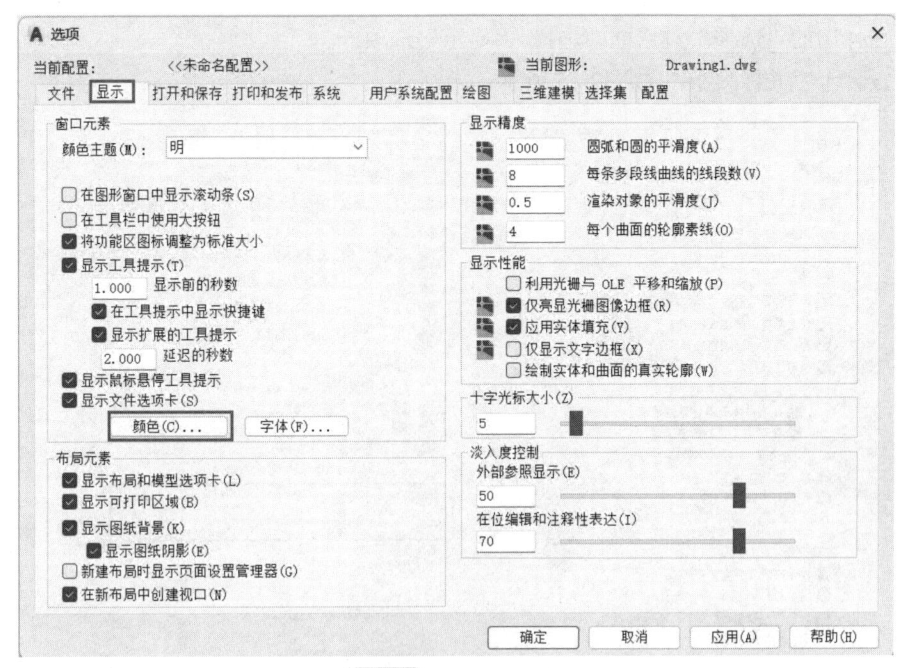

图 2-13 设置绘图区颜色

② 单击“颜色”按钮，此时会弹出“图形窗口颜色”对话框，如图 2-14 所示。

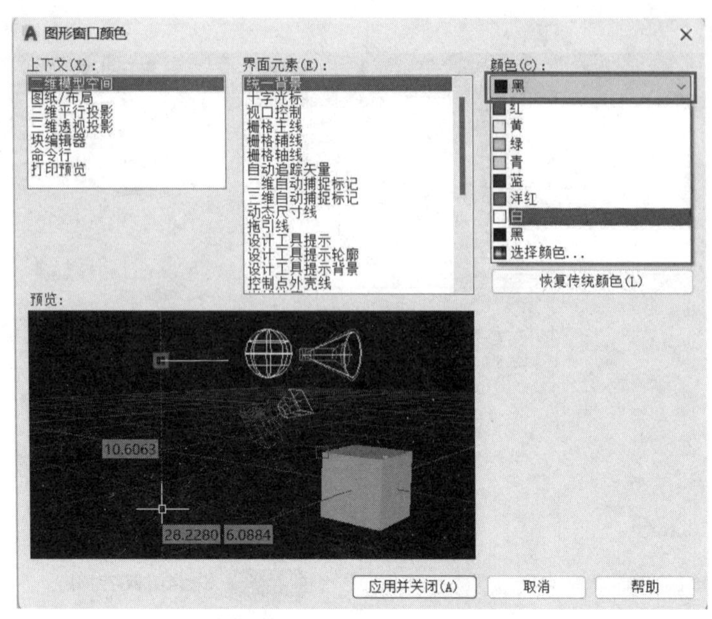

图 2-14 “图形窗口颜色”对话框

③ 从“颜色”下拉列表中选择“白”或其他选项，单击“应用并关闭”按钮。

④ 单击“选项”对话框中的“确定”按钮。

2.4.3 设置十字光标大小

操作步骤如下：

① 在弹出的“选项”对话框中选择 “显示”选项卡。

② 设置十字光标大小，如图 2-15 所示。

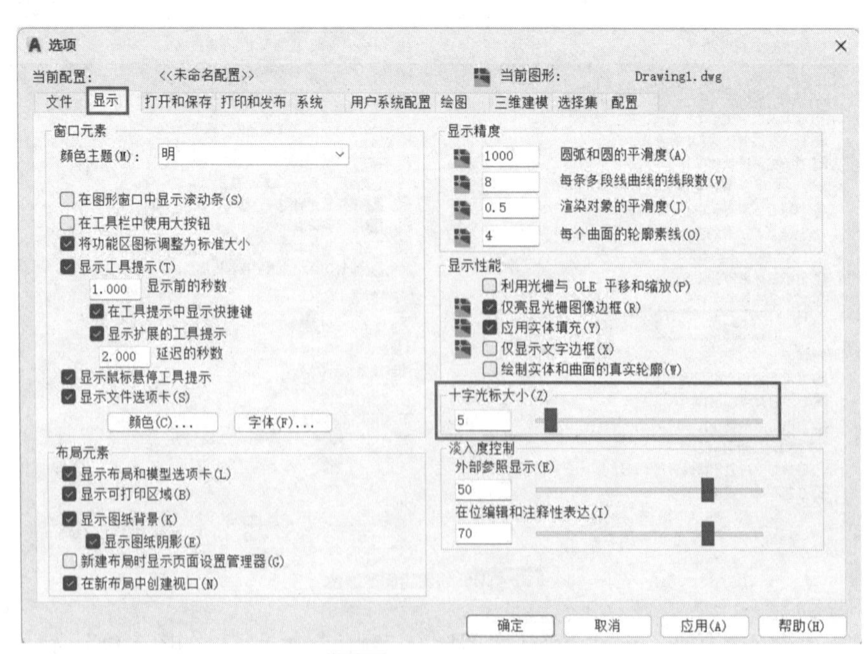

图 2-15 设置十字光标大小

可在数值框中输入数值来设定十字光标大小，也可将光标箭头放在拖动按钮上，按下鼠标左键并拖动来设定光标大小。设定的数值越大，十字光标也越大。在设定时应选择适当的大小，太大和太小不便于绘图时使用。

③ 单击“选项”对话框中的“确定”按钮。

2.4.4　设置拾取框大小

操作步骤如下：

① 在弹出的“选项”对话框中选择 “选择集”选项卡。

② 可将光标箭头放在拖动按钮上，按下鼠标左键并拖动来设置拾取框大小，如图 2-16 所示。在设定时应选择适当的大小，太大和太小都不利于绘图。

③ 单击“选项”对话框中的“确定”按钮。

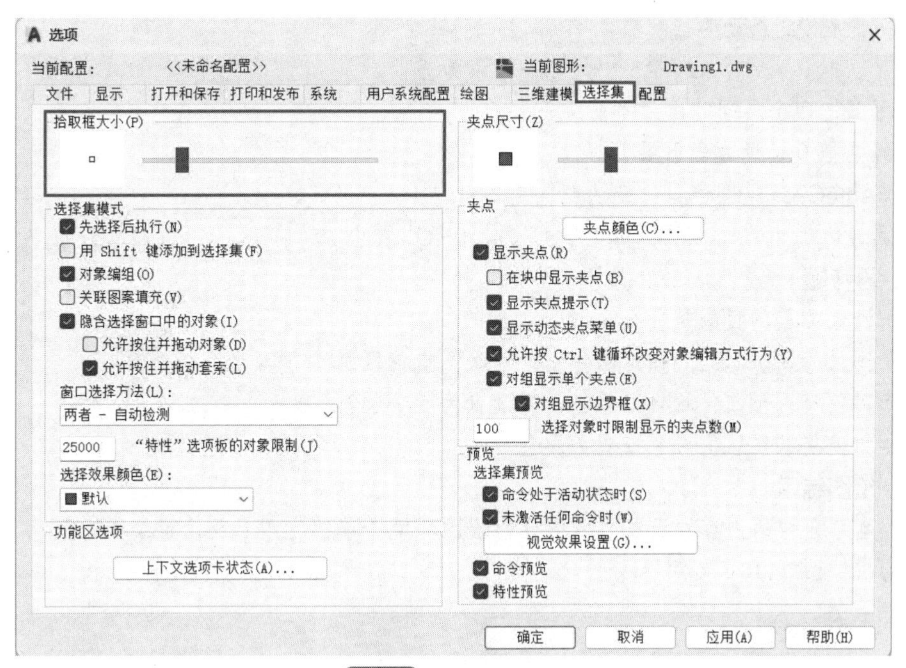

图 2-16　设置拾取框大小

课后练习

一、选择题

（1）设定图层的颜色、线型、线宽后，在该图层上绘图，图形对象将（　　）

A. 必定使用图层的这些特性

B. 不能使用图层的这些特性

C. 使用图层的所有这些特性，不能单项使用

D. 可以使用图层的这些特性，也可以在“对象特性”中使用其他特性

（2）可以删除的图层是（　　）

A. 当前图层　　B. 0 层　　C. 包含对象的图层　　D. 空白图层

（3）图层锁定后将（　　）

A. 图层中对象不可见

B. 图层中对象不可见，可以编辑

C. 图层中的对象可见，但无法编辑

D. 该图层不可以绘图

（4）当前图层是（　　）

A. 当前正在使用的图层，用户创建的对象将被放置到当前图层中

B. 0 层

C. 可以删除

D. 不可以锁定

（5）当前图形有四个层 0、A1、A2、A3，如果 A3 为当前层，下面哪句话是正确的？（　　）

A. 只能把 A3 层设为当前层

B. 可以把 0、A1、A2、A3 中的任一层设为当前层

C. 可以把四个层同时设为当前层

D. 只能把 0 层设为当前层

（6）AutoCAD 绘图窗口的默认颜色是（　　）

A. 黑色　　B. 白色　　C. 灰色　　D. 蓝色

二、思考题

（1）设置图层的目的是什么？

（2）图层关闭、冻结和锁定的作用是什么？有何区别？

（3）如何将图形文件的自动保存时间设置为 5 分钟？

（4）如何将绘图区的颜色设置为白色？

三、绘图练习

按照本章介绍的内容，设置机械图样的绘图环境（单位、图层及设置绘图区颜色为白色），并保存为机械图样.dwg 文件。

第3章

AutoCAD 绘制基础

本章思维导图

扫码获取本书配套资源

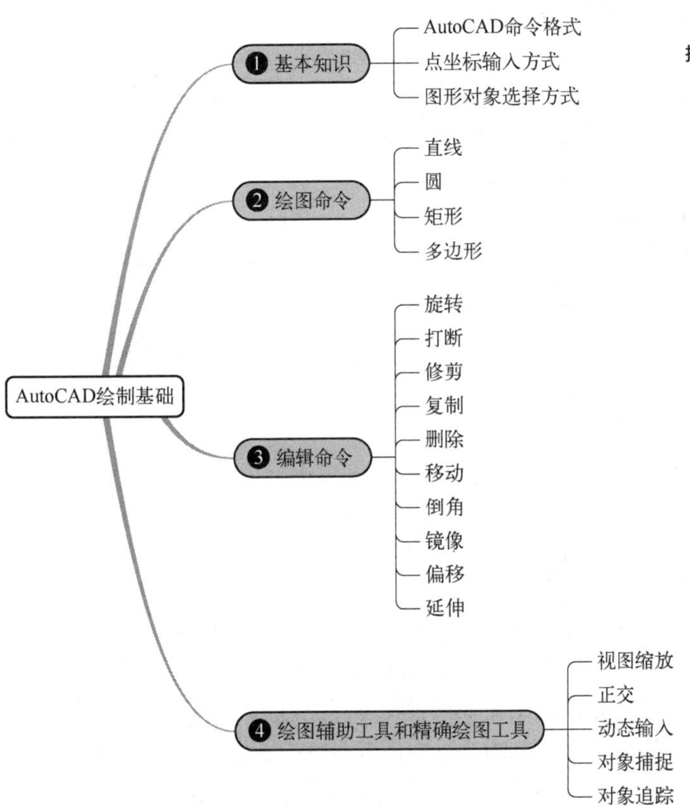

本章学习目标

（1）了解 AutoCAD 软件命令格式、点的输入方式、对象选择方式等基本操作。

（2）熟练掌握 AutoCAD 软件基本绘图命令——直线命令、圆命令、矩形命令、多边形命令。

（3）熟练掌握 AutoCAD 软件基本编辑命令——旋转命令、打断命令、修剪命令、复制命令、删除命令、移动命令、倒角命令、镜像命令、偏移命令和延伸命令。

（4）熟练掌握并灵活运用绘图辅助工具和精确绘图工具——视图缩放、正交、动态输入、对象捕捉和对象追踪工具。

（5）掌握分析平面图形的方法和思路。

要绘制出合格的平面图形，需要在设定好的图形环境下，熟练运用软件提供的绘图命令、编辑命令和其他辅助功能。本章将通过具体的基本图形绘制案例对绘制中涉及的相关命令进行介绍。

3.1 直线命令应用案例

本节学习目标：

① 学会运用设置的图层环境绘制图形；

② 掌握 AutoCAD 命令的格式；

③ 掌握 AutoCAD 点的输入方式；

④ 掌握绘图命令——直线命令；

⑤ 学会使用辅助工具——视图缩放、正交、动态输入。

完成的图形如图 3-1 所示。

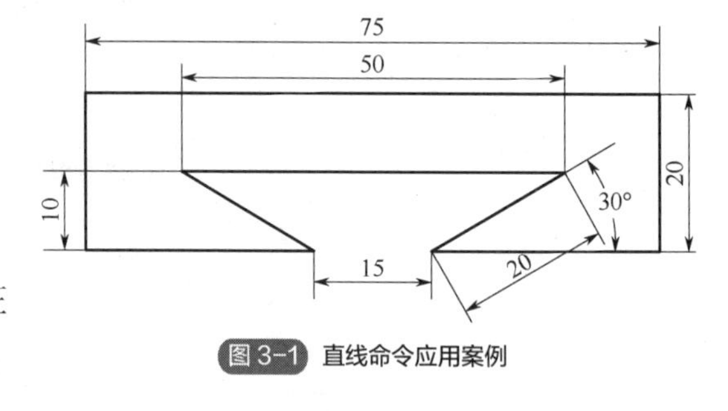

图 3-1 直线命令应用案例

3.1.1 知识准备

扫码看视频
CAD 命令格式

（1）AutoCAD 命令格式

在执行 AutoCAD 命令时，在命令窗口中会出现相应的文字提示信息。AutoCAD 命令的格式大体相似，在文字提示信息中，“[ ]”（方括号）中的内容为可供选择的选项。如果要选择某个选项，则需在当前命令行中输入该选项圆括号中的标识或用鼠标左键直接选择该选项。在执行某些命令的过程中，若命令提示信息的最后有一个“<>”（尖括号），该尖括号内的值或选项为当前系统默认的值或选项，这时若直接按下回车键，则表示接受系统默认的值或选项。

（2）AutoCAD点的输入方式

在绘图的过程中，经常需要指定点的位置，如绘制直线需指定直线的端点、绘制圆需指定圆心等。在AutoCAD中，这些点的位置是以点的坐标值来描述的。确定点位置的方法主要有：

1）用鼠标在屏幕上直接拾取

方法是移动鼠标，使光标移动到绘图区域的某个地方，然后点击鼠标左键确定点的位置。但这种方法不适用于精确绘图。

2）通过键盘输入点的坐标

在AutoCAD中常用的坐标输入方式有绝对坐标、相对坐标两种。而每一种输入方式中坐标的种类又有直角坐标、极坐标、球坐标和柱坐标四种，在绘图中需根据已知条件确定采用哪种坐标形式输入坐标值。

① 绝对坐标：AutoCAD 2022中，系统默认绘图区域为世界坐标系的第一象限，其左下角坐标为坐标原点（0,0,0），点的绝对坐标是指相对于坐标原点的坐标。常用的绝对坐标有直角坐标、极坐标。

a. 直角坐标。直角坐标用点的 xyz 坐标值来表示，且各坐标值间用逗号隔开。在绘制二维图形时，点的 z 坐标为0，可省去不必输入，只输入点的 xy 坐标即可。

b. 极坐标。极坐标用于表示二维点，在AutoCAD中极坐标表示的方式为：距离<角度。其中，距离表示该点与坐标系原点间的距离；角度表示坐标系原点与该点的连线相对于 x 轴正方向的夹角。在AutoCAD 2022中，系统默认的角度正方向为逆时针方向。

② 相对坐标：是以某点相对于前一点或指定点的坐标增量来定义该点的坐标。其形式也有直角坐标、极坐标等形式。

当使用直角坐标来定义点时，某点的相对坐标为该点相对于已知点在 x、y、z 三个方向的坐标增量 Δx、Δy、Δz；当使用极坐标来定义点时，某点的相对坐标为该点相对于已知点在距离和角度上的增量 Δl、$\Delta\theta$。

在AutoCAD 2022中，各种形式相对坐标的输入格式与绝对坐标相同，但要在输入的坐标前加上前缀“@”。

由于绝对坐标是以原点（0,0,0）为基点定位所有的点，定位一个点需要测量坐标值，具有很大的难度，因此在绘图中不经常使用。相对坐标是相对于前一点的偏移值，可以很方便地按照绘制对象的相对位置给出坐标。因此，用相对坐标来确定点的位置是很实用和方便的。在使用AutoCAD绘图时，应根据实际情况选择适合的坐标形式，使绘图更加灵活、方便、快捷。

3）给定距离确定点的位置

方法是移动鼠标，使AutoCAD从已有点引出的动态线指向要确定的点的方向，然后输入沿该方向相对于前一点的距离值，按回车键即可。

4）利用对象捕捉方式捕捉特殊点

利用AutoCAD的对象捕捉功能，可以准确地捕捉到一些特殊点，如圆心、切点、中点、交点等。

（3）绘图命令——直线命令

① 功能：可以绘制两点间的单一线段，也可绘制一系列连续的线段。

② 命令的调用

- 功能区“默认”选项卡｜“绘图”面板｜“直线”按钮；
- 菜单栏：“绘图”|“直线”；
- 命令行：line 或 L。

③ 命令格式：

_line 指定第一点：　　　　　　　　//需要指定直线的第一个端点位置。

指定下一点或［放弃（U）］：　　　//需要指定直线的第二个端点位置。

“放弃（U）”选项：用于删除最新绘制的线段，多次输入 U，按绘制次序逐个删除线段。

指定下一点或［闭合（C）放弃（U）］：

“闭合（C）”选项：用于在绘制一系列线段（两条或两条以上）后，将一系列直线段首尾闭合。

提示：

① 在命令执行过程中，默认情况可以直接执行；执行方括号中的其他选项，必须先输入相应的字母，回车后才转入相应命令的执行；如果使用了“动态输入”功能，相应的“闭合”“放弃”选项将会出现在动态提示菜单中，选择这个菜单中的选项也可以执行相同的功能；也可以用鼠标直接点击命令窗口中的相应选项。

② 在绘制直线时，打开“正交”功能，可以很准确地绘制水平直线和垂直直线。

（4）辅助工具——正交功能

使用正交功能可以控制鼠标只能在水平或竖直方向上移动。从而可以精确地画出水平或竖直的线条，或者可以将对象仅沿水平或竖直方向移动或复制。单击状态栏中“正交”按钮或按 F8 键实现正交功能的开、关切换。

（5）辅助工具——动态输入（DYN）

使用动态输入功能可以在光标附近显示标注输入和命令提示等信息，该信息会随着光标移动和使用命令的不同而动态更新，以帮助用户专注于绘图区域，而不需看命令行的提示。单击状态栏“动态输入”图标或按 F12 键实现 DYN 的开、关切换。输入数据时，使用“Tab 键”在两个文本框中进行切换，也可按键盘上的 “↓”键查看和选择其他选项，按键盘上的“↑”键可以显示最近的输入。

（6）辅助工具——图形显示控制命令

由于绘图屏幕的尺寸有限，而绘制的图形大小不一，往往需要调整图形对象在绘图区中的显示大小，以方便绘制图形或观察绘制的整个图形或局部。图形显示控制命令即可实现这一功能。常用的命令可分为两类：一类为图形显示缩放命令；另一类为平移命令。

① 图形显示缩放命令。该类命令实现了改变绘图区中图形显示大小的功能，但没有改变图形对象的实际尺寸。最常用的操作方式是滚动鼠标滚轮来实现实时缩放。此时的实时缩放是以当前光标所在的位置为中心进行操作的。此外，还有其他多种方式可实现图形的缩放操作。

② 图形的平移命令。图形的平移命令改变了图纸相对于屏幕窗口的位置，但图形在图纸上的实际位置、图形的大小都不发生变化。按住鼠标滚轮拖动鼠标，即可实现“实时平移”显示

功能。

3.1.2 上机练习

要绘制平面图形，首先要对绘制对象进行分析。分析平面图形是由哪些基本图形元素构成（直线、圆、曲线等），不同的图形元素决定了运用软件提供的哪些绘图命令来实现；分析图形由哪些线型构成，不同的线型决定了这些图形对象应绘制的图层；再根据图形中提供的尺寸，确定绘图的先后顺序、步骤及绘制方式。因此，在绘图前对图形进行详细的分析是十分重要的。

扫码看视频
直线命令应用案例

3.2 圆弧绘制应用案例

本节学习目标：

① 掌握 AutoCAD 编辑命令中“选择对象”操作的常用方式；

② 掌握绘图命令——圆命令；

③ 掌握编辑命令——旋转命令；

④ 掌握编辑命令——打断命令；

⑤ 掌握编辑命令——修剪命令；

⑥ 学会使用精确绘图辅助工具——对象捕捉工具。

完成的图形如图 3-2 所示。

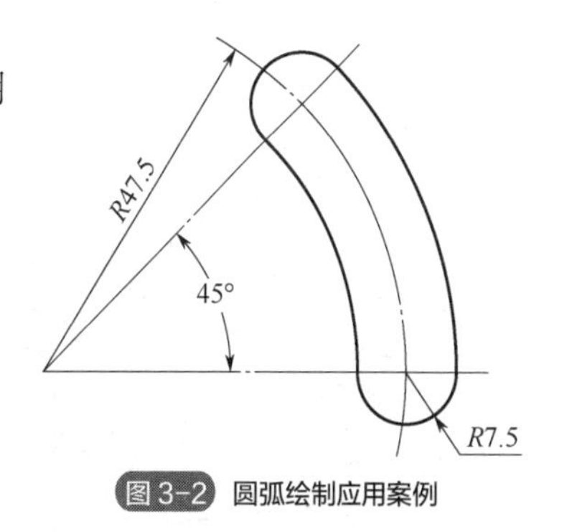

图 3-2 圆弧绘制应用案例

3.2.1 知识准备

(1) AutoCAD 编辑命令中“选择对象”操作的常用方式

当用户输入某个编辑命令对图形进行编辑操作时，在命令行会提示：

选择对象：

此时要求用户从屏幕上选择要进行编辑的对象。AutoCAD 提供了多种选择对象的方法，常用的选择方法主要有以下几种：

扫码看视频
选择对象操作

1）“点选”方式

这是默认的选择对象方法。此时光标变为一个小方框（即拾取框），利用该方框可逐个拾取待编辑的图形对象。一般情况下，在选中一个对象后，命令行仍然提示“选择对象：”，此时用户可以接着选择待编辑的图形对象。当选择对象完成后按回车键，以结束对象选择。被选中的对象会以虚线形式显示。“点选”方式每次只能选取一个对象，不便于选取大量的图形对象。

2）“窗口”方式（W 完全窗口方式）

这种选择方式需要指定选择对象的矩形窗口范围。先指定窗口的左侧顶点［如图 3-3（a）中的 P_1 或 P_3 点］，再指定窗口的右侧顶点［如图 3-3（a）中的 P_2 或 P_4 点］。完全位于窗口内的图形对象将被选中，不在该窗口内或者只有部分在窗口内的图形对象不被选中，被选中的对象会以虚线形式显示。

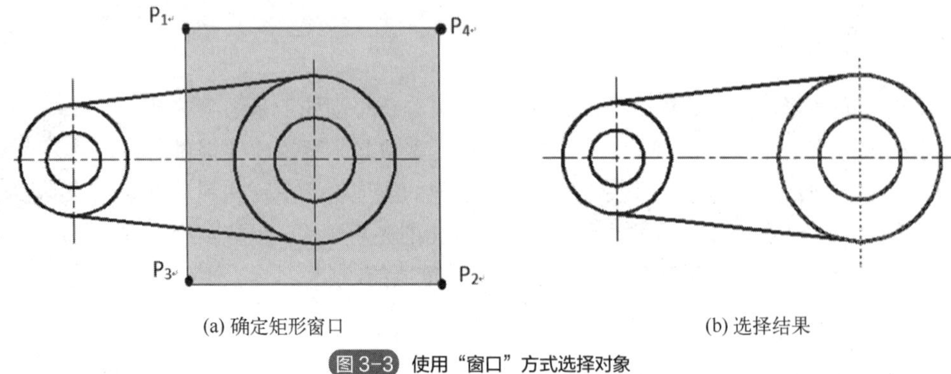

(a) 确定矩形窗口　　(b) 选择结果

图 3-3 使用“窗口”方式选择对象

3）“窗交”方式（C 交叉窗口方式）

这种选择方式需要指定选择对象的矩形窗口范围。先指定窗口的右侧顶点［如图 3-4（a）中的 P_2 或 P_4 点］，再指定窗口的左侧顶点［如图 3-4（a）中的 P_1 或 P_3 点］。全部位于窗口之内或者与窗口边界相交的对象都被选中，被选中的对象会以虚线形式显示。

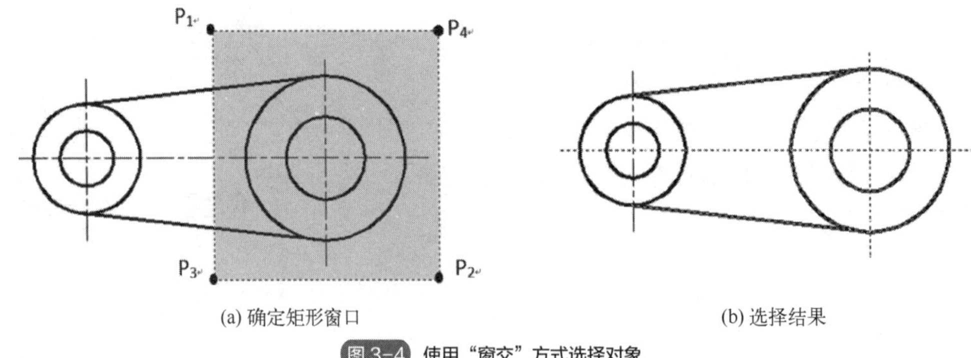

(a) 确定矩形窗口　　(b) 选择结果

图 3-4 使用“窗交”方式选择对象

4）“全部”方式（ALL 方式）

在“选择对象：”提示下，输入 ALL 并回车，除“冻结”“锁定”图层上的对象外，其余对象全被选中。“关闭”状态图层上的对象虽然不可见，但也被选中。

5）“删除（R）”方式

用该选择方式可以将所选对象从选择集中去除。当图形对象十分密集，数量比较多时，可先用“窗交”方式初步创建一个选择集，然后从选择集中将不需要的对象去除，这样会提高选择对象的效率。在“选择对象：”提示下，按住 Shift 键“点选”已被选择的对象，也可以将对象从选择集中去除。

（2）绘图命令——圆命令

1）功能

可以绘制整圆。

2）命令的调用

- 功能区“默认”选项卡｜“绘图”面板|“圆”按钮；

- 菜单栏：“绘图”|“圆”；
- 命令行：circle。

3）命令格式

圆命令提供了 6 种绘制圆的方式，在实际应用中可根据已知条件的不同选用对应的方式来绘制圆。这里先介绍 4 种方式。

① 圆心、半径方式绘制圆：指定圆心和圆的半径值画圆。

命令_circle

指定圆的圆心或［三点（3P）两点（2P）切点、切点、半径（T）]：　　//指定圆心。

指定圆的半径或［直径（D）]：　　//指定半径值或拖动光标指定一点，即以圆心到该点的距离作为半径值。

② 圆心、直径方式绘制圆：指定圆心和圆的直径值画圆。

命令_circle

指定圆的圆心或［三点（3P）两点（2P）切点、切点、半径（T）]：　　//指定圆心。

指定圆的半径或［直径（D）]：　　D//选择直径输入方式。

指定圆的直径<默认值>：　　//输入直径值并回车。

③ 三点画圆：指定圆上三个点的位置画出同时经过这三点的圆，如图 3-5 所示。

命令_circle

指定圆的圆心或［三点（3P）两点（2P）切点、切点、半径（T）]：3p　　//选择三点画圆方式

指定圆上的第一个点：　　//指定点 1。

指定圆上的第二个点：　　//指定点 2。

指定圆上的第三个点：　　//指定点 3。

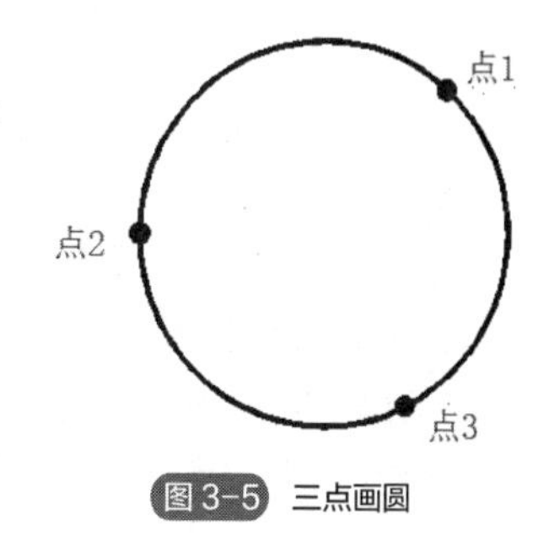

图 3-5　三点画圆

④ 两点画圆：指定圆上两个点的位置（为圆直径上的两个端点），画出同时经过这两点的圆。

命令_circle

指定圆的圆心或［三点（3P）两点（2P）切点、切点、半径（T）]：2p　　//选择两点画圆方式。

指定直径的第一个端点：　　//指定点 1。

指定直径的第二个端点：　　//指定点 2。

（3）编辑命令——旋转命令

1）作用

可将选中的对象绕指定的基点旋转一定的角度或复制一个旋转的图形对象。

2）命令的调用

- 功能区“默认”选项卡|“修改”面板|“旋转”按钮；
- 菜单栏：“修改”|“旋转”。

3）命令格式

命令：__rotate

UCS 当前的正角方向：ANGDIR=逆时针 ANGBASE=0

选择对象：　　//选择需要旋转的对象。

选择对象：　　//按回车键结束对象选择。

指定基点：　　//指定旋转中心点。

指定旋转角度，或［复制（C）参照（R）］<默认值>：

其中：

① 指定旋转角度：为默认项，系统将选定的对象绕基点转动该角度，默认情况下，逆时针方向角度值为正。

② 复制（C）：以复制形式旋转对象，即创建出旋转对象后仍在原位置保留源对象。

③ 参照（R）：以参照方式旋转对象，需要依次指定参照方向的角度值和相对于参照方向的角度值。

（4）编辑命令——打断命令

1）作用

可以将对象在两点之间打断，即删除位于两点之间的部分对象。

2）命令的调用

- 功能区“默认”选项卡|“修改”面板|“打断”按钮；
- 菜单栏：“修改”|“打断”。

3）命令格式

命令：__break

选择对象：　　//只能用“点选”方式直接拾取对象，且拾取点能够作为第一个打断点。

指定第二个打断点或［第一点（F）］：　　//确定第二个打断点位置，此时系统默认选择对象时的拾取点作为第一个打断点。

其中，“第一点（F）”选项：用于重新确定第一个打断点位置。

（5）编辑命令——修剪命令

1）作用

“修剪”命令是以一个或几个对象为剪切边，剪掉与其相交的对象的一部分。

2）命令的调用

- 功能区“默认”选项卡|“修改”面板|“修剪”按钮；
- 菜单栏：“修改”|“修剪”。

3）命令格式

命令：__trim

当前设置：投影=UCS，边=无，模式=快速

选择剪切边…

选择对象或［模式（O）］<全部选择>：　　//选择作为剪切边的对象，如果直接按回车键则将图中所有对象作为剪切边。

选择对象：　　//按回车键结束剪切边的选择。

选择要修剪的对象，或按住<Shift>键选择要延伸的对象或［剪切边（T）窗交（C）模式（O）投影（P）删除（R）］：

其中：

① 选择要修剪的对象：为默认选项，系统将以设定的剪切边为边界，将被剪切对象上拾取点一侧的对象剪切掉。

② 如果被剪切对象没有与剪切边相交，在该提示下按下 Shift 键，然后选择对象，系统将其延伸到剪切边。

扫码看视频
对象捕捉

(6) 精确绘图辅助工具——对象捕捉

在绘图过程中，经常要指定已有对象上的特殊点，如端点、交点、中点、圆心等。如果只凭观察来拾取很难准确找到这些点。对象捕捉功能可以迅速、准确地捕捉到这些特殊点，而无须了解这些点的精确坐标，它是精确绘图时不可缺少的辅助工具。

在绘图过程中有两种对象捕捉可以使用，一种为“对象捕捉”，另一种为“捕捉替代”。这里先介绍“对象捕捉”。在绘图时，经常会频繁地捕捉一些相同类型的特殊点，可先预设这些特殊点，启用“对象捕捉”。

1）启用或关闭“对象捕捉”功能

单击状态栏中“对象捕捉”图标或按 F3 键进行功能切换。

2）对象捕捉的设置

方式一：右击状态栏中“对象捕捉”图标或图标旁边的向下箭头，从打开的菜单列表中选择所需的对象捕捉类型，如图 3-6 所示。打勾的为选中状态，无勾的为未选中状态。

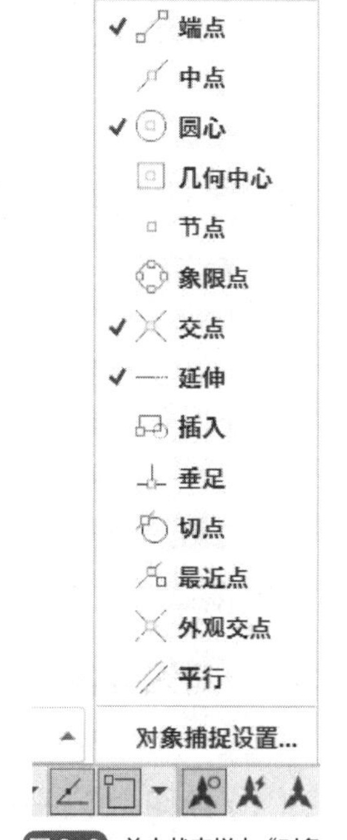

图 3-6 单击状态栏中“对象捕捉”图标弹出的快捷菜单

方式二：右键单击状态栏中“对象捕捉”图标或图标旁边的向下箭头，从打开的菜单列表中选择“对象捕捉设置…”，会弹出“草图设置”对话框“对象捕捉”选项卡，如图 3-7 所示。在选项卡中选择对象捕捉类型，然后单击“确定”按钮即可。选项卡中共有 14 种捕捉类型，常用的是端点、中点、圆心、交点。

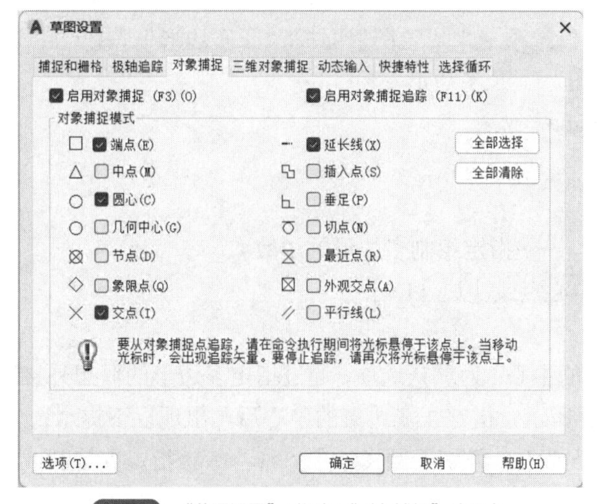

图 3-7 “草图设置”对话框“对象捕捉”选项卡

提示：

进行“对象捕捉”设置时如果选择的捕捉类型太多，使用起来并不方便，因为邻近的对象上可能会同时捕捉到多个捕捉类型而相互干扰。因此，除了常用的捕捉类型（如端点、中点、交点、圆心等），最好不要过多选择其他的捕捉类型。

AutoCAD 2022 默认对象捕捉功能处于“开”状态。在这种状态下不论何时命令提示“输入点”，当光标移到图形对象的对象捕捉位置时，将显示标记和工具提示。对象捕捉所能捕捉的对象捕捉类型是通过设置“对象捕捉”来实现的。

3.2.2 上机练习

扫码看视频
圆弧绘制应用案例

3.3 多边形绘制应用案例

本节学习目标：

① 掌握绘图命令——多边形命令；
② 掌握编辑命令——复制命令；
③ 掌握编辑命令——删除命令；
④ 掌握编辑命令——移动命令。

完成的图形如图 3-8 所示。

图 3-8 多边形绘制应用案例

3.3.1 知识准备

（1）绘图命令——多边形命令

1）作用

可以绘制边数为 3～1024 的正多边形。

2）命令的调用

- 功能区“默认”选项卡｜“绘图”面板|“正多边形”按钮；
- 菜单栏：“绘图”|“正多边形”；
- 命令行：polygon。

3）命令格式

命令：_polygon

输入侧面数<4>：　　//指定绘制多边形的边数。

指定正多边形的中心点或［边（E)]：

其中：

① 指定正多边形的中心：为默认选项，通过指定多边形的假想外接圆或内切圆的圆心来绘制正多边形，如图 3-9 所示。指定正多边形的中心后，出现以下提示：

输入选项［内接于圆（I）外切于圆（C)］<I>：　　//指定内接圆或者外切圆的多边形绘制方式。

指定圆的半径：　　//指定与多边形相切或相接的圆的半径。

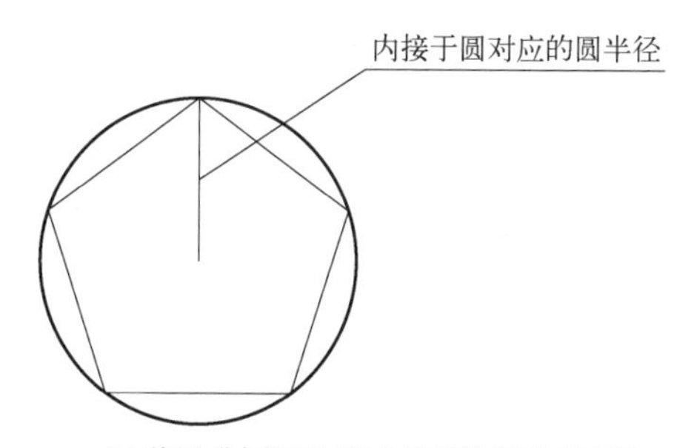

(a) 使用“内接于圆(I)”选项绘制正多边形

外切于圆对应的圆半径

(b) 使用“外切于圆(C)”选项绘制正多边形

图 3-9 使用“内接或外切于圆”选项绘制多边形

②“边”选项：指定多边形边长来绘制正多边形，边长由指定的两个端点的距离确定。执行该选项后，出现以下提示：

指定边的第一个端点：

指定边的第二个端点：

(2) 编辑命令——复制命令

1）作用

使用该命令可将选中的对象复制到指定的位置，可以连续复制多个新对象，原对象仍保留。

2）命令的调用

- 功能区“默认”选项卡|“修改”面板|“复制”按钮；
- 菜单栏：“修改”|“复制”。

3）命令格式

命令：_copy

选择对象：　　//选择需要复制的对象。

选择对象：　　//按回车键结束选择。

当前设置：复制模式=多个

指定基点或［位移（D）模式（O）］<位移>：

其中：

① 指定基点：确定复制的基点，即新对象的定位点。

② 位移（D）：可指定新对象与原对象间的位移量。

③ 模式（O）：确定复制的模式。有“单个”和“多个”两种：单个模式指执行复制命令后只能对选择的对象执行一次复制；多个模式指可多次复制，该模式为默认模式。

指定第二个点或[阵列（A）]<使用第一个点作为位移>：

其中，在该提示下直接按回车键，AutoCAD 将以基点作为第一点，其绝对坐标（x，y）分量作为复制的位移量复制对象。例如，基点绝对坐标（100，150），x 位移量为 100，y 位移量为 150，新点坐标为（200，300）。

如果指定第二个点，AutoCAD 就会按指定位置复制所选对象。

提示：

使用复制命令时，为便于控制和更直观，指定的基点及第二个点通常为图形对象上的特殊点。

（3）编辑命令——移动命令

1）作用

该命令可将选定的对象从一个位置移动到另一个位置。

2）命令的调用

- 功能区“默认”选项卡|“修改”面板|“移动”按钮✥；
- 菜单栏：“修改”|“移动”。

3）命令格式

命令：__move

选择对象：　　//选择要移动的对象。

选择对象：　　//按回车键结束对象选择。

指定基点或[位移(D)]<位移>：　　//单击鼠标指定基点位置或直接输入基点坐标。

指定第二个点或<使用第一个点作为位移>：　　//单击鼠标指定第二点位置或直接输入第二点坐标。

提示：

使用移动命令时，为便于控制和更直观，指定的基点及第二个点通常为图形对象上的特殊点。

（4）编辑命令——删除命令

1）作用

用于删除绘制的多余或错误的图形。使用该命令会将所选的图形对象全部删除，例如一条直线、整个圆、整个圆弧，而不是删除其中的一部分。

2）命令的调用

- 功能区“默认”选项卡|“修改”面板| “删除”按钮；
- 菜单栏：“修改”|“删除”。

3）命令格式

命令：__erase

选择对象：　　//选择要删除的图形对象。

选择对象：　　//可继续选择要删除的图形对象，若已经将要删除的图形对象都选中，可直接按回车键结束选择对象操作，则已选择的对象被删除。

3.3.2　上机练习

扫码看视频

多边形绘制应用案例

3.4　圆绘制应用案例

本节学习目标：

① 掌握绘图命令——圆命令进阶；

② 掌握精确绘图工具——对象捕捉追踪；

③ 综合运用直线命令、圆命令、旋转命令和复制命令。

完成的图形如图 3-10 所示。

图 3-10　圆绘制应用案例

3.4.1　知识准备

（1）绘图命令——圆命令进阶

在圆弧绘制实例中已经介绍了圆命令的基本用法，现介绍两个比较特殊的画圆方式。

1）相切、相切、半径方式绘制圆

在已知所绘制的圆与其它两个图形元素相切和圆的半径或直径的情况下，可采用这种方式画圆。如绘制图 3-11 中圆 1。

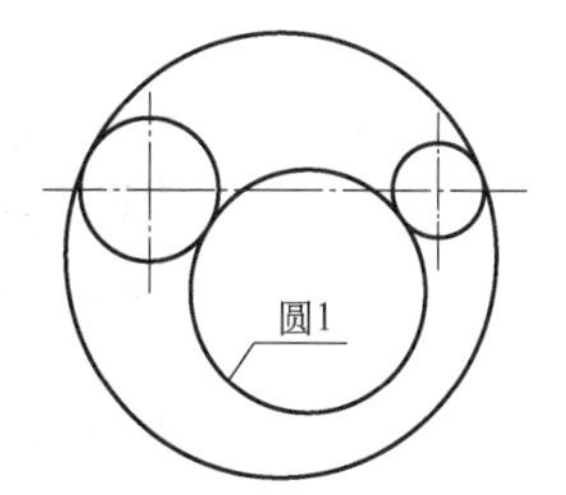

图 3-11　用相切、相切、半径方式绘制圆

命令：_circle

指定圆的圆心或［三点（3P）两点（2P）切点、切点、半径（T）］：T　　//指定画圆的方式。

指定对象与圆的第一个切点：　　//用鼠标指定对象与圆第一个切点的大约位置，相切的对象可为圆、圆弧或直线。

指定对象与圆的第二个切点：　　//用鼠标指定对象与圆第二个切点的大约位置。

指定圆的半径<默认值>：　　//输入半径值并回车。

提示：

切点拾取位置不同，指定半径不同，绘制的圆也不同。

2）相切、相切、相切方式绘制圆

在已知所绘制的圆与其他三个图形元素相切的情况下，可采用这种方式画圆。如绘制图 3-12 中的圆。

图 3-12　用相切、相切、相切方式绘制圆

命令_circle

指定圆的圆心或［三点（3P）两点（2P）切点、切点、半径（T）］：_3p 指定圆上第一个点_tan 到　　//用拾取框选中与圆相切的第一个对象。

指定圆上的第二个点：_tan 到　　//用拾取框选中与圆相切的第二个对象。

指定圆上的第三个点：_tan 到　　//用拾取框选中与圆相切的第三个对象。

（2）精确绘图工具——对象捕捉追踪

扫码看视频
对象捕捉追踪

使用对象捕捉追踪，可以沿着基于对象捕捉点的对齐路径进行追踪，产生追踪线，以便于捕捉到指定点延长线上的任意点。如图 3-13 所示，要在一个矩形的几何中心绘制一个圆，只需要使用对象捕捉追踪，找到矩形横竖两条线段中线的交点，将其作为圆心就可以了，任何辅助线都不用画就可以一步绘制出圆来。

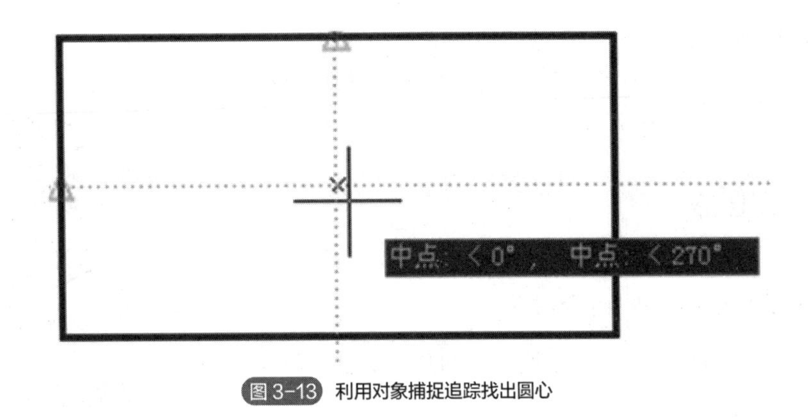

图 3-13 利用对象捕捉追踪找出圆心

单击状态栏中“对象捕捉追踪”图标或按 F11 键实现开/关切换。

提示:

对象捕捉追踪功能必须与对象捕捉功能同时使用才能实现，也就是说，使用对象捕捉追踪的时候必须将状态栏上的对象捕捉也打开，并且设置相应的捕捉类型。

3.4.2 上机练习

扫码看视频
圆绘制应用案例

3.5 矩形绘制应用实例

本节学习目标:

① 掌握绘图命令——矩形命令;

② 掌握编辑命令——倒角命令;

③ 掌握编辑命令——镜像命令。

完成的图形如图 3-14 所示。

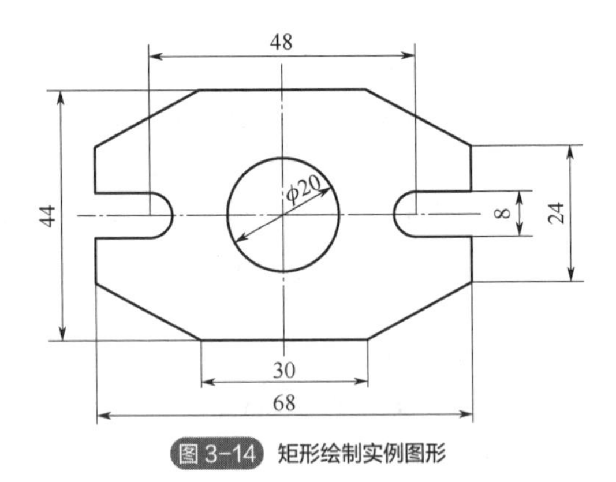

图 3-14 矩形绘制实例图形

3.5.1 知识准备

(1) 绘图命令——矩形命令

1) 作用

利用该命令可以绘制直角矩形、有倒角矩形、有圆角矩形、指定面积或指定长度和宽度尺寸的矩形。

2) 命令的调用

- 功能区“默认”选项卡 | “绘图”面板| “矩形”按钮;
- 菜单栏:“绘图” | “矩形”。

3) 命令格式

矩形命令提供了多种绘制方式，现介绍几种常用的绘制方式:

① 绘制直角矩形。

命令：_rectang

指定第一个角点或［倒角（C）标高（E）圆角（F）厚度（T）宽度（W）］：　　//给定矩形对角点中一个点。

指定另一个角点或［面积（A）尺寸（D）旋转（R）］：　　//给定矩形对角点中另一个点。

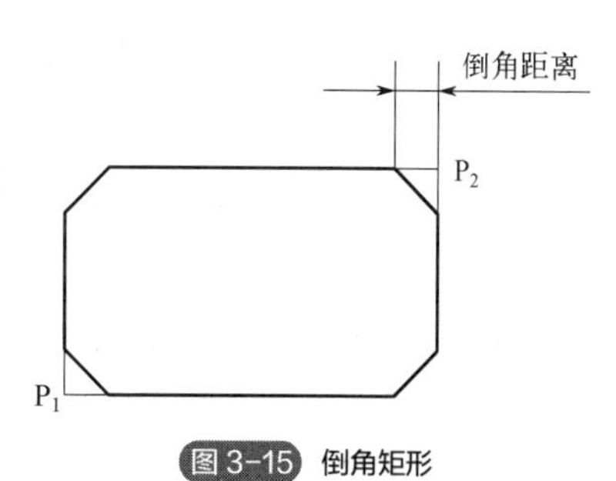

图 3-15　倒角矩形

② 绘制有倒角的矩形。可绘制如图 3-15 所示的矩形。

命令：_rectang

指定第一个角点或［倒角（C）标高（E）圆角（F）厚度（T）宽度（W）］：C　　//输入 C 并回车，设定倒角距离。

指定矩形的第一个倒角距离<默认值>：　　//输入倒角距离并回车或直接按回车键采用默认值。

指定矩形的第二个倒角距离<默认值>：　　//输入倒角距离并回车或直接按回车键采用默认值。

指定第一角点或［倒角（C）标高（E）圆角（F）厚度（T）宽度（W）］：　　//给定矩形对角点中一个点。

指定另一个角点或［面积（A）尺寸（D）旋转（R）］：　　//给定矩形对角点中另一个点。

其中：

指定另一个角点：为默认选项，指定矩形对角的一个角点。

“面积”选项：通过指定绘制矩形的面积，来绘制矩形。

“尺寸”选项：通过指定绘制矩形的长和宽，来绘制矩形。

“旋转”选项：指定绘制矩形的旋转角度。

③ 绘制有圆角的矩形。

命令：_rectang

指定第一个角点或［倒角（C）标高（E）圆角（F）厚度（T）宽度（W）］：F　　//输入 F 并回车，设定圆角半径。

指定矩形的圆角半径<默认值>：　　//输入圆角半径并回车或直接按回车键采用默认值。

指定第一角点或［倒角（C）标高（E）圆角（F）厚度（T）宽度（W）］：　　//给定矩形对角点中一个点。

指定另一个角点或［面积（A）尺寸（D）旋转（R）］：　　//给定矩形对角点中另一个点。

④ 绘制指定长度和宽度的矩形。

命令：_rectang

指定第一个角点或［倒角（C）标高（E）圆角（F）厚度（T）宽度（W）］：　　//给定矩形的第一个角点。

指定另一角点或［面积（A）尺寸（D）旋转（R）］：D　　//输入 D 并回车。

指定矩形的长度<默认值>：　　//指定矩形的长度。

指定矩形的宽度<默认值>：　　//指定矩形的宽度。

（2）编辑命令——倒角命令

1）作用

可以在两条直线间绘制出直线倒角，倒角对象可以是直线、多段线、矩形、正多边形等。

2）命令的调用

- 功能区“默认”选项卡|“修改”面板|“倒角”按钮；
- 菜单栏：“修改”|“倒角”。

3）命令格式

命令：__chamfer

（“修剪”模式）当前倒角距离 1=0.00，距离 2=0.00　　//给出当前系统使用的倒角距离及修剪模式。

选择第一条直线或［放弃（U）多段线（P）距离（D）角度（A）修剪（T）方式（E）多个（M）］：　　//选择进行倒角的第一条直线，为默认选项。

其中：

①“距离（D）”选项：用于设置第一个倒角边距离和第二个倒角边距离；

②“角度（A）”选项：可根据倒角边长度和角度来设置倒角数值；

③“修剪（T）”选项：设置倒角的修剪模式，倒角后是否对倒角边进行修剪。

④“多个（M）”选项：用于设置是否进行多个倒角的绘制操作。

选择第二条直线，或按住<Shift>键选择直线以应用角点或［距离（D）角度（A）方法（M）］：　　//选择第二个对象。

特别提示：

当两个倒角距离均为 0 且在“修剪”模式下进行倒角操作时，操作的效果是两条直线相交，而不产生倒角。

（3）编辑命令——镜像命令

1）作用

可以实现关于镜像线的镜像对称复制，镜像线由两个点确定。

2）命令的调用

- 功能区“默认”选项卡|“修改”面板|“镜像”按钮；
- 菜单栏：“修改”|“镜像”。

3）命令格式

命令：__mirror

选择对象：　　//选择需要镜像复制的对象。

选择对象：　　//按回车键结束对象选择。

指定镜像线的第一点：　　//指定一个点，作为镜像线上的一个端点。

指定镜像线的第二点：　　//指定第二点，与第一点确定一条直线即为镜像线。在操作时注意要打开“对象捕捉”以便准确捕捉点。

要删除源对象吗？［是（Y）否（N）］<否>：　　//设置创建镜像对象的同时是否保留源对象。

3.5.2 上机练习

扫码看视频
矩形绘制应用案例

3.6 图形复制和修剪案例

本节学习目标：

① 掌握编辑命令——偏移命令；

② 掌握编辑命令——延伸命令；

③ 综合运用矩形命令、圆命令、旋转命令。

完成的图形如图 3-16 所示。

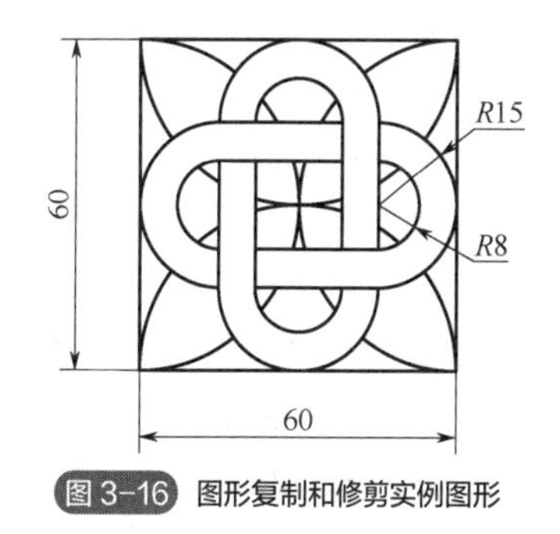

图 3-16 图形复制和修剪实例图形

3.6.1 知识准备

（1）编辑命令——偏移命令

1）作用

使用“偏移”命令可以创建形状相似且与选定对象平行的新对象，如创建同心圆、平行线、等距曲线等。可以使用“偏移”命令的对象包括直线、矩形、正多边形、圆、圆弧、椭圆、椭圆弧、多段线和样条曲线。

2）命令的调用

- 功能区“默认”选项卡|“修改”面板| “偏移”按钮；
- 菜单：“修改”|“偏移”。

3）命令格式

命令：__offset

当前设置：删除源=否 图层=源 OFFSETGAPTYEP=0

指定偏移距离或［通过(T) 删除(E) 图层(L)］<通过>： //指定偏移距离为默认选项，输入一个数值作为偏移距离值来复制对象。

其中：

① 通过（T）：指定一个点作为新对象通过的点；

② 删除（E）：确定偏移后是否删除源对象；

③ 图层（L）：可选择偏移产生的新对象是在当前层还是在源对象层上生成。缺省时 AutoCAD 在源对象层上生成新对象。

选择要偏移的对象，或［退出（E）放弃（U）］<退出>： //只能用拾取框拾取一个已有对象。

指定要偏移的那一侧上的点，或［退出（E）多个（M）放弃（U）］<退出>： //在对象的一侧任意指定一点，确定偏移方向，将按指定的偏移距离创建一个新对象。

选择要偏移的对象，或［退出（E）放弃（U）］<退出>： //如有需偏移的对象可继续进行偏移操作，如没有则可直接回车结束命令。

(2) 编辑命令——延伸命令

1) 作用

使用“延伸”命令可以将对象延伸到指定的边界，与边界相交。

2) 命令的调用

- 功能区“默认”选项卡|“修改”面板| “延伸”按钮；
- 菜单栏：“修改”|“延伸”。

3) 命令格式

命令：__extend

当前设置：投影=UCS，边=延伸，模式=标准

选择对象或［模式（O）］<全部选择>：　　//选择延伸边界，如果直接按回车键则图形文件中全部对象作为延伸边界。

选择边界的边...

选择对象或［模式（O）］<全部选择>：

选择对象：　　//按回车键结束延伸边界的选择。

选择要延伸的对象，或按住<Shift>键选择要修剪的对象，或［边界边（B）栏选（F）窗交（C）投影（P）边（E）］：　　//选择要延伸的对象，拾取点一侧的对象被延伸到边界。

3.6.2 上机练习

扫码看视频
图形复制和修剪案例

课后练习

一、单选题

(1) 直线命令“Line”中的“C”选项表示（　　）

A. Close　　B. Continue　　C. Create　　D. Cling

(2) 利用旋转中的“复制（C）”选项可以（　　）

A. 将对象旋转并复制　　B. 将对象旋转

C. 将对象复制　　D. 将对象旋转并复制多个对象

(3) 执行命令后，需要选择对象，在下列对象选择方式中，哪种方式可以快速全选绘图区中所有的对象？（　　）

A. esc　　B. box　　C. all　　D. zoom

(4) 使用交叉窗口选择对象时，所产生选择集为（　　）

A. 仅为窗口的内部的实体

B. 仅为与窗口相交的实体（不包括窗口的内部的实体）

C. 同时与窗口四边相交的实体加上窗口内部的实体

D. 以上都不对

(5) 在进行修剪操作时，首先要定义修剪边界，没有选择任何对象，而是直接按回车，则（　　）

A. 无法进行下面的操作

B. 系统继续要求选择修剪边界

C. 修剪命令马上结束

D. 所有显示的对象作为潜在的剪切边

（6）利用偏移不可以（　　）

A. 复制直线　　B. 创建等距曲线　　C. 删除图形　　D. 画平行线

（7）倒角的当前倒角距离为10、8，在选择对象时按住Shift键，结果是（　　）

A. 倒出10、8角　　B. 倒出8、10角　　C. 倒出10、10角　　D. 倒出0、0角

（8）当启用动态输入时，将在光标附近的工具栏提示下一步操作，如何打开操作中的选项？（　　）

A. 按Tab键　　B. 按键盘↑键　　C. 按键盘↓键　　D. 鼠标点击

二、多选题

（1）使用直线命令可以实现（　　）

A. 绘制一条直线段

B. 绘制多条连续直线段

C. 绘制首尾闭合的直线段

D. 以上都不对

（2）关于对象捕捉功能，下列哪些说法是正确的？（　　）

A. 在执行绘制直线命令过程中，不能进行对象捕捉功能的切换

B. “对象捕捉”设置时，选择的捕捉类型越多画图越方便

C. 利用对象捕捉功能可以迅速、准确地捕捉到端点、中点、交点等特殊点

D. 按F3键可开关对象捕捉功能

（3）想要使用圆命令实现三点画圆，如何选择三点画圆方式？（　　）

A. 在调用圆命令后，直接指定三点即可画出

B. 在调用圆命令后，用鼠标在命令窗口中选择3p选项

C. 在调用圆命令后，在命令窗口中输入3p选项并回车

D. 在调用圆命令后，按键盘上↓箭头，在动态输入窗口中选择3p选项并回车

（4）关于打断命令，正确的是（　　）

A. 可用于删除位于两点之间的图形对象

B. 用于切断圆上部分圆弧时，默认删除的是指定两点逆时针方向的圆弧

C. 可用于将直线长度缩短

D. 以上都不对

（5）当使用旋转命令时，可用下列哪些方法来选择旋转的对象？（　　）

A. 用鼠标一个一个点选

B. 指定完全窗口选择

C. 指定交叉窗口选择

D. 当选择的对象较多时，可选择全部对象，再按Shift键去除不需选择的对象

（6）下面不可以实现复制的是（　　）

A. 旋转（Rotate）命令

B. 移动（Move）命令

C. 复制（Copy）命令

D. 选择图形对象后按鼠标右键拖动

三、绘图练习

（1）练习图形如图 3-17 所示。

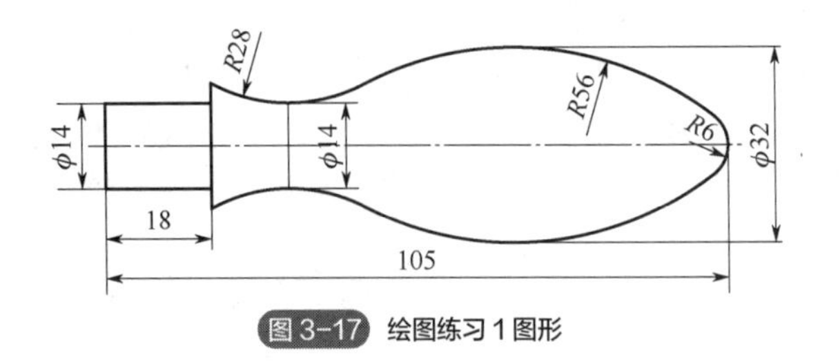

图 3-17 绘图练习 1 图形

（2）练习图形如图 3-18 所示。

图 3-18 绘图练习 2 图形

扫码看视频
绘图练习 1 画法分析

扫码看视频
绘图练习 1 绘图演示

扫码看视频
绘图练习 2 画法分析

扫码看视频
绘图练习 2 绘图演示

第4章

AutoCAD 绘制进阶

本章思维导图

扫码获取本书配套资源

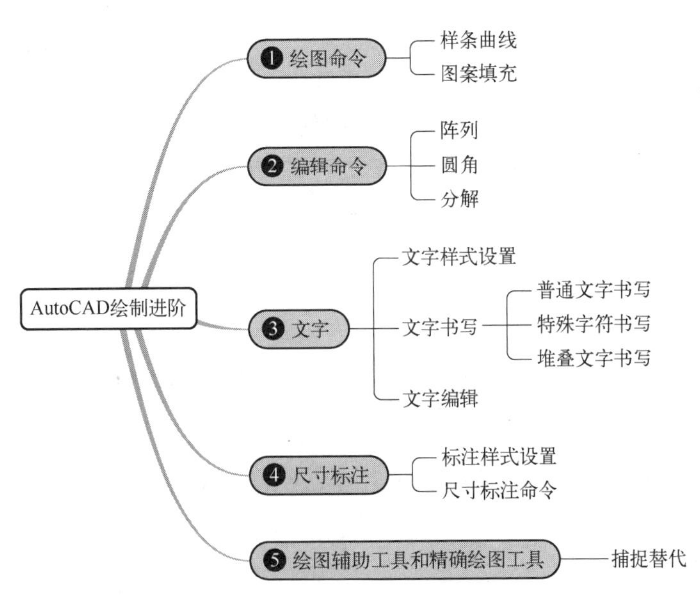

本章学习目标

（1）熟练掌握 AutoCAD 软件基本绘图命令——样条曲线命令和图案填充命令。

（2）熟练掌握 AutoCAD 软件基本编辑命令——阵列命令、圆角命令、分解命令。

（3）掌握文字样式设置方法并设置符合我国国标要求的文字样式；熟练进行普通文字、特殊文字和堆叠文字的书写以及进行文字编辑。

（4）掌握尺寸标注样式设置方法并设置符合我国国标要求的机械样式和子样式；熟练使用尺寸标注命令进行各种类型的尺寸标注。

（5）熟练并灵活运用精确绘图工具——捕捉替代。

（6）提高各个绘图命令和编辑命令的综合应用能力。

4.1 阵列应用案例

本节学习目标：

① 掌握编辑命令——阵列命令；

② 掌握编辑命令——圆角命令；

③ 综合运用直线命令、镜像命令、修剪命令。

完成的图形如图 4-1 所示。

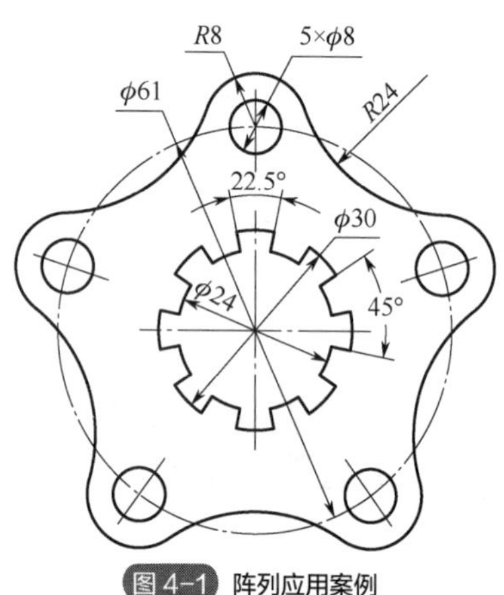

图 4-1 阵列应用案例

4.1.1 知识准备

（1）编辑命令——阵列命令

1）功能

可以进行有规则的复制。阵列方式分为矩形阵列、环形阵列和路径阵列。矩形阵列可以实现对象关于指定行数、列数及行间距、列间距的复制。环形阵列可以实现对象按照指定的阵列中心、阵列个数及包含角度进行复制。使用路径阵列可以实现沿路径和部分路径均匀分布复制。

2）命令的调用

- 功能区“默认”选项卡|“修改”面板| “阵列”按钮；
- 菜单栏：“修改” | “阵列”。

3）命令格式

① 矩形阵列。在启用功能区的情况下，在创建矩形阵列的过程中，可以在功能区面板的“阵列创建”选项卡（图 4-2）中设置相关参数。

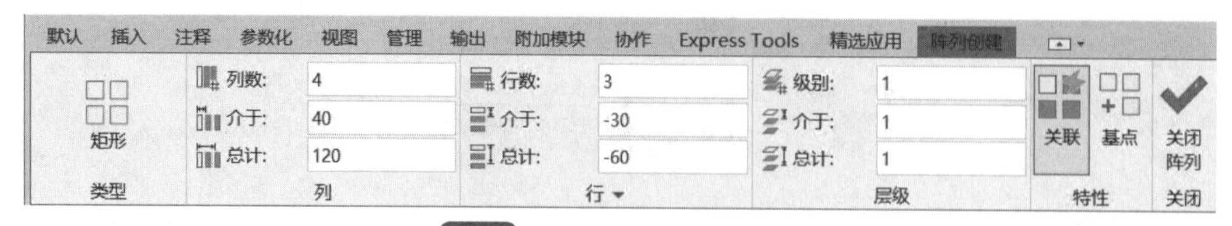

图 4-2 矩形阵列—阵列创建选项板

a. 矩形阵列的“阵列创建”选项卡主要参数设置介绍如下。

- “类型”选项，表示当前使用的阵列类型。
- “列”选项，包括“列数”“介于”和“总计”三个参数项。“列数”用于指定矩形阵列的列数；“介于”用于指定从每个对象的相同位置测量的每列之间的距离，即列间距；“总计”用于指定从开始和结束对象上的相同位置测量的起点和终点列之间的总距离。

在设置时根据已知条件填入任意两个参数即可进行阵列。

- “行”选项，包括“行数”“介于”和“总计”三个参数项。“行数”用于指定矩形阵列的行数；“介于”用于指定从每个对象的相同位置测量的每行之间的距离，即行间距；“总计”用于指定从开始和结束对象上的相同位置测量的起点和终点行之间的总距离。在设置时根据已知条件填入任意两个参数即可进行阵列。
- “层级”选项，用于指定三维矩形阵列的层数、z 方向层间距、z 方向总距离。
- “特性”选项，包括“关联”和“基点”两个参数项。“关联”按钮用于指定阵列中的对象是关联的还是独立的。如果为“关联”状态则创建的阵列对象是一个整体，当对阵列源对象进行编辑时阵列中的其他对象也跟着进行变化。如果为“不关联”状态则创建的阵列对象是单独的，更改一个对象不影响其他对象。软件默认状态为“关联”状态。“基点”按钮用于指定在阵列中放置对象的基点。

b. 矩形阵列应用举例。

已绘出一个图形（位于图 4-3 左上角位置），用“矩形阵列”方法绘制图 4-3 所示图形。

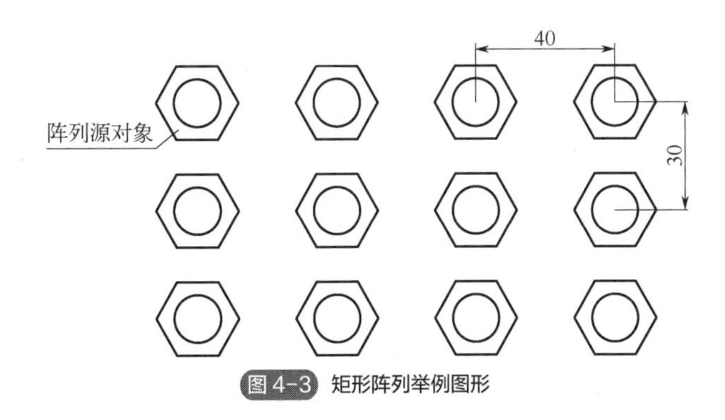

图 4-3　矩形阵列举例图形

操作步骤如下：

- 功能区“默认”选项卡|“修改”面板|“阵列”按钮|“矩形阵列”按钮；
- 用鼠标选择事先绘制好的图形作为阵列对象；
- 在功能区“矩形阵列”选项卡中，进行相关设置，如图 4-2 所示；
- 单击“关闭阵列”按钮，完成矩形阵列，如图 4-3 所示。

扫码看视频
矩形阵列举例

② 环形阵列。

a. 环形阵列的“阵列创建”选项卡（图 4-4）主要参数设置介绍如下。

类型	项目		行		层级		特性	关闭
极轴	项目数:	6	行数:	1	级别:	1	关联 基点 旋转项目 方向	关闭阵列
	介于:	36	介于:	832.131	介于:	1		
	填充:	180	总计:	832.131	总计:	1		

图 4-4　环形阵列—阵列创建选项板

- “类型”选项，表示当前使用的阵列类型。
- “项目”选项，包括“项目数”“介于”和“填充”三个参数项。“项目数”用于指定环形阵列的对象数量；“介于”用于指定相邻两个对象之间的夹角；“填充”用于指定环形阵列的填充角度。在设置时根据已知条件填入任意两个参数即可进行阵列。
- “行”选项，包括“行数”“介于”和“总计”三个参数项。“行数”用于指定环形阵列的行数；“介于”用于指定从每个对象的相同位置测量的每行之间的距离，即行间距；“总计”用于指定从开始和结束对象上的相同位置测量的起点和终点行之间的总距离。在设置时根据已知条件填入任意两个参数即可进行阵列。

- “层级”选项，用于指定三维环形阵列的层数、z 方向层间距、z 方向总距离。
- “特性”选项，包括“关联”“基点”“旋转项目”和“方向”四个参数项。“关联”按钮用于指定阵列中的对象是关联的还是独立的。如果为“关联”状态则创建的阵列对象是一个整体，当对阵列源对象进行编辑时阵列中的其他对象也跟着进行变化。如果为“不关联”状态则创建的阵列对象是单独的，更改一个对象不影响其他对象。软件默认状态为“关联”状态。“基点”按钮用于指定在阵列中放置对象的基点。“旋转项目”按钮用于控制在进行环形阵列时是否对阵列对象进行旋转，默认情况下是“旋转”状态。“方向”按钮用于确定环形阵列的方向，默认情况下是“逆时针”方向。

b. 环形阵列应用举例。绘制如图 4-5 所示图形。

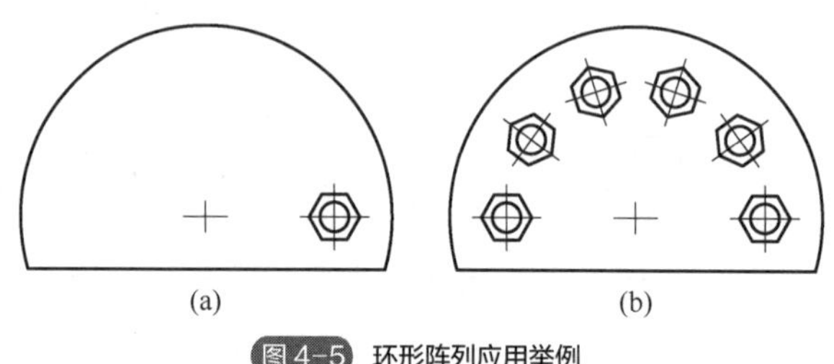

图 4-5 环形阵列应用举例

操作步骤如下：

- 功能区“默认”选项卡|“修改”面板|“阵列”按钮|“环形阵列”按钮；
- 用鼠标选择事先绘制好的图形作为阵列对象，如图 4-5（a）所示；
- 指定环形阵列的中心点位置；
- 在功能区“环形阵列”选项卡中，设置“项目数”为 6，“填充角度”为 180，如图 4-4 所示；
- 单击“关闭阵列”按钮，完成环形阵列，如图 4-5（b）所示。

扫码看视频
环形阵列举例

③ 路径阵列

a. 路径阵列的“阵列创建”选项卡（图 4-6）主要参数设置介绍如下。

图 4-6 路径阵列—阵列创建选项板

- “类型”选项，表示当前使用的阵列类型。
- “项目”选项，包括“项目数”“介于”和“总计”三个参数项。“项目数”用于指定路径阵列的个数；“介于”用于指定从相邻两个对象的相同位置进行测量的距离；“总计”用于指定从开始和结束对象上的相同位置测量的起点和终点之间的总距离。可以输入的参数由路径阵列的方法确定。当“方法”为“定数等分”时可通过输入数值或表达式指定阵列中的项目数；当“方法”为“定距等分”时可通过输入数值或表达式指定阵列中的项目的距离。

默认情况下，使用最大项目数填充阵列。如果需要，可以指定一个更小的项目数。也可以启用“填充整个路径”，以便在路径长度更改时调整项目数。

- “行”选项，包括“行数”“介于”和“总计”三个参数项。“行数”用于指定路径阵列的行数；“介于”用于指定从每个对象的相同位置测量的每行之间的距离，即行间距；“总计”用于指定从开始和结束对象上的相同位置测量的起点和终点行之间的总距离。在设置时根据已知条件填入任意两个参数即可进行阵列。
- “层级”选项，用于指定三维路径阵列的层数、相邻两层间距离；从第一层到最后一层的总距离。
- “特性”选项，包括“关联”“基点”“切线方向”“路径阵列方法”“对齐项目”和“z 方向”六个参数项。“关联”按钮用于指定阵列中的对象是关联的还是独立的。如果为“关联”状态则创建的阵列对象是一个整体，当对阵列源对象进行编辑时阵列中的其他对象也跟着进行变化。如果为“不关联”状态则创建的阵列对象是单独的，更改一个对象不影响其他对象。默认状态为“关联”状态。“基点”按钮用于指定在阵列中放置对象的基点。“路径阵列方法”按钮用于指定路径阵列是按等分方式还是按等距方式进行，默认的方式是等距方式。“对齐项目”用于指定每个阵列对象的方向是否与路径的方向相切对齐，默认方式是对齐方式。

b. 路径阵列应用举例。应用路径阵列绘制图 4-7（a）所示图形，已知路径曲线和阵列项数为 10。

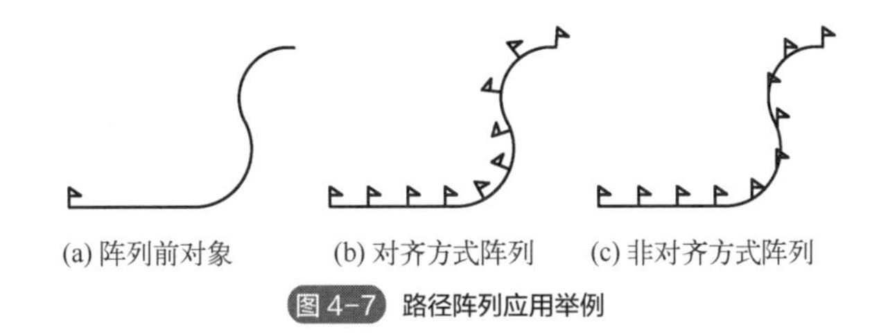
(a) 阵列前对象　(b) 对齐方式阵列　(c) 非对齐方式阵列

图 4-7 路径阵列应用举例

操作步骤如下：

- 功能区“默认”选项卡|“修改”面板|“阵列”按钮|“路径阵列”按钮。
- 用鼠标选择事先绘制好的图形作为阵列对象，选择完成后回车。
- 用鼠标选择事先绘制好的图形作为阵列路径，选择完成后回车。
- 在功能区“路径阵列”选项卡中，设置路径阵列方式为“定数等分方式”，输入“项目数”为 10，如图 4-6 所示。
- 单击“关闭阵列”按钮，完成环形阵列，如图 4-7（b）所示。若将“对齐项目”按钮设置为“未亮”状态，则绘制的图形如图 4-7（c）所示。

扫码看视频
路径阵列举例

（2）编辑命令——圆角命令

1）功能

用圆弧光滑连接两个对象，即倒圆角。圆角操作的对象包括直线、圆弧、圆、多段线、正多边形、矩形等。

2）命令的调用

- 功能区“默认”选项卡|“修改”面板| “圆角”按钮；
- 菜单栏：“修改” | “圆角”。

3）命令格式

命令：__fillet

当前设置：模式=修剪，半径=0　　//说明了当前的绘制模式和当前圆角半径值。

选择第一个对象或［放弃（U）多段线（P）半径（R）修剪（T）多个（M）]：　　//选择用于绘制圆角的第一个对象，为默认选项。

其中：

“半径（R）”选项：设定圆角半径值；

“修剪（T）”选项：设定倒圆角的修剪模式，即绘制圆弧后是否对两个对象进行修剪；

“多个（M）”选项：设置是否进行多个圆角的连续绘制操作。

选择第二个对象，或按住<Shift>键选择对象以应用角点或［半径（R）]：　　//选择第二个对象完成圆角命令。

4.1.2　上机练习

扫码看视频
阵列命令应用案例

4.2　分解命令应用案例

本节学习目标：

① 掌握编辑命令——分解命令；

② 掌握辅助绘图工具——捕捉替代；

③ 提高综合运用所学绘图命令、编辑命令的能力。

完成的图形如图 4-8 所示。

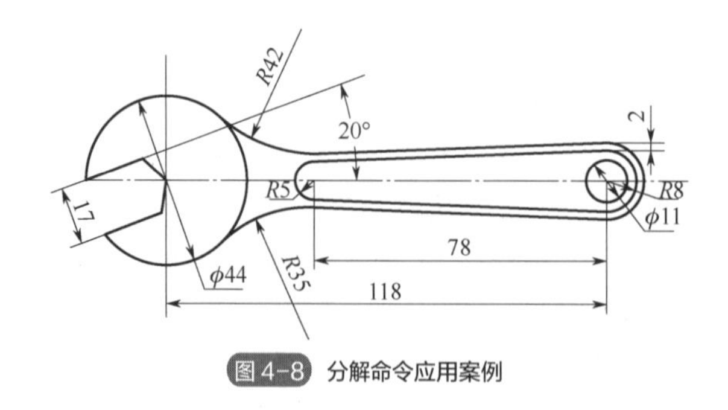

图 4-8　分解命令应用案例

4.2.1　知识准备

（1）编辑命令——分解命令

1）功能将一个整体对象分解为多个单一对象。整体对象包括多段线、矩形、正多边形、图块、剖面线、尺寸、多行文字等。这些对象被分解后，可对各单一对象进行编辑。

2）命令的调用

- 功能区“默认”选项卡|“修改”面板| “分解”按钮；
- 菜单：“修改”|“分解”。

3）命令格式

执行该命令后，命令行提示如下：

命令：__explode 选择对象：　　//选择要分解的对象。

选择对象：　　//在完成选择对象后，按回车键，系统对图形进行分解。

说明：

使用分解命令后，有时会丢失一些信息，如多段线的线宽；分解带有属性的块时，所有的属性会恢复到未组合为块之前的状态，显示为属性标记；分解尺寸标注时会丢失尺寸与当前图形的关联性，即当图形大小变化时，尺寸数值不自动跟随变化。

(2) 辅助绘图工具——捕捉替代

1）功能

捕捉替代是在命令执行过程中，指定待捕捉点的类型，再继续执行命令，该操作只对指定的下一点有效。

2）启动捕捉替代的方法

方法 1：按住 Shift 键或 Ctrl 键，点击鼠标右键调出“对象捕捉”快捷菜单，如图 4-9（a）所示。

方法 2：点击鼠标右键，然后从“捕捉替代”子菜单选择对象捕捉，如图 4-9（b）所示。

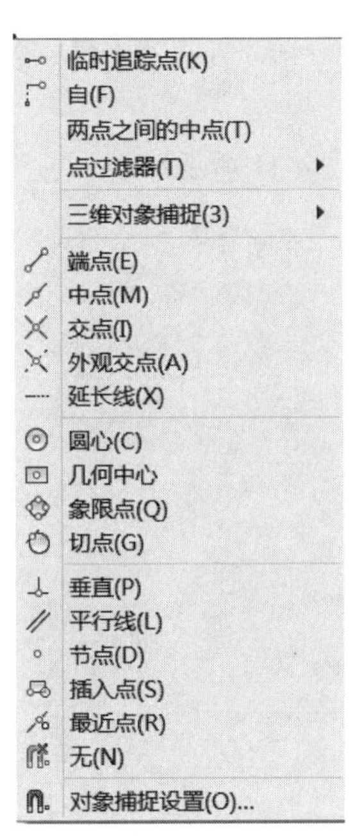

（a）“对象捕捉”快捷菜单

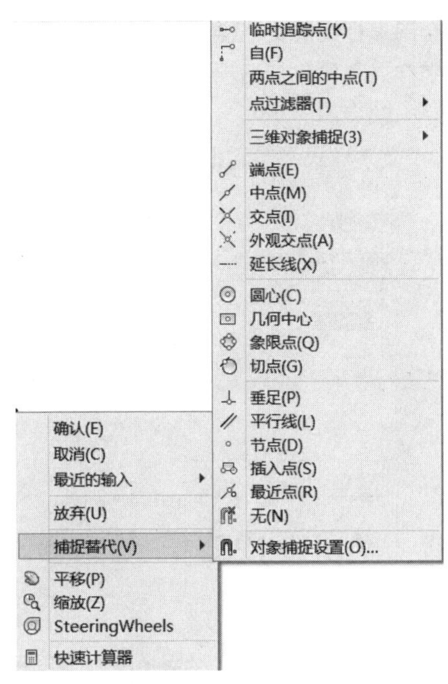

（b）“捕捉替代”子菜单

图 4-9　启用捕捉替代操作界面

4.2.2 上机练习

扫码看视频
分解命令应用案例

提示：

① 图 4-8 中的 $R42$、$R35$ 圆弧，可使用圆角命令绘制。在使用该命令时，需将“修剪模式”设置为“不修剪”。

② 使用正多边形命令绘制扳手卡口部分时，应采用外切于圆方式进行绘制。在对正六边形进行编辑时，需使用分解命令对六边形进行分解后，再编辑处理。

4.3 文字应用案例

本节学习目标：

① 掌握文字样式设置方法；

② 掌握普通文字、特殊字符书写和编辑方法。

完成的图形如图 4-10 所示。

技术要求

1.未注倒角C2;

2.调质处理:28-32HRC;

3.$\phi100^{+0.25}_{-0.05}$

4.$\frac{A-A}{1:2}$

5.60°±0.2°

图 4-10 文字应用案例

4.3.1 知识准备

（1）文字样式设置

文字样式用于确定书写文字时所采用的字体以及相关的文字效果参数。在绘制工程图之前，应先定义符合国家标准的文字样式。

定义文字样式主要包括三项内容：新建样式名称、选择字体文件、设置效果参数。

1）新建样式名称

① 单击“文字样式”对话框中的“新建…”按钮，如图 4-11 所示。

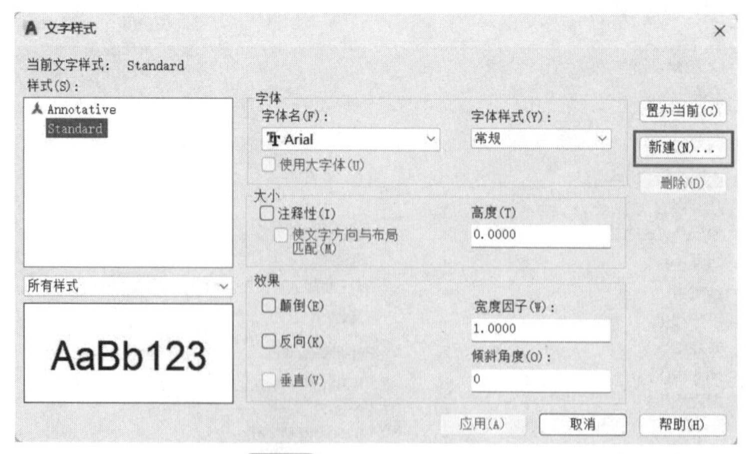

图 4-11 “文字样式”对话框

② 在弹出的“新建文字样式”对话框中将文字样式命名为“工程字”，如图 4-12 所示。

图 4-12 “新建文字样式”对话框

③ 单击“新建文字样式”对话框中的“确定”按钮，返回“文字样式”对话框。

2）选择字体文件

选择“字体名”为“gbeitc.shx”，选择“使用大字体”，选择“大字体”为“gbcbig.shx”，如图 4-13 所示。

3）设置效果参数

设置宽度因子为“1.0000”，倾斜角度为“0”，高度为“0.0000”，如图 4-13 所示。

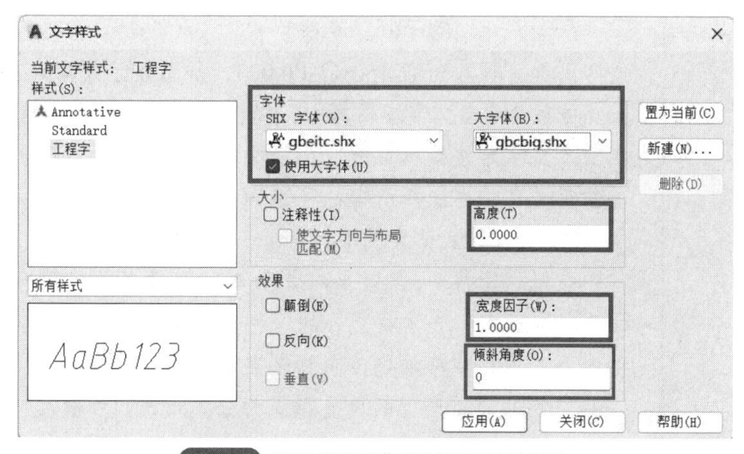

图 4-13 设定“工程字”字体及相关字体参数

说明：

a. 在创建文字样式时，一般将字高设为 0，其作用是使所创建文字样式的字高可变，在书写文字时可通过设定字高操作来改变书写文字的高度。

b. 当使用形字体定义文字样式时，由于形字体的字高与字宽的比是按 $1:h/\sqrt{2}$ 定义的，符合我国国家标准的规定，因此“宽度因子”设为 1。

（2）书写文字

点击功能区“默认”选项卡|“注释”面板| “多行文字”按钮A，命令行提示如下：

命令: _mtext

指定第一角点： //用鼠标左键指定多行文字输入区的第一个角点。

指定对角点或 [高度（H）/对正（J）/行距（L）/旋转（R）/样式（S）/宽度（W）/栏（C）]： //指定对角点为默认选项，系统还另外给出 7 个选项。用户可用鼠标左键指定文字输入区的另一个对角点，以确定书写多行文字对象的宽度。

当指定了对角点之后，在软件默认设置情况下，功能区处于活动状态，此时将在功能区中显示“文字编辑器”选项卡，如图 4-14 所示。

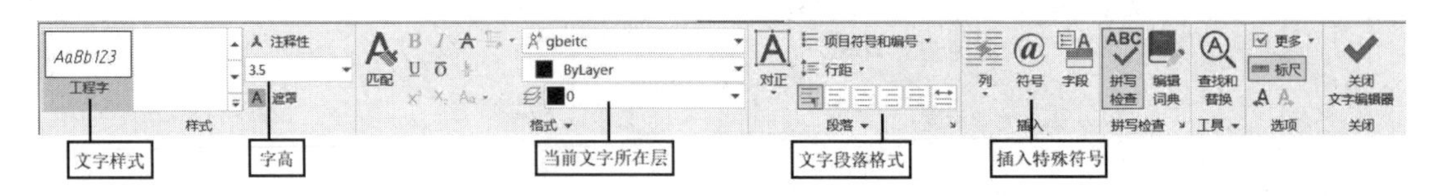

图 4-14 功能区“文字编辑器”选项卡

知识拓展：

1）特殊符号的书写

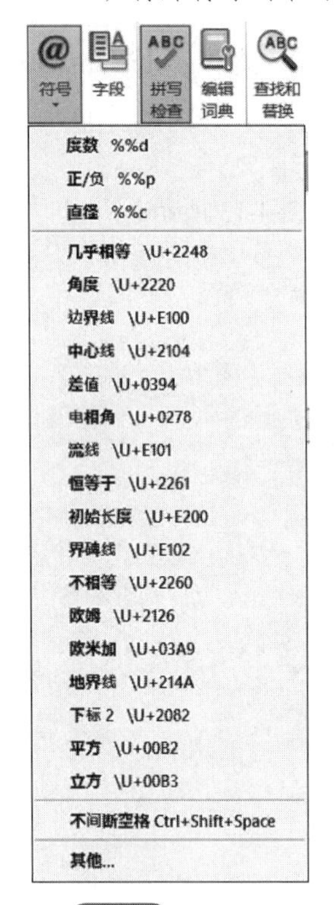

图 4-15 符号菜单

方法 1：书写文字时，有时需要写一些特殊符号，这些特殊符号不能从键盘上直接找到。为解决这样的问题，AutoCAD 提供了专门的控制符。这些控制符由两个百分号（%%）和一个字符构成。其中：

%%C　　用于书写直径符号“ϕ”

%%P　　用于书写公差正负号“±”

%%D　　用于书写度符号“°”

例如，输入%%C150%%P0.023，屏幕显示效果是 ϕ150±0.023。

方法 2：在文字编辑器中，提供了直接插入这些特殊字符的工具。在输入文字时按鼠标右键或单击文字编辑器上的“符号”按钮@，在弹出的符号菜单中选择所需符号，如图 4-15 所示。

2）特殊格式文字的书写

在机械图样中，经常会有如图 4-16 所示的文字组合（即堆叠文字）。堆叠是对分数、公差和配合的一种位置控制方式，应采用 AutoCAD 提供的下列三种字符堆叠控制码来实现。

“/”字符：产生的堆叠形式为分式形式。如输入“2/3”，采用堆叠后显示为 $\dfrac{2}{3}$。

“#”字符：产生的堆叠形式为比值形式。如输入“2#3”，采用堆叠后显示为 2/3。

“^”字符：产生的堆叠形式为上下排列的形式。如输入+0.02^−0.03，采用堆叠后显示为 $\begin{matrix}+0.02\\-0.03\end{matrix}$。

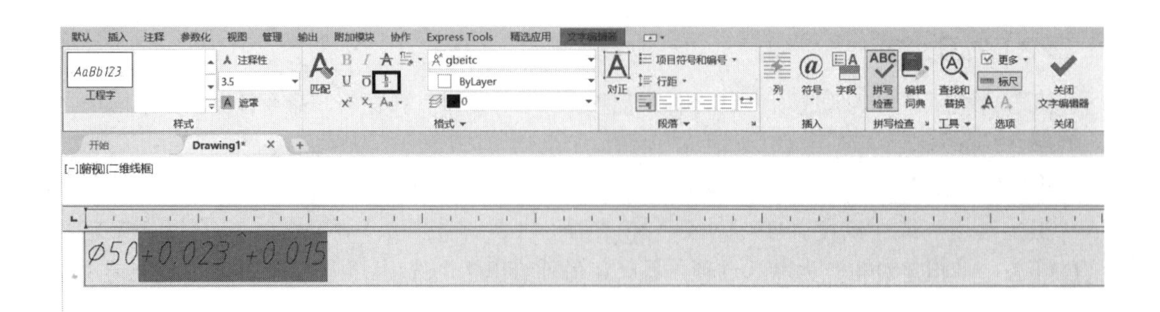

图 4-16 显示效果

（3）文字编辑

1）编辑文字内容

双击多行文字对象，打开多行文字编辑器，可以直接修改文字内容。

2）编辑堆叠文字

双击待编辑的堆叠文字，此时将打开多行文字编辑器。在多行文字编辑器中用鼠标选择堆叠文字，单击堆叠按钮以取消堆叠效果，在修改堆叠的文字内容后重新单击堆叠按钮以实现堆叠效果。

3）编辑文字参数

要改变文字高度、对正方式、字体样式等内容时，可以先选择需编辑的文字，再点击鼠标右键，选择“特性”选项，在弹出的特性选项板中修改相关内容，如图 4-17 所示。

扫码看视频
文字应用案例

图 4-17　特性选项板修改文字特性

4.3.2　上机练习

4.4　样条曲线及图案填充应用案例

本节学习目标：

① 掌握绘图命令——样条曲线命令；

② 掌握图案填充命令；

③ 掌握尺寸标注设置方法；

④ 掌握各类尺寸标注的方法。

完成的图形如图 4-18 所示。

4.4.1　知识准备

（1）绘图命令——样条曲线命令

1）功能

用来创建通过多个指定点的形状不规则的曲线。在机械图样中，样条曲线命令主要用来绘制波浪线和相贯线。

2）命令的调用

- 功能区“默认”选项卡｜“绘图”面板|“样条曲线拟合”按钮；
- 菜单栏：“绘图”|“样条曲线”|“拟合点”；
- 命令行：spline。

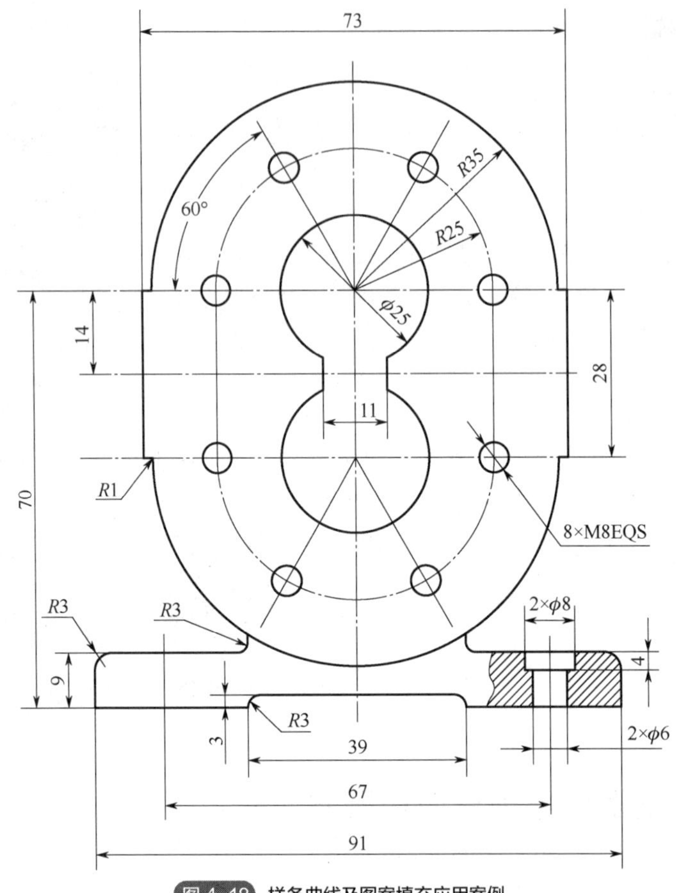

图 4-18 样条曲线及图案填充应用案例

3）命令格式

命令: _SPLINE

当前设置: 方式=拟合　节点=弦

指定第一个点或［方式（M）节点（K）对象（O）］: _M

输入样条曲线创建方式［拟合（F）/控制点（CV）］<拟合>: _FIT

当前设置: 方式=拟合　节点=弦

指定第一个点或［方式（M）节点（K）对象（O）］:　//指定样条曲线上的第一点。

输入下一个点或［起点切向（T）公差（L）］:　//指定样条曲线上的第二点。

输入下一个点或［端点相切（T）公差（L）放弃（U）］:　//指定样条曲线上的第三点。

输入下一个点或［端点相切（T）公差（L）放弃（U）闭合（C）］:　//指定样条曲线上的第四点。

输入下一个点或［端点相切（T）公差（L）放弃（U）闭合（C）］:　//回车键结束命令。

其中：

闭合（C）：将样条曲线的最后一点与起点重合，构成闭合的样条曲线。

拟合（F）：定义曲线的偏差值。值越大，离控制点越远，反之则越近。

起点切向：定义样条曲线的起点和结束点的切线方向。

（2）绘图命令——图案填充命令

在工业产品设计中，经常会通过图案填充来区分物体的各部分或表现其材质。在机械图样中，表示零件剖切断面的剖面线可使用“图案填充”命令来绘制。

点击功能区“默认”选项卡|“绘图”面板|“图案填充”按钮，会在功能区显示“图案填充创建”选项卡，如图 4-19 所示。

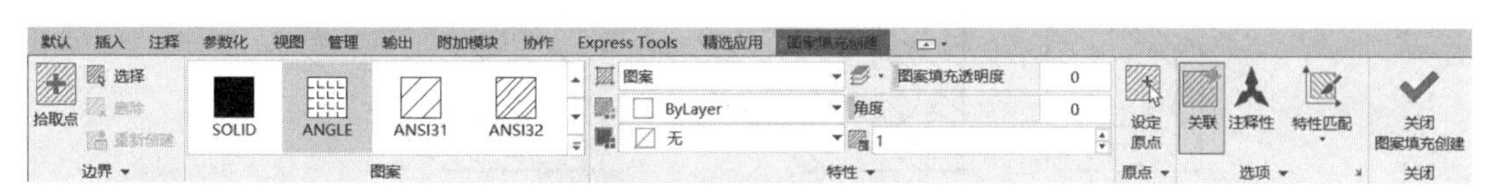

图 4-19 “图案填充创建”选项卡

1）“图案”选项

用于选定填充图案。在机械图中，常选用 ANSI31（45° 平行线）来填充封闭区域。

2）“特性”选项

用于确定图案填充的类型、图案填充的颜色、图案填充的背景色以及填充的相应参数，包括图案填充的透明度、图案填充的角度和比例。

①“类型”下拉列表：用于设置图案的类型。列表中有“预定义”“用户定义”和“自定义”三种。其中，预定义图案是 AutoCAD 提供的图案。

②“图案填充颜色”：设置当前图案填充的颜色。

③“图案填充背景色”：设置当前图案填充的背景颜色。

④“图案填充透明度”：设置当前图案填充的透明程度。

⑤“角度”：用于指定图案填充时图案的旋转角度。对于机械图中常选用的 ANSI31 图案来说，一般选择 0° 或 90° 。

⑥“比例”是指定填充图案时的图案比例，即放大或缩小预定义或自定义的图案。对于 ANSI31 图案来说设定“比例”就是设定剖面线上相邻两条线之间距离的比例系数，比例系数越大，则距离越大。

3）“边界”选项

用于确定填充边界。确定填充“边界”的方式有两种：

①“拾取点”方式：是在屏幕上的封闭区域内任意拾取一点，AutoCAD 将在现有对象中自动检测距该点最近的边界，构成一个封闭区域，并将该封闭区域作为填充剖面线的边界。如图 4-20 所示，选择矩形内的点 A，则填充范围是矩形内由矩形、圆及椭圆围成的封闭区域。

②“选择”方式：通过选择构成封闭区域的对象来确定边界，如图 4-21 所示，选择矩形作为对象，则填充范围是全部矩形内部。

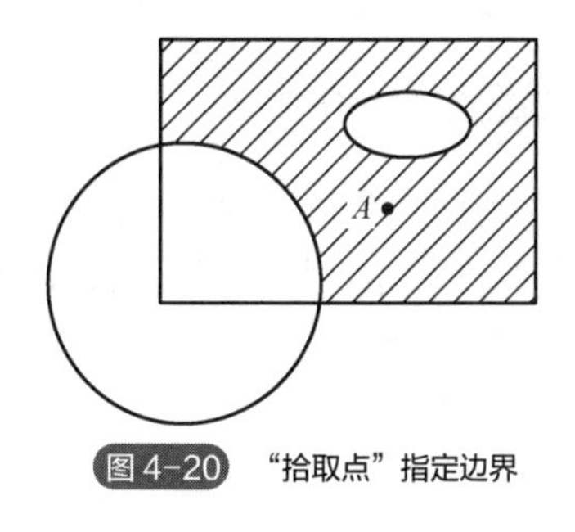

图 4-20 “拾取点”指定边界

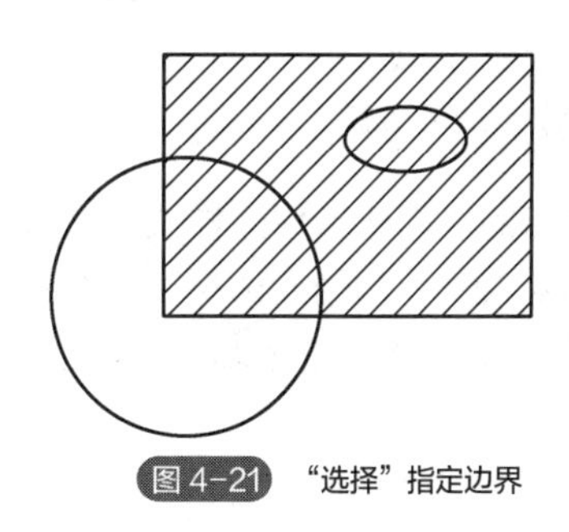

图 4-21 “选择”指定边界

4）“选项”选项

用于控制常用的图案填充设置。

“关联”按钮：如图 4-22 所示，表示在修改填充边界后，图案填充将自动随边界做出相应的改变，用填充图案自动填充新的边界；不关联时，图案填充不随边界的改变而变化，仍保持原来的形状。

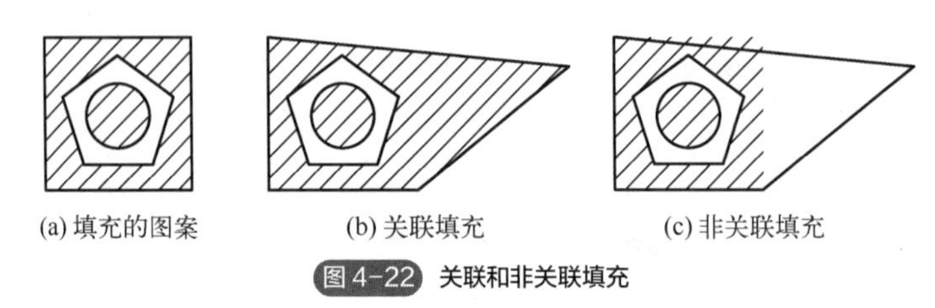

图 4-22 关联和非关联填充

（3）尺寸样式设置

在使用 AutoCAD 进行尺寸标注时，尺寸的外观及功能取决于当前尺寸样式的设定。由于 AutoCAD 系统缺省的尺寸样式不符合我国机械制图标准中对尺寸标注的要求，因此在开始标注尺寸前应首先进行尺寸标注样式设置。一般需设置 2 个或 2 个以上的尺寸样式以满足绘制机械图样的需要。

1）建立“机械样式”主样式

建立“机械样式”的主样式，设置相关参数以符合我国国家标准对尺寸标注的要求。

操作步骤如下：

① 单击功能区“默认”选项卡|“注释”面板|“标注样式”下拉框，如图 4-23 所示。

② 在弹出的“标注样式管理器”对话框中，单击“新建”按钮，如图 4-24 所示。

图 4-23 “注释”面板

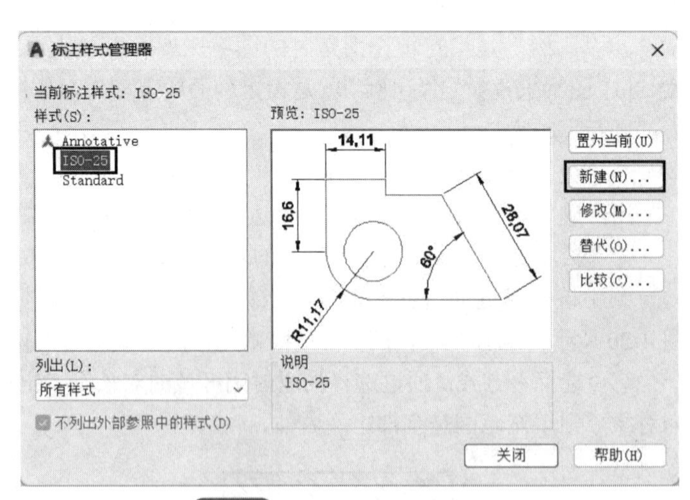

图 4-24 “标注样式管理器”对话框

③ 在弹出的“创建新标注样式”对话框中，将“新样式名”设为“机械样式”，将“基础样式”设为 ISO-25，“用于”选择“所有标注”，如图 4-25 所示。根据以上设置，新建的“机械样式”的标注样式将以 AutoCAD 中默认的 ISO-25 标注样式为基础样式，应用于所有的尺寸标注类型。

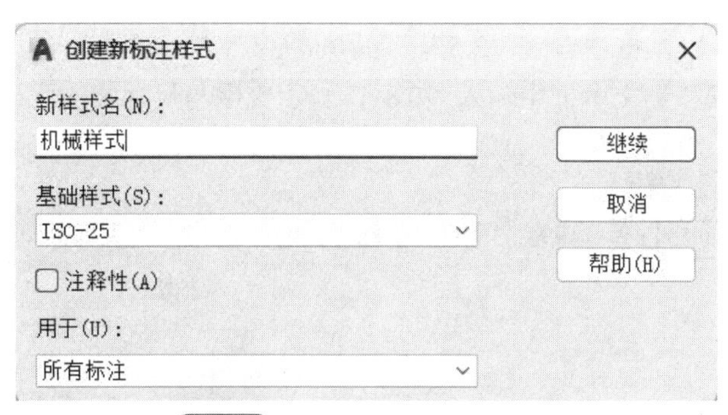

图 4-25　“创建新标注样式”对话框

④ 单击“创建新标注样式”对话框中的“继续”按钮，则弹出“新建标注样式：机械样式”对话框。可根据我国国家标准的要求对该对话框中的 7 个选项卡进行设置。

a. 在“线”选项卡中修改如下设置，如图 4-26 所示。

- “基线间距”文本框中输入“8”（按照我国机械制图国家标准的规定，该值应为 5～10mm）；
- “超出尺寸线”文本框中输入“2”，是指尺寸界线要超出尺寸线 2mm（按照我国机械制图国家标准的规定，该值应为 2～5mm）；
- “起点偏移量”文本框中输入“0”，是指尺寸界线起点与拾取标注点之间的距离。

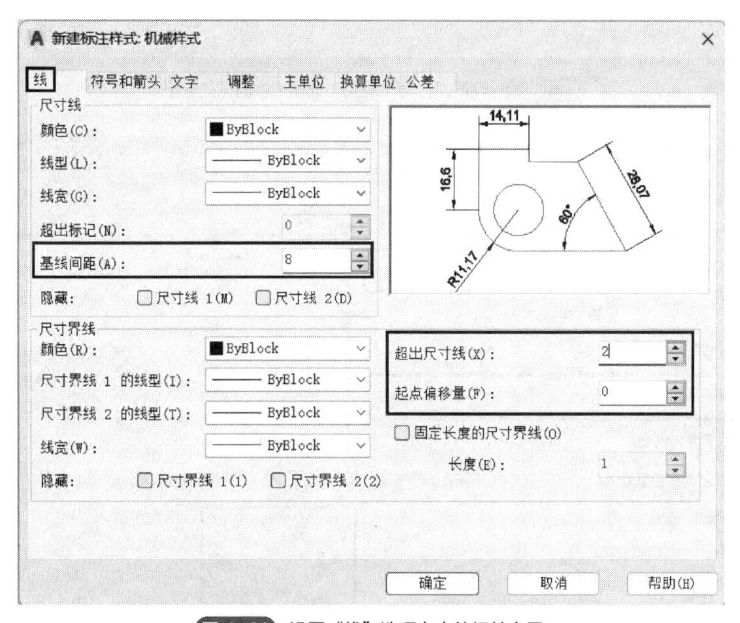

图 4-26　设置“线”选项卡中的相关变量

b. 在“符号和箭头”选项卡中修改如下设置，如图 4-27 所示。

- “箭头大小”文本框中输入“4”，此数字用于调节标注箭头的大小；
- “圆心标记”选择“无”。

c. 在“文字”选项卡中修改如下设置，如图 4-28 所示。

- “文字样式”文本框中选择“工程字”，“工程字”文字样式的设置如图 4-13 所示，表示尺寸标注时所采用的文字样式；

- “文字高度”文本框中输入“3.5”，表示标注文字的字高；
- “从尺寸线偏移”文本框中输入“0.8”，表示文字与尺寸线的距离。

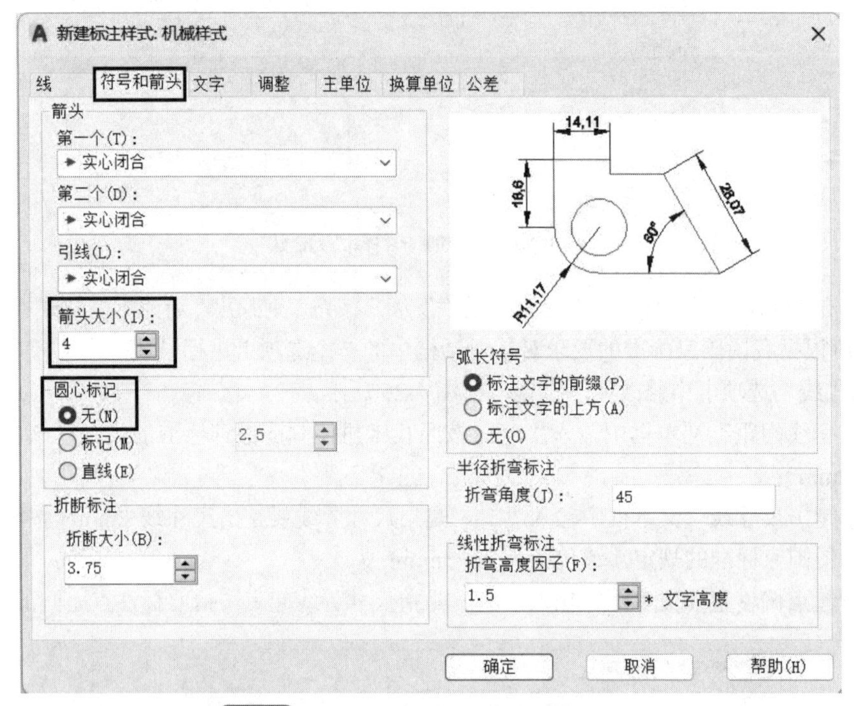

图 4-27 设置“符号和箭头”选项卡中的相关变量

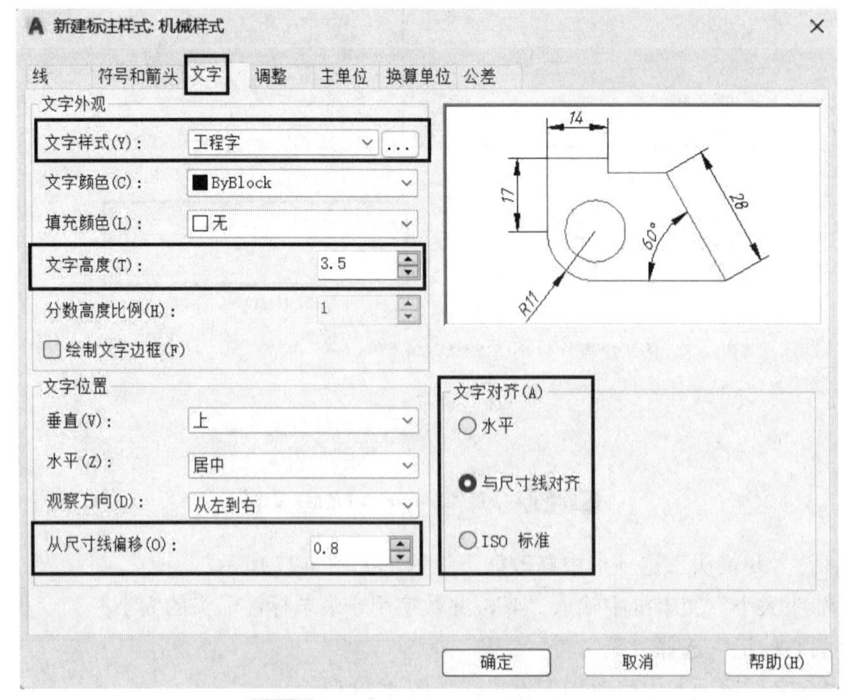

图 4-28 设置“文字”选项卡中的相关变量

d. 在“调整”选项卡中标注变量未做修改，保持 AutoCAD 的默认设置，如图 4-29 所示。

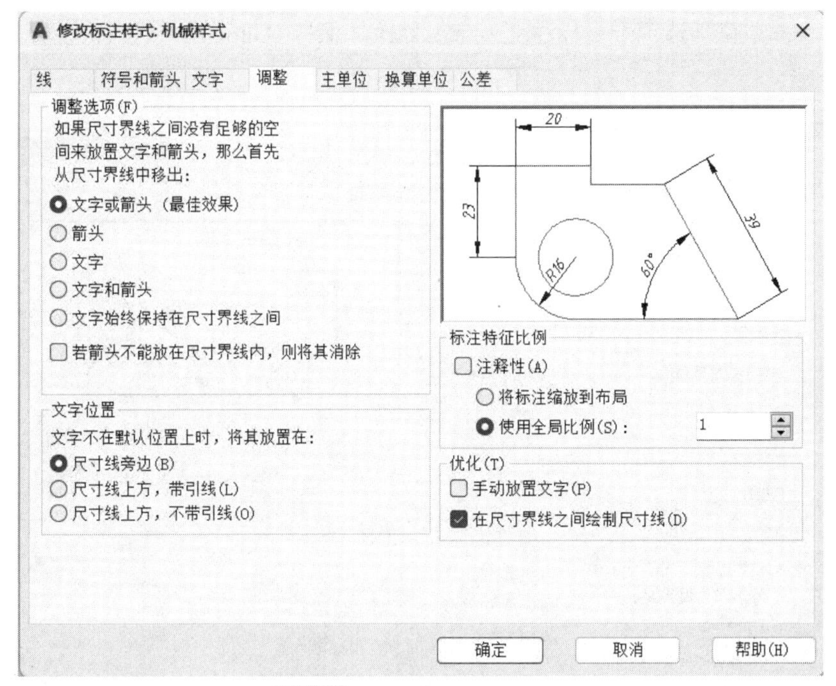

图 4-29　“调整”选项卡相关变量

e. 在“主单位”选项卡中修改如下设置，如图 4-30 所示。

- “精度”文本框中选择“0”，是指进行尺寸标注时数字保留到整数；
- “小数分隔符”文本框中选择“.”（句点），代替原来的“,”（逗号）。

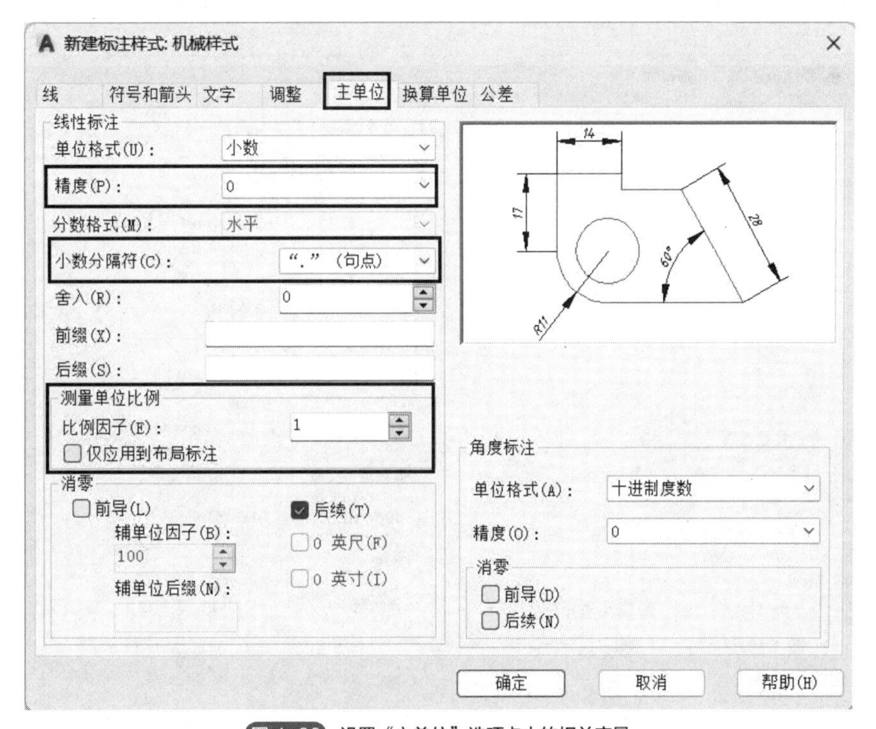

图 4-30　设置“主单位”选项卡中的相关变量

f. 在“换算单位”选项卡中标注变量未做修改，保持 AutoCAD 的默认设置，如图 4-31 所示。

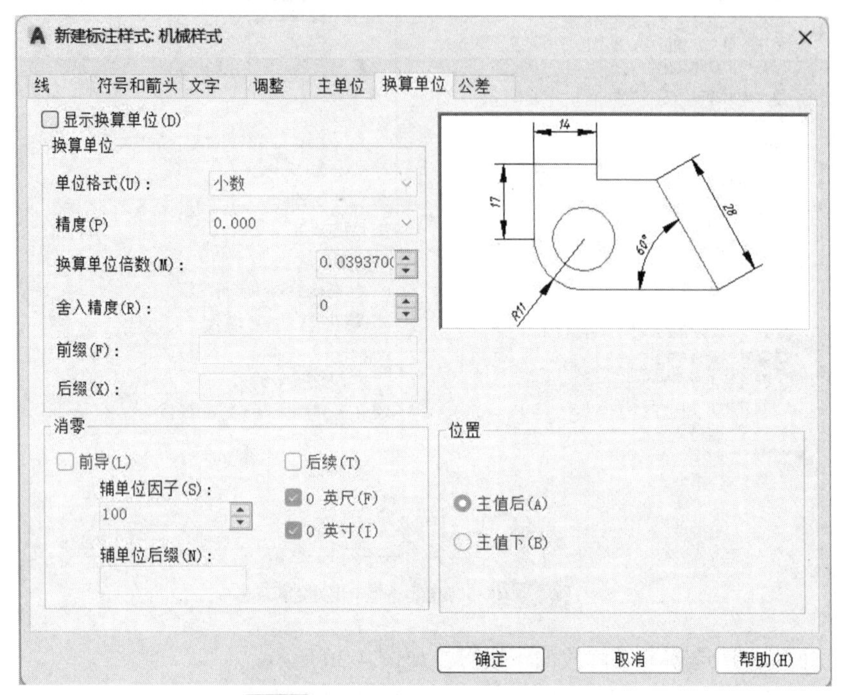

图 4-31 “换算单位”选项卡中的相关变量

g. 在“公差”选项卡中标注变量未做修改，保持 AutoCAD 的默认设置，如图 4-32 所示。

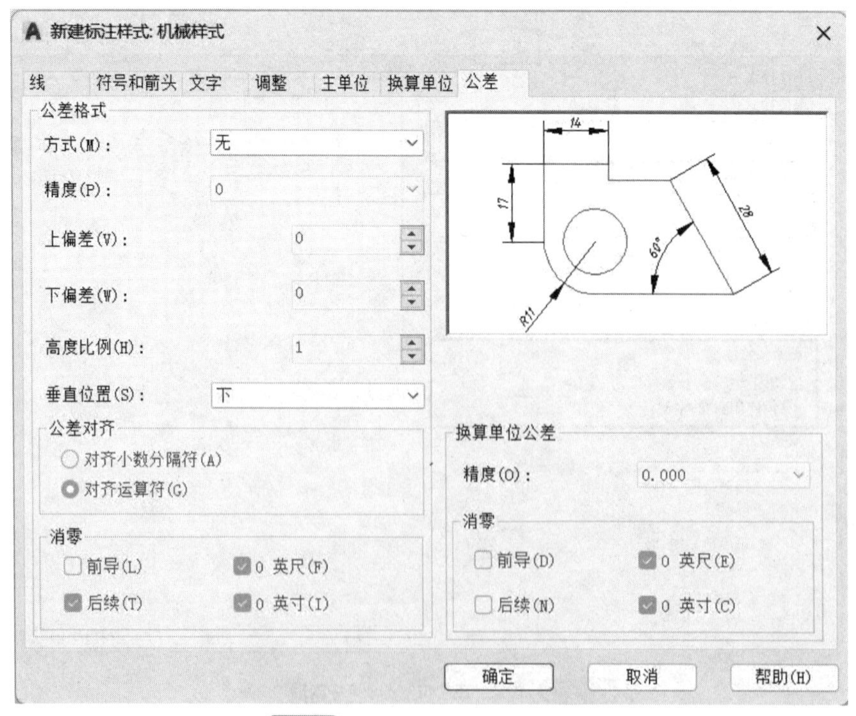

图 4-32 “公差”选项卡中的相关变量

2）建立“机械样式”子样式

以“机械样式”为基础样式，建立“机械样式”子样式，用于角度标注、直径标注和半径标注。为了标注的快捷和方便，可以在这两个样式基础上建立更多的尺寸标注样式。

有时，在使用同一个标注样式进行标注的时候，并不能满足所有的标注规范。例如，创建的机械样式虽然可以标注出符合国标要求的大多数尺寸，但在标注直径、半径和角度时不符合要求。为了解决这一问题，可以使用 AutoCAD 的标注子样式功能，即在“机械样式”的基础上，定义专门用于直径标注、半径标注和角度标注的子样式。

操作步骤如下：

① 单击功能区“默认”选项卡|“注释”面板| “标注样式”下拉框。

② 在弹出的“标注样式”对话框中，单击“新建”按钮，如图 4-33 所示。

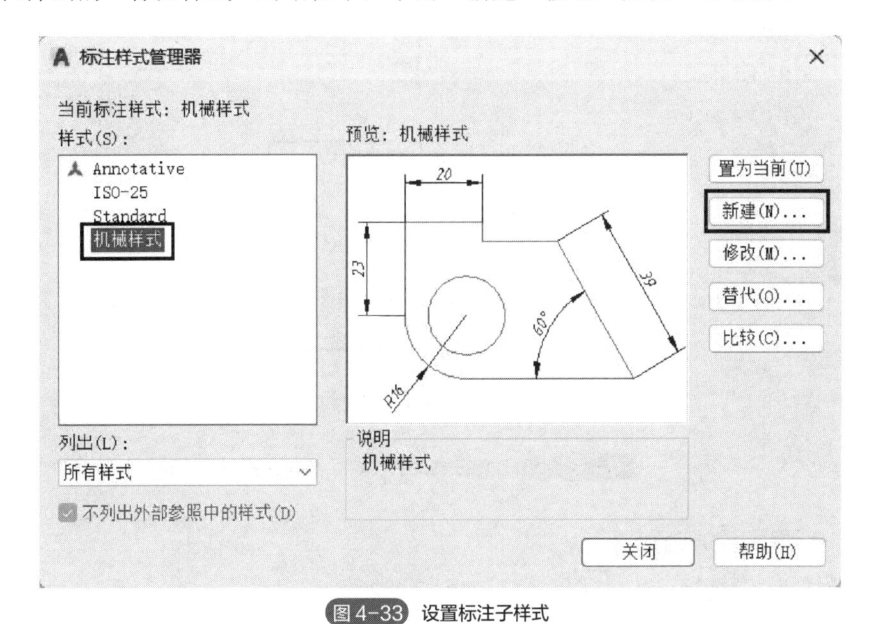

图 4-33 设置标注子样式

③ 在弹出的“创建新标注样式”对话框中，将“基础样式”设为“机械样式”；在“用于”下拉列表框中选择“直径标注”，如图 4-34 所示。

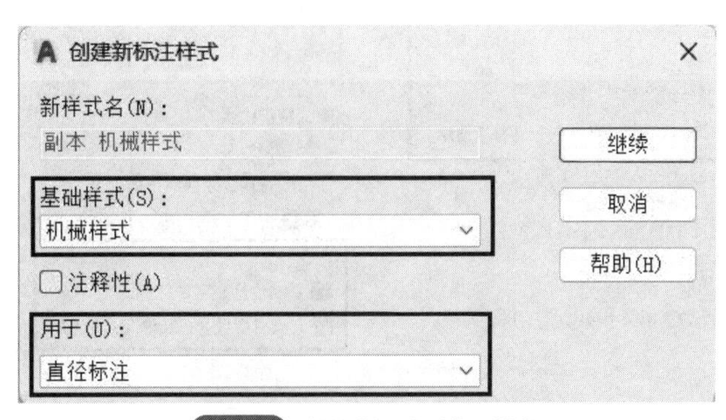

图 4-34 创建“直径标注”子样式

④ 单击“创建新标注样式”对话框中的“继续”按钮，则弹出“新建标注样式：机械样式：直径”对话框。根据我国国家标准的要求对该对话框中的各项参数进行设置，如图 4-35 和图 4-36

所示。

- 在“文字”选项卡中，将“文字对齐”设置为“ISO 标准”。
- 在“调整”选项卡中，将“调整选项”设置为“文字”。
- 在“调整”选项卡中，将“优化”设置为“手动放置文字”。

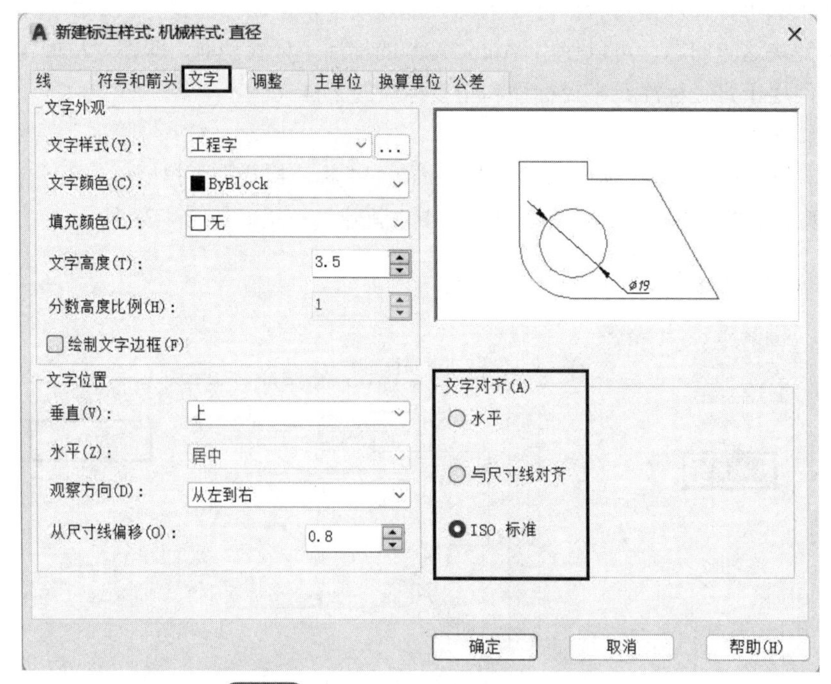

图 4-35 设置直径子样式中“文字”相关变量

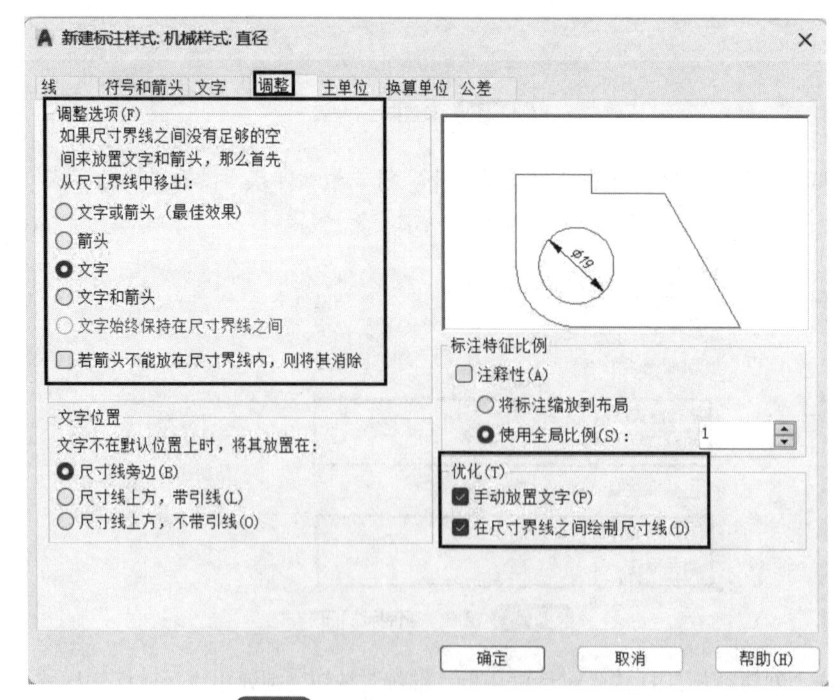

图 4-36 设置直径子样式中“调整”相关变量

⑤ 单击对话框中的“确定”按钮，完成直径标注样式的设置，返回“标注样式管理器”对话框中。此时，在“样式”列表框中的“机械样式”下会出现“直径”标注子样式，如图 4-37 所示。

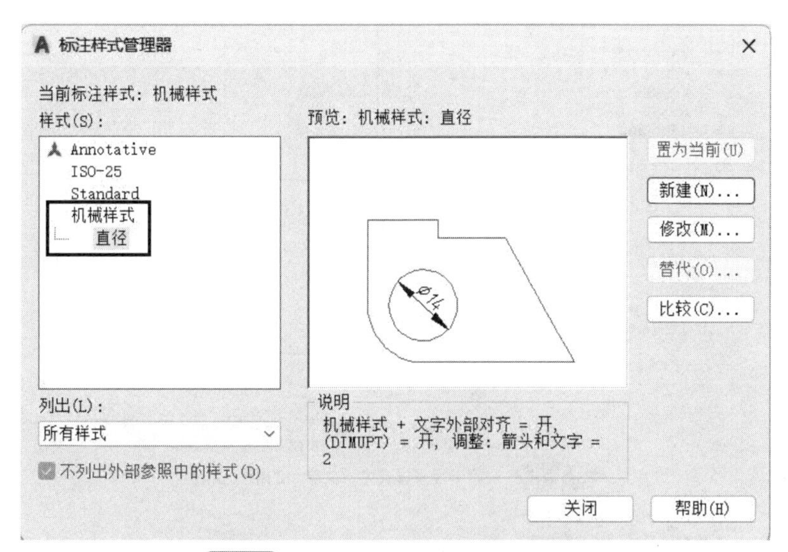

图 4-37　设置直径子样式后的标注样式管理器

⑥ 继续在“标注样式管理器”对话框中，单击“新建”按钮，如图 4-37 所示。

⑦ 在弹出的“创建新标注样式”对话框中，将“基础样式”设为“机械样式”；在“用于”下拉列表框中选择“半径标注”，如图 4-38 所示。

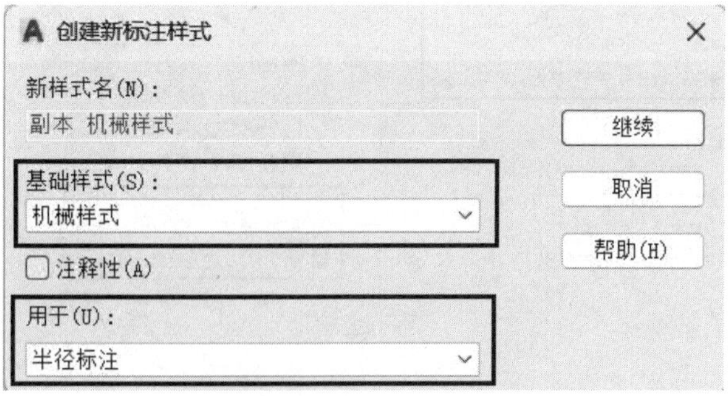

图 4-38　创建“半径标注”子样式

⑧ 单击“创建新标注样式”对话框中的“继续”按钮，在弹出的“新建标注样式：机械样式：半径”对话框中设置“半径标注”子样式的参数，如图 4-39 和图 4-40 所示。

- 在“文字”选项卡中，将“文字对齐”设置为“ISO 标准”。
- 在“调整”选项卡中，将“调整选项”设置为“文字”。
- 在“调整”选项卡中，将“优化”设置为“手动放置文字”。

⑨ 单击对话框中的“确定”按钮，完成半径标注样式的设置，返回“标注样式管理器”对话框中。

⑩ 继续单击“新建”按钮。在弹出的“创建新标注样式”对话框中，将“基础样式”设为“机械样式”；在“用于”下拉列表框中选择“角度标注”，如图 4-41 所示。

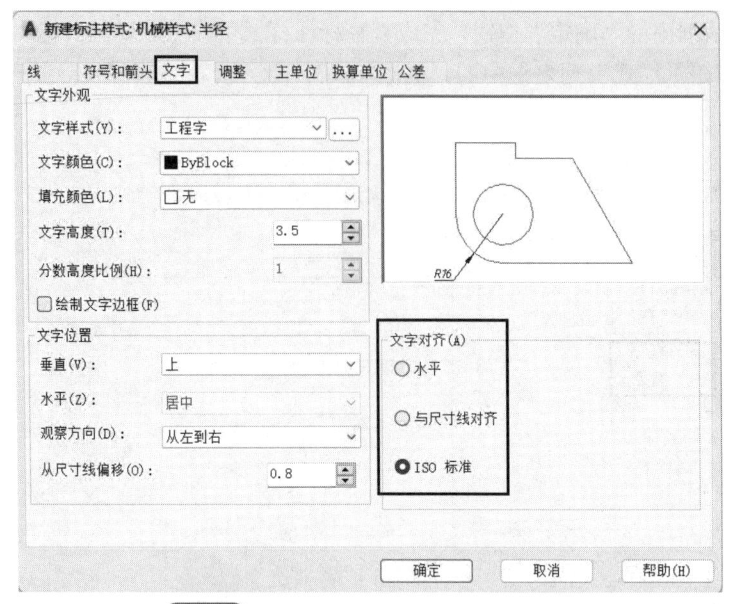

图 4-39　设置半径子样式中“文字”的相关变量

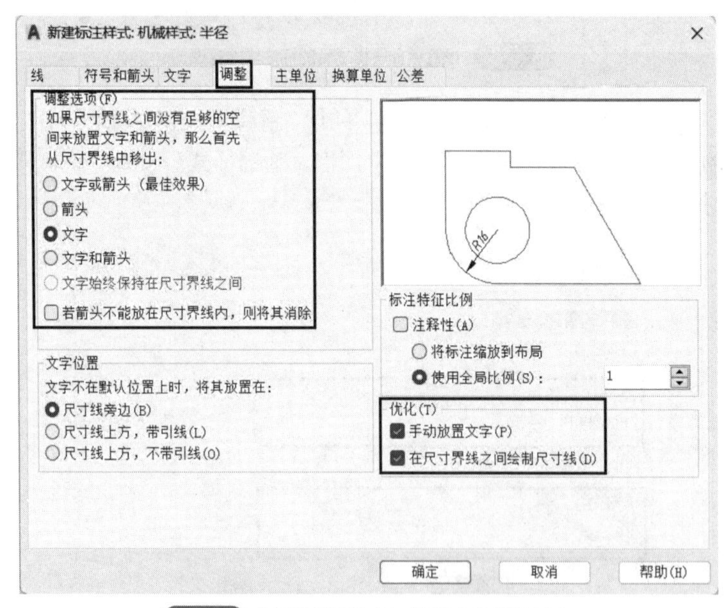

图 4-40　设置半径子样式中“调整”的相关变量

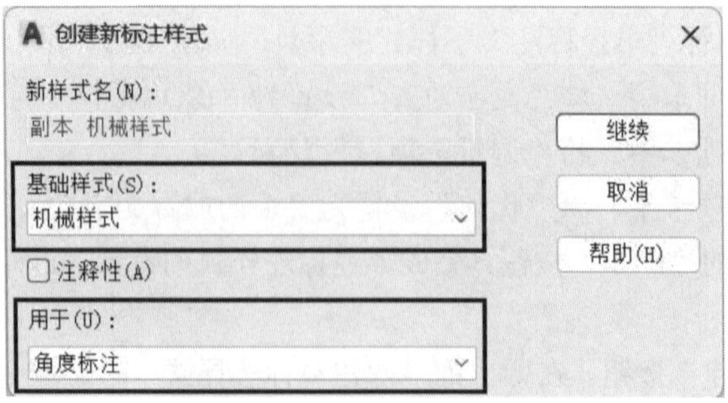

创建新标注样式
新样式名(N)：
副本 机械样式
继续
基础样式(S)：
机械样式
取消
注释性(A)
帮助(H)
用于(U)：
角度标注

图 4-41　创建“角度标注”子样式

⑪ 单击“创建新标注样式”对话框中的“继续”按钮，在弹出的“新建标注样式：机械样式：角度”对话框中设置“角度标注”子样式的参数，如图 4-42 所示。

- 在“文字”选项卡中，将“文字对齐”设置为“水平”。
- 在“调整”选项卡中，将“调整选项”设置为“文字”。
- 在“调整”选项卡中，将“优化”设置为“手动放置文字”。

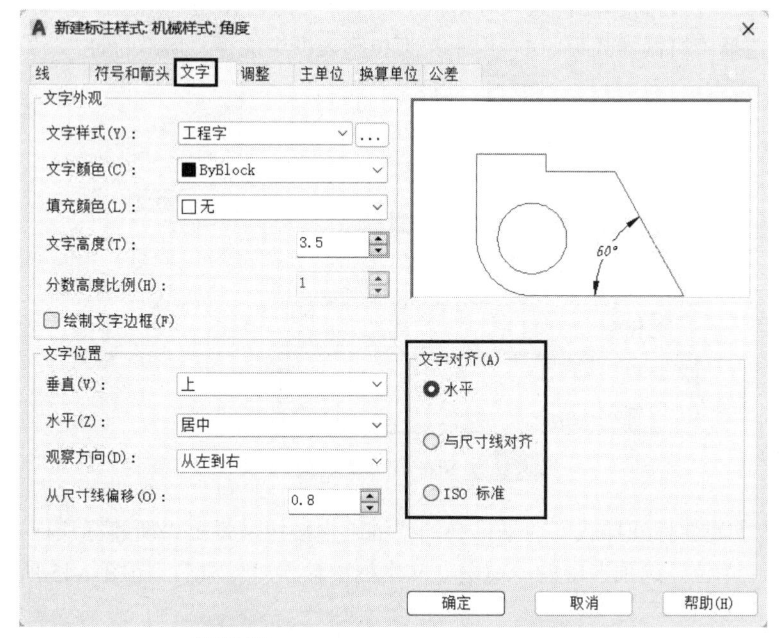

图 4-42 设置角度子样式中“文字”的相关变量

最后完成的尺寸标注子样式设置的状态如图 4-43 所示。图中，“机械样式”与“ISO-25”对齐是父样式，在“机械样式”下缩进显示了“直径”“半径”“角度”三个“机械样式”的子样式。

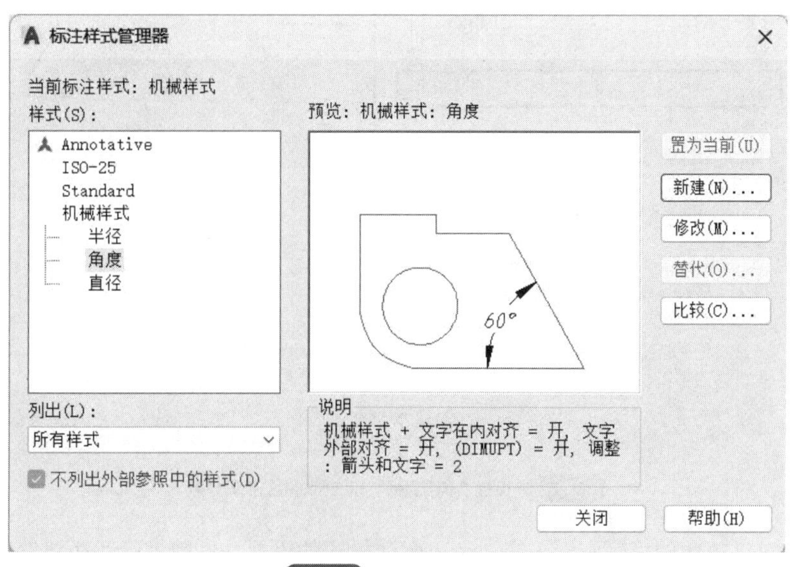

图 4-43 新建标注子样式

3）建立名为“非圆直径”的主样式

用于标注尺寸数字前加注符号“ϕ”的线性尺寸。

操作步骤如下：

① 单击功能区“默认”选项卡|“注释”面板|“标注样式”下拉框。

② 在弹出的“标注样式管理器”对话框中，单击“新建”按钮。

③ 在弹出的“创建新标注样式”对话框中，将新样式名设为“非圆直径”，在“基础样式”下拉列表框中选择“机械样式”，在“用于”下拉列表框中选择“所有标注”，如图 4-44 所示。

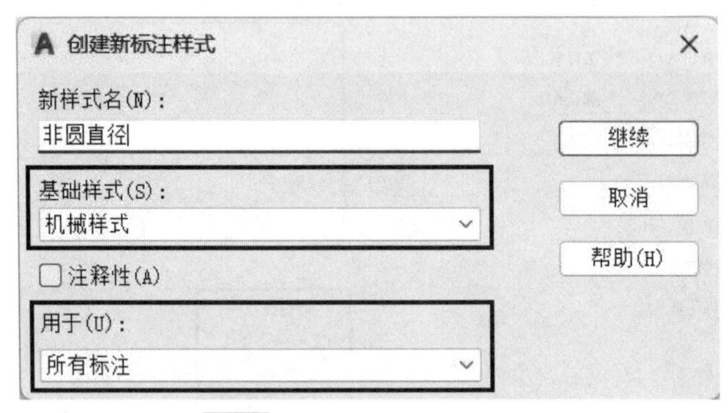

图 4-44 新建“非圆直径”标注样式

④ 单击“创建新标注样式”对话框中的“继续”按钮，弹出“新建标注样式：非圆直径”对话框。在“主单位”选项卡中的“前缀”文本框中输入“%%c”，如图 4-45 所示。

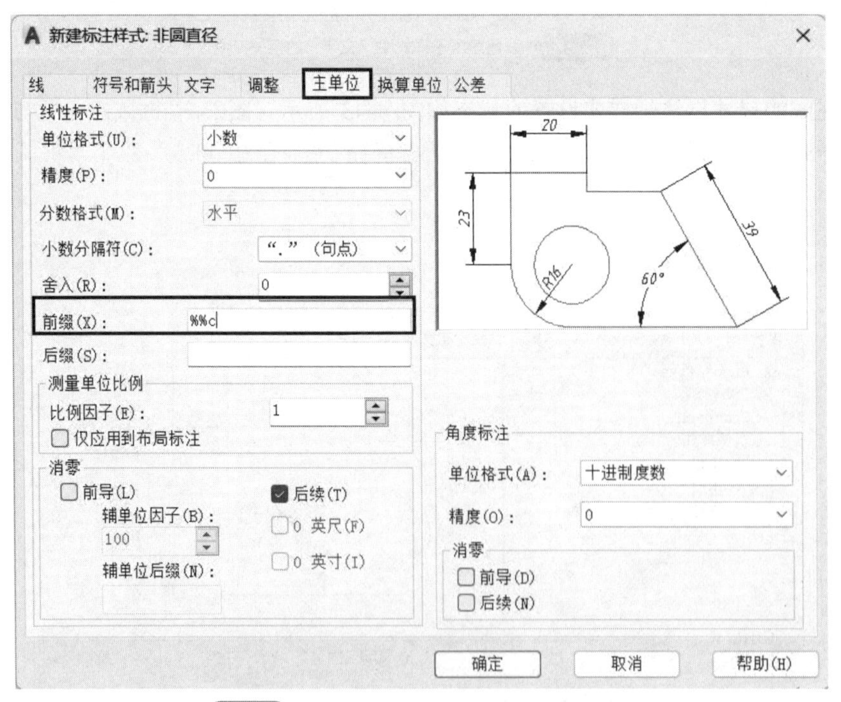

图 4-45 设置“非圆直径”标注样式中的相关参数

⑤ 单击对话框中的“确定”按钮，完成标注样式的设置，返回“标注样式管理器”对话框

中。此时，在“样式”列表框中会出现与“机械样式”并列的“非圆直径”标注样式，如图 4-46 所示。

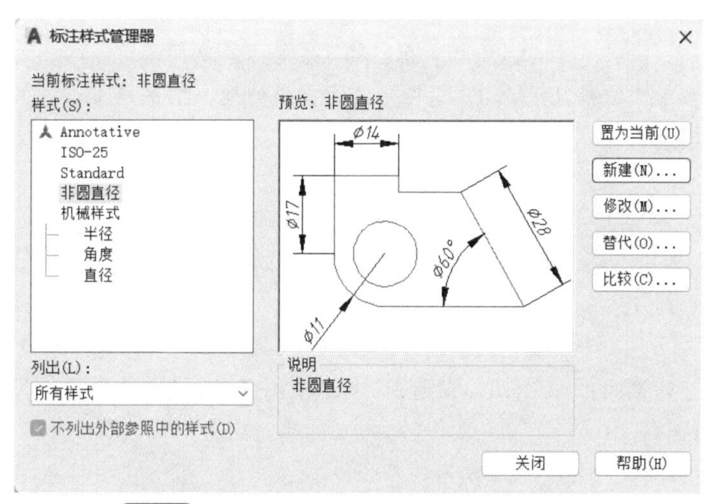

图 4-46　创建“非圆直径”标注样式后的标注样式管理器

4.4.2　上机练习

扫码看视频
样条曲线和图案填充案例-整体图形绘制

（1）整体图形绘制

提示：

图中标注尺寸 8×M8EQS 表示有 8 个公称直径（大径）为 8 的螺纹孔，EQS 表示 8 个螺纹孔均匀分布。要注意螺纹孔的画法，外面 3/4 圆线型为细实线，圆直径为大径值“8mm”，里面整个圆线型为粗实线，圆直径为大径值的 0.85 倍，即 8×0.85 为 6.8mm。

扫码看视频
样条曲线和图案填充案例-局部剖视绘制

（2）局部剖视部分绘制

提示：

图中波浪线和剖面线均为细实线。

（3）基本尺寸标注操作

（4）特殊尺寸标注操作

扫码看视频
样条曲线和图案填充案例-基本尺寸标注

扫码看视频
样条曲线和图案填充案例-特殊尺寸标注

课后练习

一、单选题

（1）默认的环形阵列方向是（　　）

A. 顺时针　　B. 逆时针　　C. 取决于阵列方法　　D. 无所谓方向

（2）对两条平行的直线倒圆角，其结果是（　　）

A. 不能倒圆角　　B. 按设定的圆角半径倒圆

C. 死机　　D. 只出半圆，其直径等于线间距离

（3）将圆角命令中的半径设为0，对图形进行圆角处理，结果是（　　）

A. 无法倒圆角，不作任何处理

B. 系统提示必须给定不为0的半径

C. 将图形进行倒圆角，圆角半径为0，但并没有圆弧被创建

D. 系统报错退出

（4）分解命令对（　　）图形实体无效。

A. 剖面线　　B. 正多边形　　C. 圆　　D. 尺寸标注

（5）圆角的当前圆角半径为10，在选择对象时按住Shift键，结果是（　　）

A. 倒出$R10$圆角

B. 倒出$R10$圆角，但没有修剪原来的多余线

C. 无法选择对象

D. 倒出$R0$圆角

（6）图案填充的“角度”是（　　）

A. 对X轴正方向为零度，顺时针为正

B. 对Y正方向为零度，逆时针为正

C. 对X轴正方向为零度，逆时针为正

D. ANSI31的角度为45°

（7）在使用图案ANSI31进行填充时，设置“角度”为15°，则填充的剖面线是（　　）度。

A. 45°　　B. 60°　　C. 15°　　D. 30°

（8）工程图样上所用的国家标准大字体SHX字体文件是（　　）

A. isoct.shx　　B. gdt.shx　　C. gbcbig.shx　　D. gothice.shx

二、绘图练习

（1）练习图形如图4-47所示。

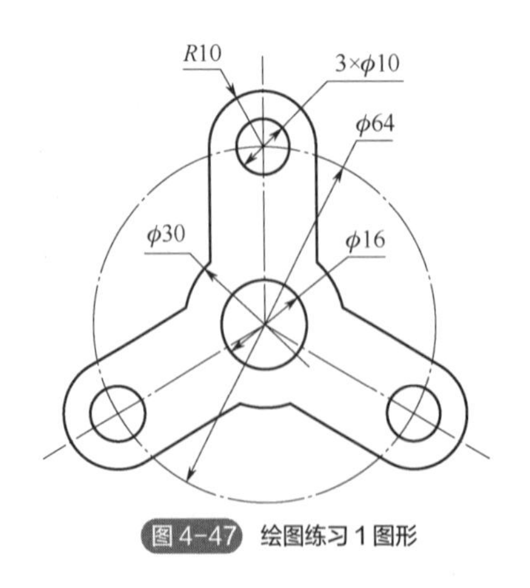

图4-47　绘图练习1图形

扫码看视频
绘图练习1演示视频

（2）练习图形如图4-48所示。

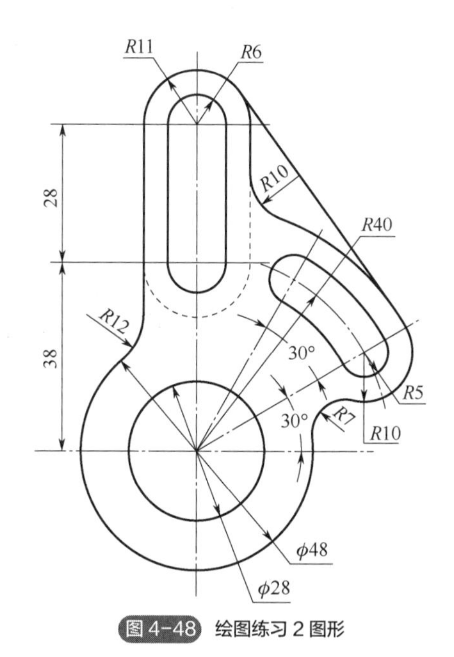

扫码看视频
绘图练习 2 演示视频

图 4-48　绘图练习 2 图形

（3）要求：

① 按图 4-49 所示尺寸和线型绘制标题栏。

② 标题栏中文字样式：工程字（字体为 gbeitc.shx，大字体为 gbcbig.shx，宽度因子为 1，倾斜角度为 0，高度为 0）。

③ 标题栏左上角格内文字高度为 7，右下角格内文字高度为 10，其他格内文字高度为 5。

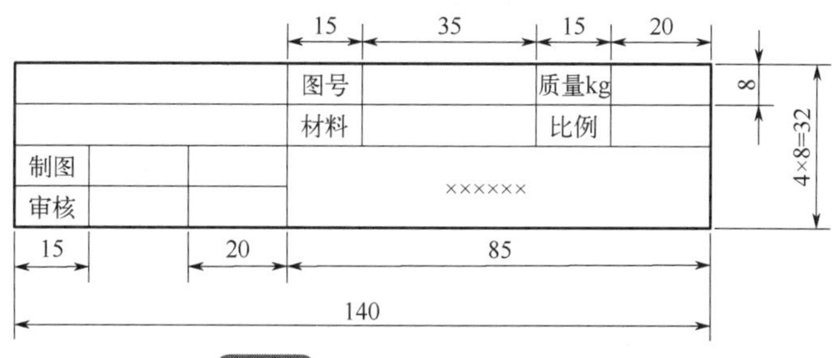

扫码看视频
绘图练习 3 演示视频

图 4-49　绘图练习 3 标题栏格式及尺寸

第5章

机械工程图的绘制

本章思维导图

扫码获取本书配套资源

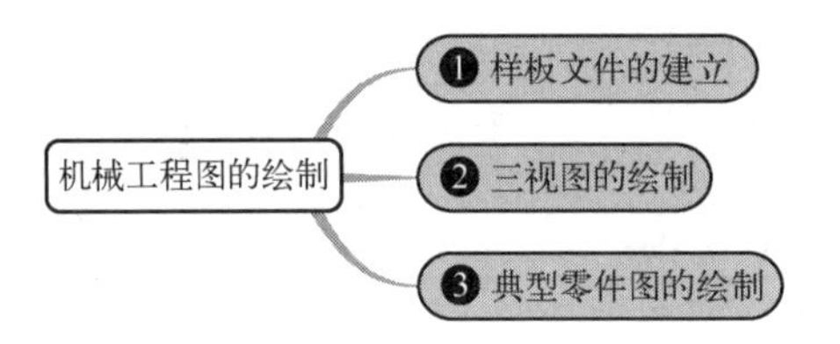

本章学习目标

（1）了解零件图的一般绘制步骤。

（2）建立根据线型分层画图的思想。

（3）掌握利用自建的样板文件新建文件的方法。

（4）掌握零件图中相关机械结构和视图的绘制方法。

（5）掌握利用“对象捕捉追踪”功能实现视图中“三等关系”的操作技巧。

（6）掌握特殊尺寸、表面粗糙度、形位公差的标注方法。

5.1 样板文件的建立

手工绘图通常都要在标准大小的图纸上进行，而且每一张图上都应有图框、标题栏等内容，字体、图线、标注样式等要符合我国技术制图国家标准的规定。为了节省绘图的时间，提高绘图的效率，保证专业标准的统一性，可以在绘制工程图前先按照国标要求建立绘图样板文件。在绘制具体机械工程图时继续在建立的样板文件基础上进行绘制即可。建立的机械工程图样板文件应包括绘制好的图框、标题栏，并进行一些通用设置，如绘图单位、图层、文字样式、标注样式及一些常用符号等。

5.1.1 创建样板文件的步骤

① 建立新图形文件。

② 设置绘图环境。

设置的内容包括：

a. 绘图单位、绘图数据的格式和精度；

b. 图层及相应的线型、线宽、颜色；

c. 定义文字样式和尺寸标注样式。

③ 绘制图框和标题栏。

④ 绘制粗糙度符号、公差基准符号等。

⑤ 保存图形。将当前图形以.dwg 格式保存，即可创建出对应的样板文件。

5.1.2 新建机械工程图样板文件举例

新建一样板文件，主要要求有：

- 文件名为 A3.dwg；
- 设置长度单位精度保留 2 位小数，角度单位精度保留整数；
- 图幅大小为 A3，横放（尺寸为 420mm×297mm）；
- 图层设置参见图 2-2；
- 文字样式名为“工程字”，其设置参见 4.3.1 节；
- 分别设置名为“机械样式”“非圆直径”的标注样式，并以“机械样式”为基础样式（父样式）设置“直径标注”“半径标注”“角度标注”子样式，分别用于直径标注、半径标注和角度标注，具体的设置参见 4.4.1 节中有关尺寸标注设置的内容；
- 绘制图框和标题栏；
- 绘制粗糙度符号；
- 绘制位置公差基准符号。

操作步骤如下：

① 新建图形文件。单击“快速访问”工具栏上的“新建”按钮。

② 设置单位精度。

- 选择菜单：“格式” | “单位”；
- 在弹出的“图形单位”对话框中设置相关参数，如图 5-1 所示。

③ 定义图层。参见 2.2 节和图 2-2 定义图层。

④ 定义文字样式。参见 4.3.1 节。

⑤ 定义尺寸标注样式。参见 4.4.1 节中有关尺寸标注设置的内容。

⑥ 绘制图框。

根据我国机械制图国家标准的要求，不同图幅的图框格式如表 5-1 和图 5-2 所示。绘图时，图框线应用粗实线绘制，幅面边界线用细实线绘制。

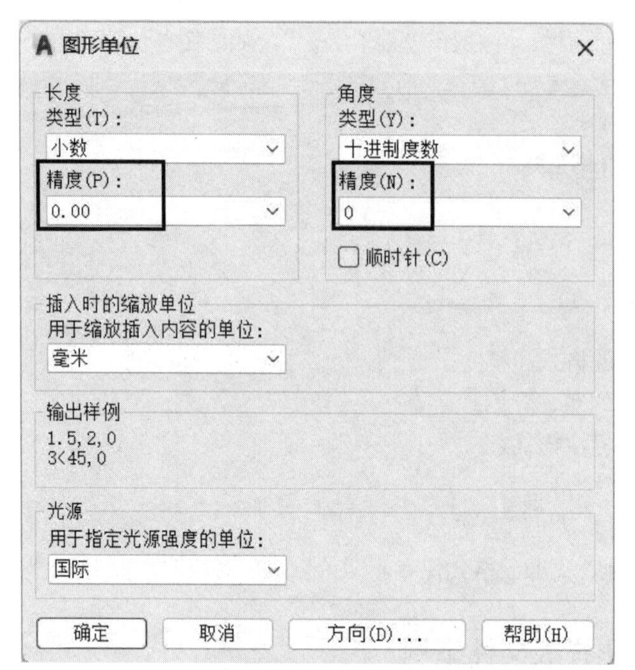

图 5-1 设置单位精度

表 5-1 图纸幅面及图框尺寸

幅面代号	A0	A1	A2	A3	A4
$B \times L$	841×1189	594×841	420×594	297×420	210×297
e	20		10		
c	10			5	
a	25				

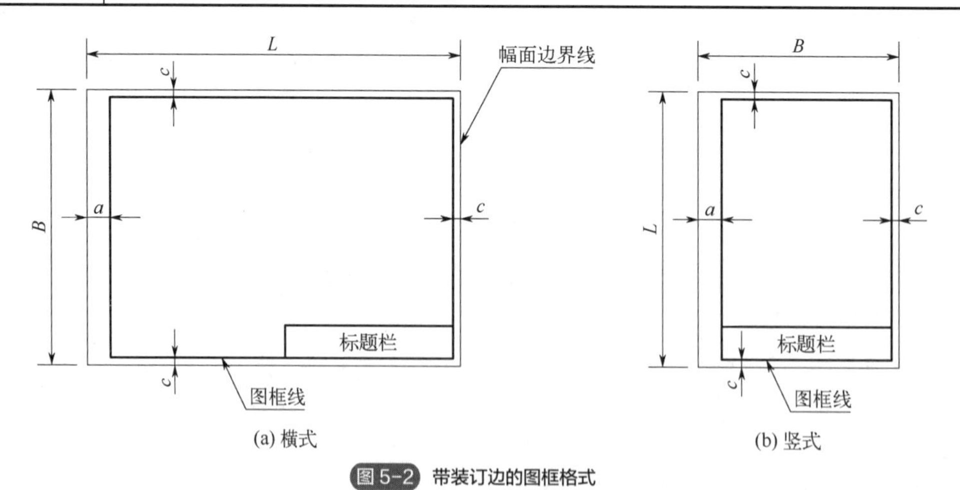

图 5-2 带装订边的图框格式

⑦ 绘制标题栏。根据我国机械制图国家标准的要求，不同图幅所使用的标题栏是一致的。练习时可采用图 4-49 所示的简化格式。简化的标题栏外框是粗实线，其右边和底边与图框重合，框内为细实线。

⑧ 绘制粗糙度符号。根据我国机械制图国家标准的要求，各种方向的表面粗糙度的注法如图 5-3 所示；粗糙度图形和尺寸如图 5-4 和表 5-2 所示。本例中按照图 5-5 中所示尺寸绘制。

扫码看视频
粗糙度符号绘制

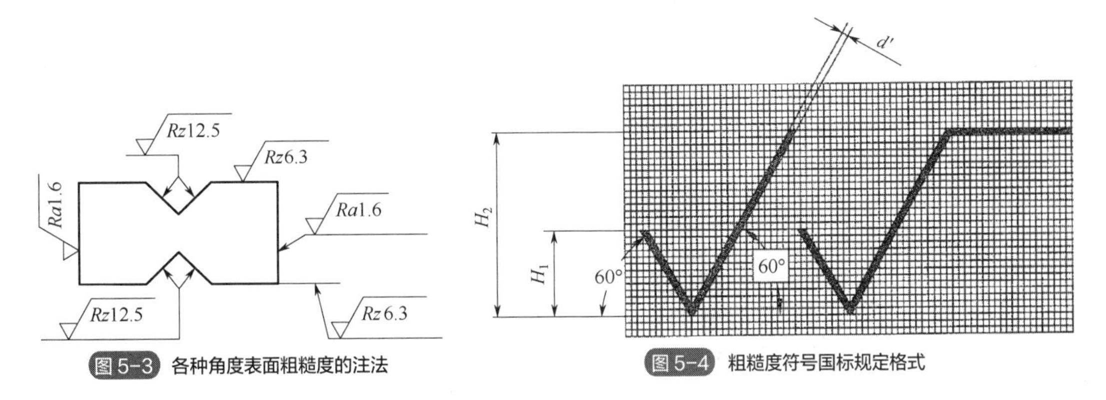

图 5-3　各种角度表面粗糙度的注法

图 5-4　粗糙度符号国标规定格式

表 5-2　粗糙度符号尺寸

数字和字母高度 h	2.5	3.5	5	7
符号线宽 d' 字母线宽 d	0.25	0.35	0.5	0.7
高度 H_1	3.5	5	7	10
高度 H_2（最小值）	7.5	10.5	15	21

⑨ 绘制几何公差基准符号。根据我国国家标准的规定，几何公差基准符号的图形如图 5-6 所示。但标准中没有给出图形各部分的尺寸，图中数值为参考值。

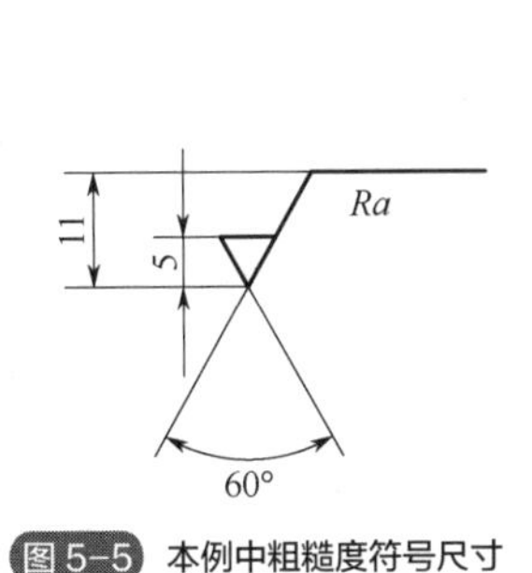

图 5-5　本例中粗糙度符号尺寸

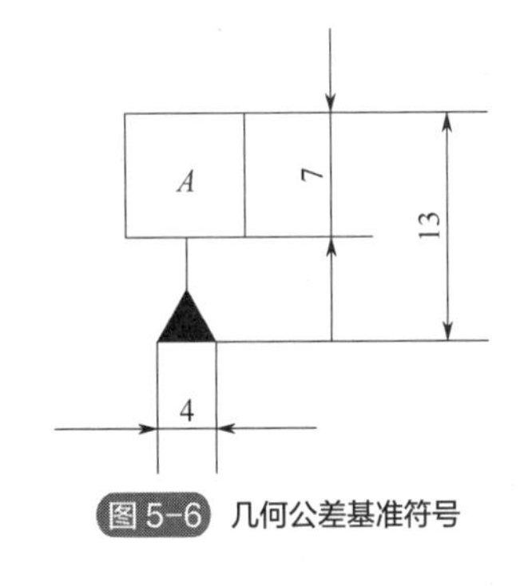

图 5-6　几何公差基准符号

扫码看视频
几何公差基准
符号绘制

⑩ 保存图形。命名为 A3.dwg。

5.2　三视图的绘制

要求：采用 A4 图幅、按照 1：2 比例绘制图 5-7 所示图形，并标注尺寸。

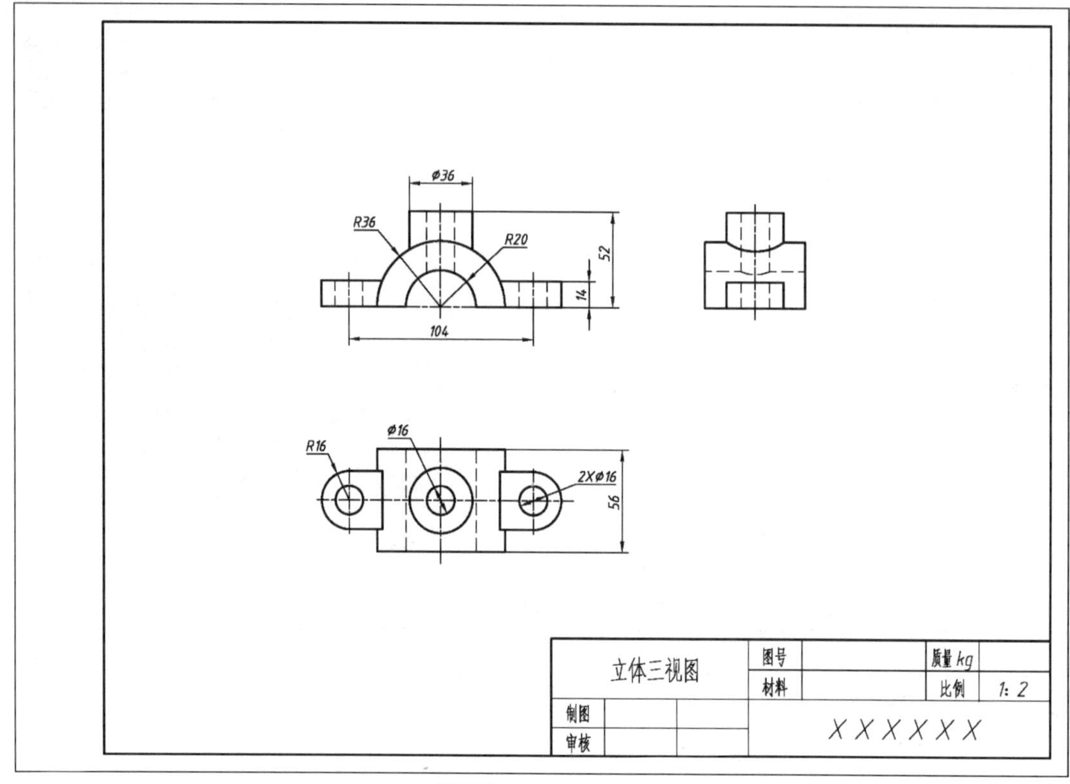

图 5-7 三视图绘制案例

(1)绘制图框和标题栏

本例中采用的图幅为 A4， 由表 5-1 可知其尺寸为 297mm×210mm，a=25mm，c=5mm。为利用事先建好的绘图环境和标题栏，可在建立的 A3.dwg 样板文件基础上进行修改，重新绘制适合 A4 图幅的图框。具体步骤如下：

① 将当前层设为细实线层。使用“矩形”命令，输入矩形左下角坐标（0，0）和右上角坐标（297，210）绘制图框的外框（即图幅边界线）。

② 将当前层设为粗实线层。使用“矩形”命令，输入矩形左下角的坐标（25，5）和右上角坐标（292，205）绘制图框的内框。

(2)绘制三视图

在绘制三视图时需要注意以下几点：

① 利用对象捕捉追踪功能实现三视图的长对正、高平齐关系。

② 画三视图要从反映立体特征的视图入手，主、俯、左三个视图结合起来画，而不是简单地从主视图入手再依次绘制俯视图和左视图。

③ 本图的绘制比例为 1∶2，为避免绘图时进行不必要的计算，可先以 1∶1 比例绘制图形，然后运用缩放命令对图形进行缩小处理。

④ 图中相贯线根据投影关系，选取曲线上特殊点并运用样条曲线命令绘制。

扫码看视频
三视图绘制

扫码看视频
相贯线绘制

（3）设置尺寸标注样式

为保证标注的尺寸数值与图示数值一致以提高绘图速度，建议设置单独的适用于 1∶2 的尺寸标注样式。

扫码看视频
尺寸标注样式设置

① 点击功能区“默认”选项卡|“注释”面板|“标注样式”下拉框左侧按钮，如图 5-8 所示。

② 在弹出的标注样式管理器中，选择“机械样式”，单击“标注样式管理器”对话框中的“新建…”按钮，如图 5-9 所示。

图 5-8 标注样式下拉框

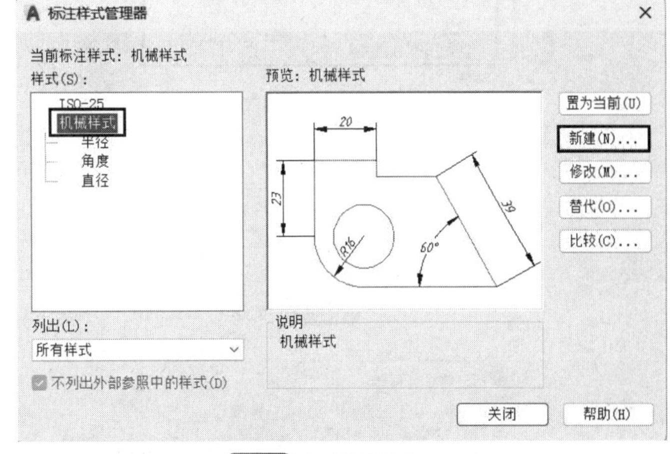

图 5-9 标注样式管理器

③ 在弹出的“创建新标注样式”对话框中，将“新样式名”设为“1∶2 比例”；将“基础样式”设为“机械样式”；将“用于”设为“所有标注”。然后，单击“继续”按钮，如图 5-10 所示。

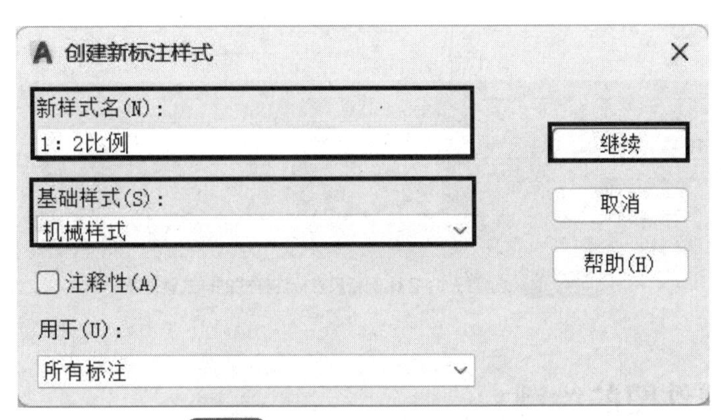

图 5-10 创建 1∶2 比例新尺寸标注样式

④ 在弹出的“新建标注样式：1∶2 比例”对话框中，在“主单位”选项卡中的“比例因子”文本框中输入“2”。然后，单击对话框中的“确定”按钮，如图 5-11 所示。

⑤ 完成“1∶2 比例”标注样式的设置，返回到“标注样式管理器”对话框中。此时，在“样式”列表框中的“机械样式”下会出现“1∶2 比例”标注主样式，如图 5-12 所示。

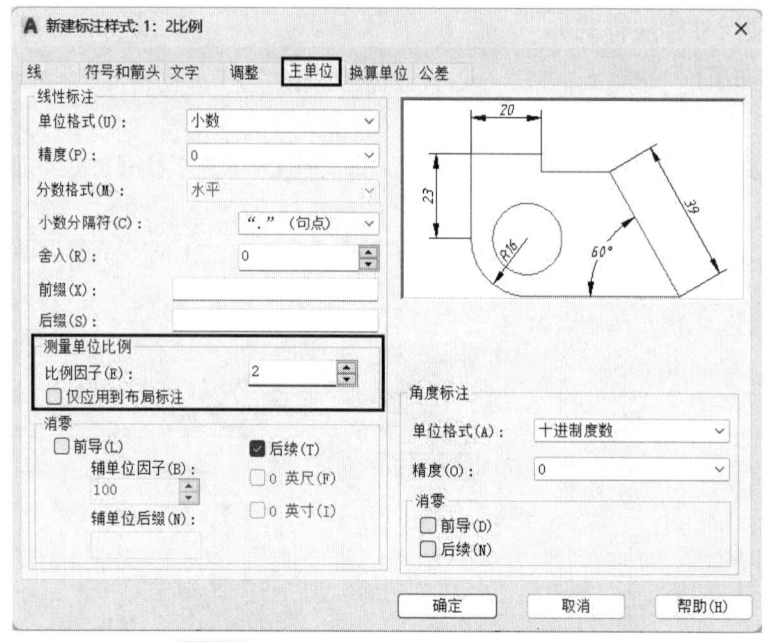

图 5-11 创建 1∶2 比例新尺寸标注样式-设置参数

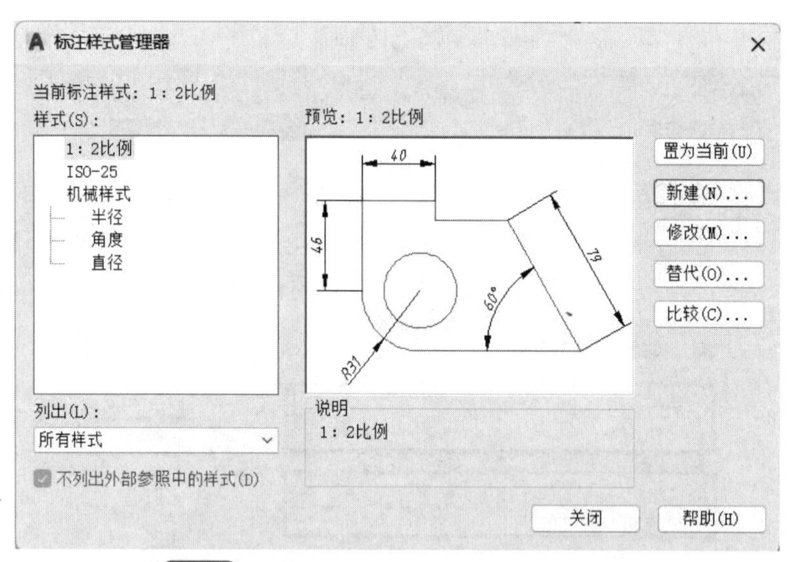

图 5-12 创建好 1∶2 比例新尺寸标注样式的样式管理器

5.3 典型零件图的绘制

绘制图 5-13 所示焊枪卡箍零件图。

(1) 创建新图形文件

打开本章前面创建的 A3.dwg 文件，选择“另存为”，在弹出的对话框中输入文件名并保存，以创建新的图形文件。

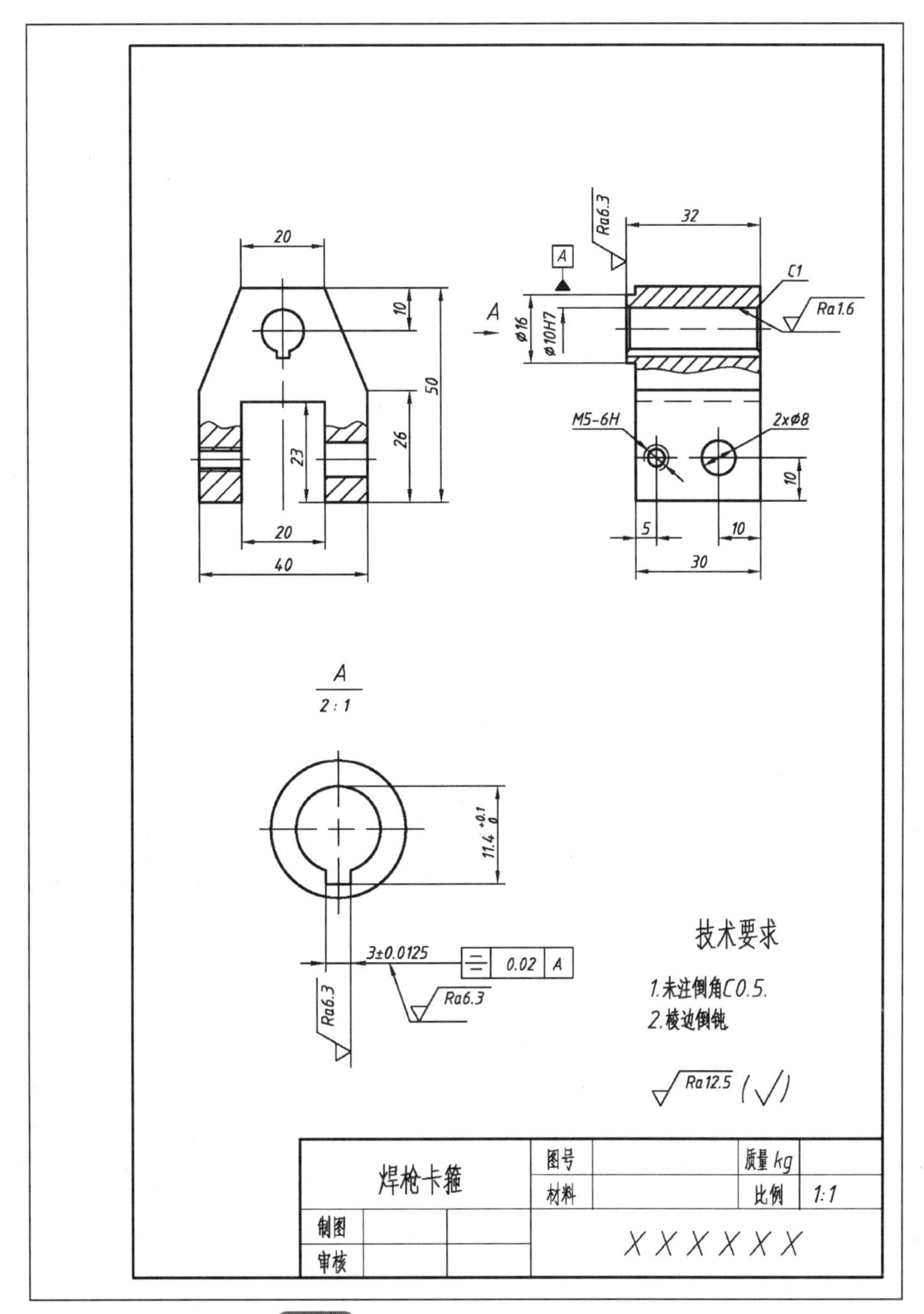

图 5-13 零件图绘制案例——焊枪卡箍零件图

(2) 填写标题栏

使用已经设定好的“工程字”文字样式，将图 5-13 中标题栏的内容填写到标题栏对应的空格内。注意：标题栏左上角格内文字高度为 7mm，右下角格内文字高度为 10mm，其他格内文字高度为 5mm。

（3）绘制视图

① 主视图螺纹孔的绘制（见图 5-14）。

特别提示：视图中剖面线和波浪线应绘制在细实线层。螺纹孔的大径线为细实线，小径线为粗实线，剖面线应绘制到粗实线。

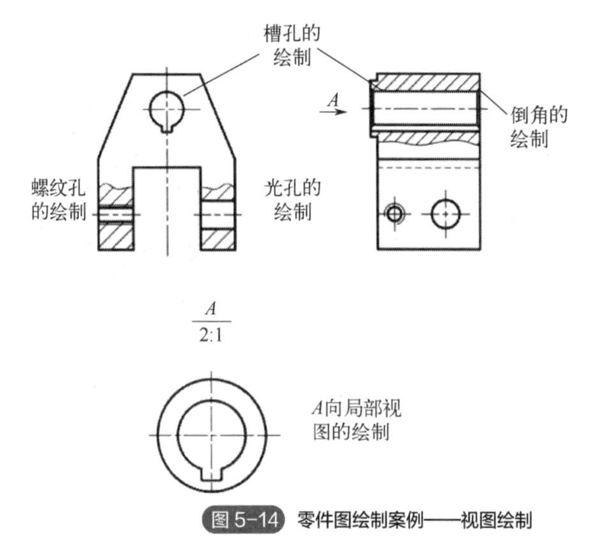

图 5-14 零件图绘制案例——视图绘制

扫码看视频
螺纹孔绘制

② 主视图光孔的绘制（见图 5-14）。

③ 主视图槽孔的绘制（见图 5-14）。

④ 左视图倒角的绘制（见图 5-14）。

⑤ *A* 向局部视图绘制（见图 5-14）。

扫码看视频
光孔绘制

扫码看视频
槽孔绘制

扫码看视频
倒角绘制

扫码看视频
A 向局部视图绘制

（4）尺寸和倒角的标注

在绘制完零件图的视图部分后，要应用样板文件中建立的“机械样式”对零件图进行尺寸标注。这里特别提示：尺寸标注在已建立的尺寸标注层进行。

（5）表面粗糙度的标注

扫码看视频
尺寸和倒角的标注

扫码看视频
表面粗糙度的标注

（6）基准符号的标注

（7）形位公差的标注

（8）技术要求的书写

使用已经设定好的“工程字”文字样式，“技术要求”四个文字高度为 7mm，其他文字高度为 5mm。

扫码看视频
基准符号的标注

扫码看视频
形位公差的标注

课后练习

（1）绘制图 5-15 中立体三视图。

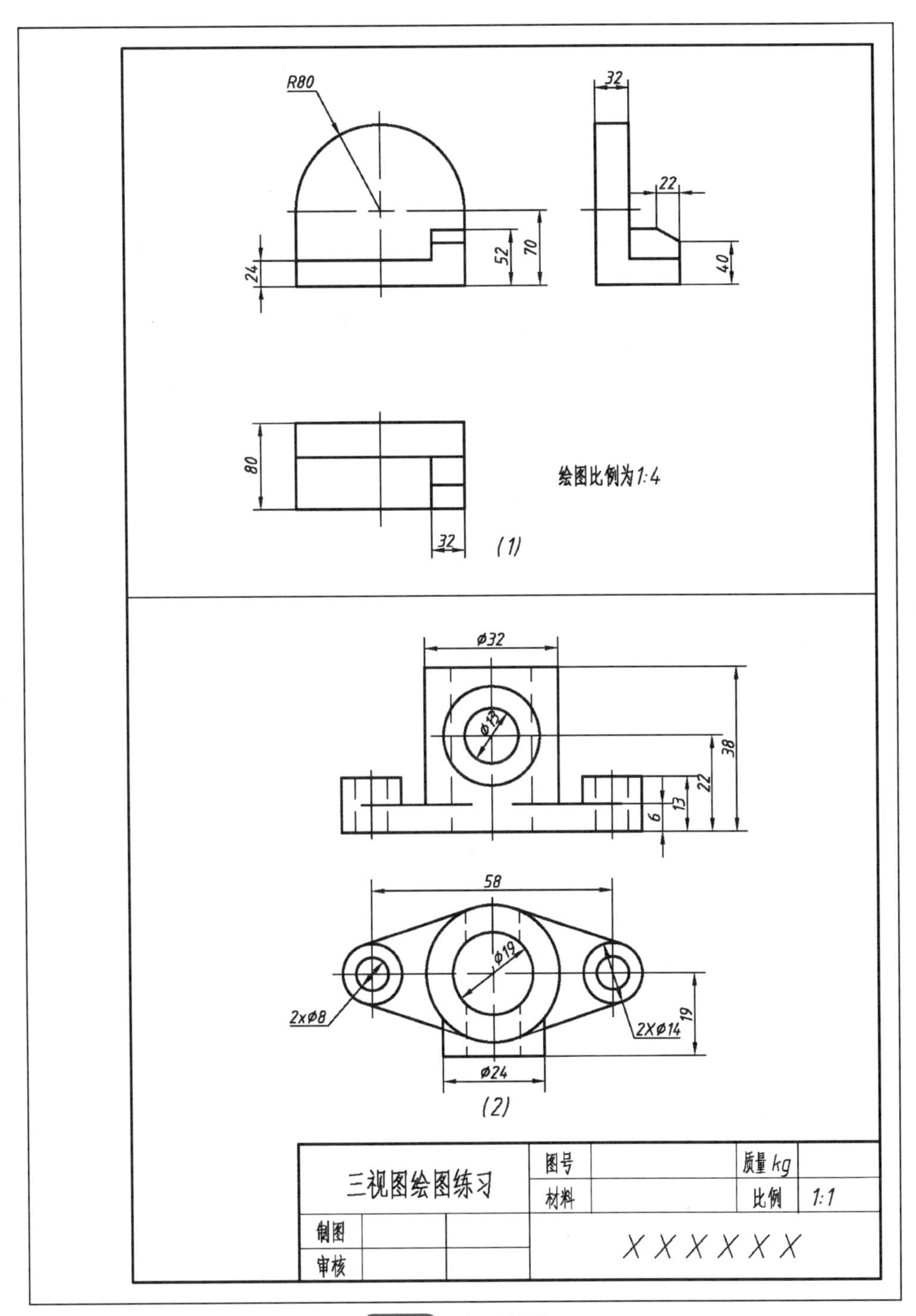

图 5-15　三视图绘图练习

（2）绘制图 5-16 所示零件图样。

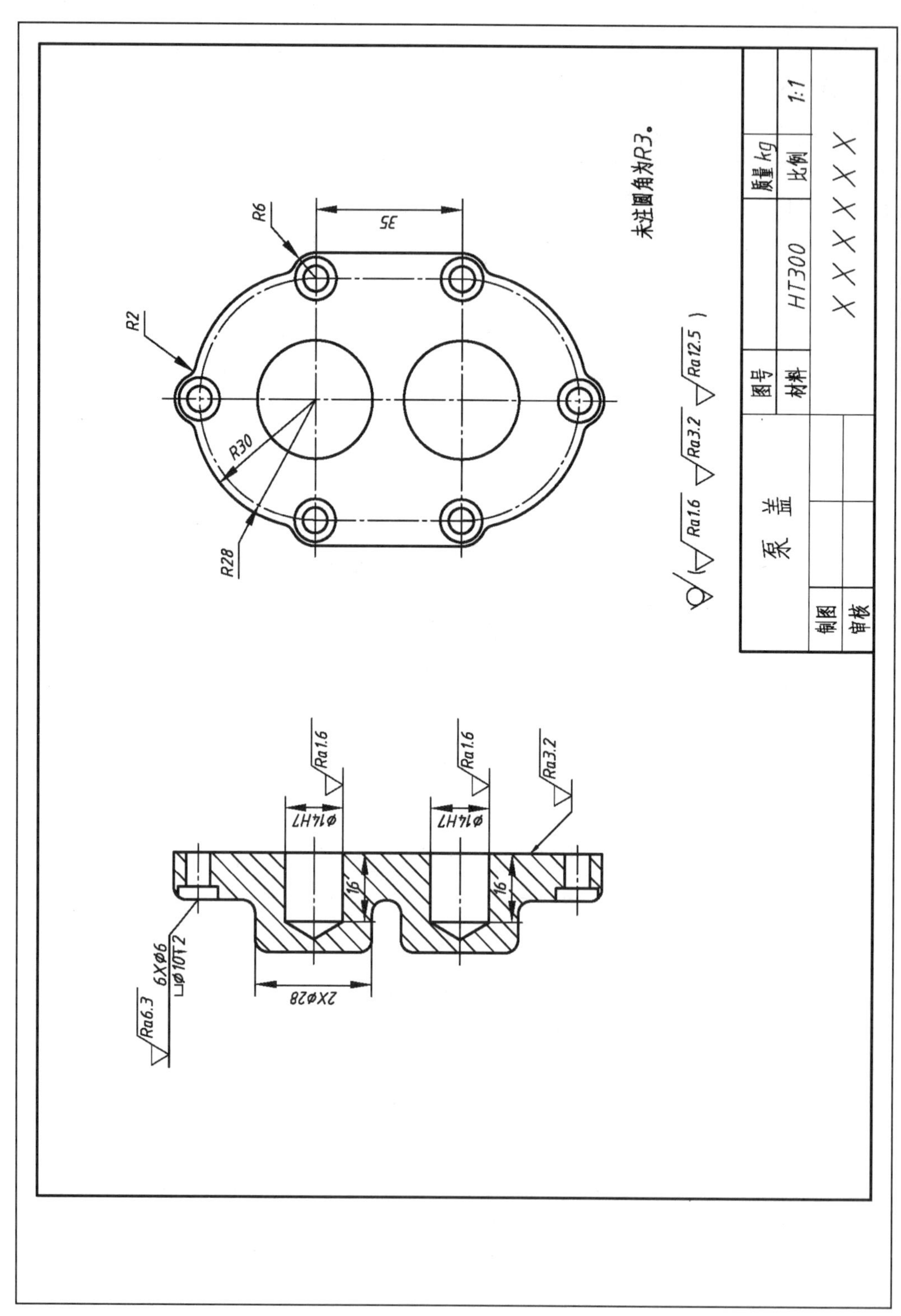

图5-16 泵盖零件图

（3）绘制图 5-17 所示零件图样。

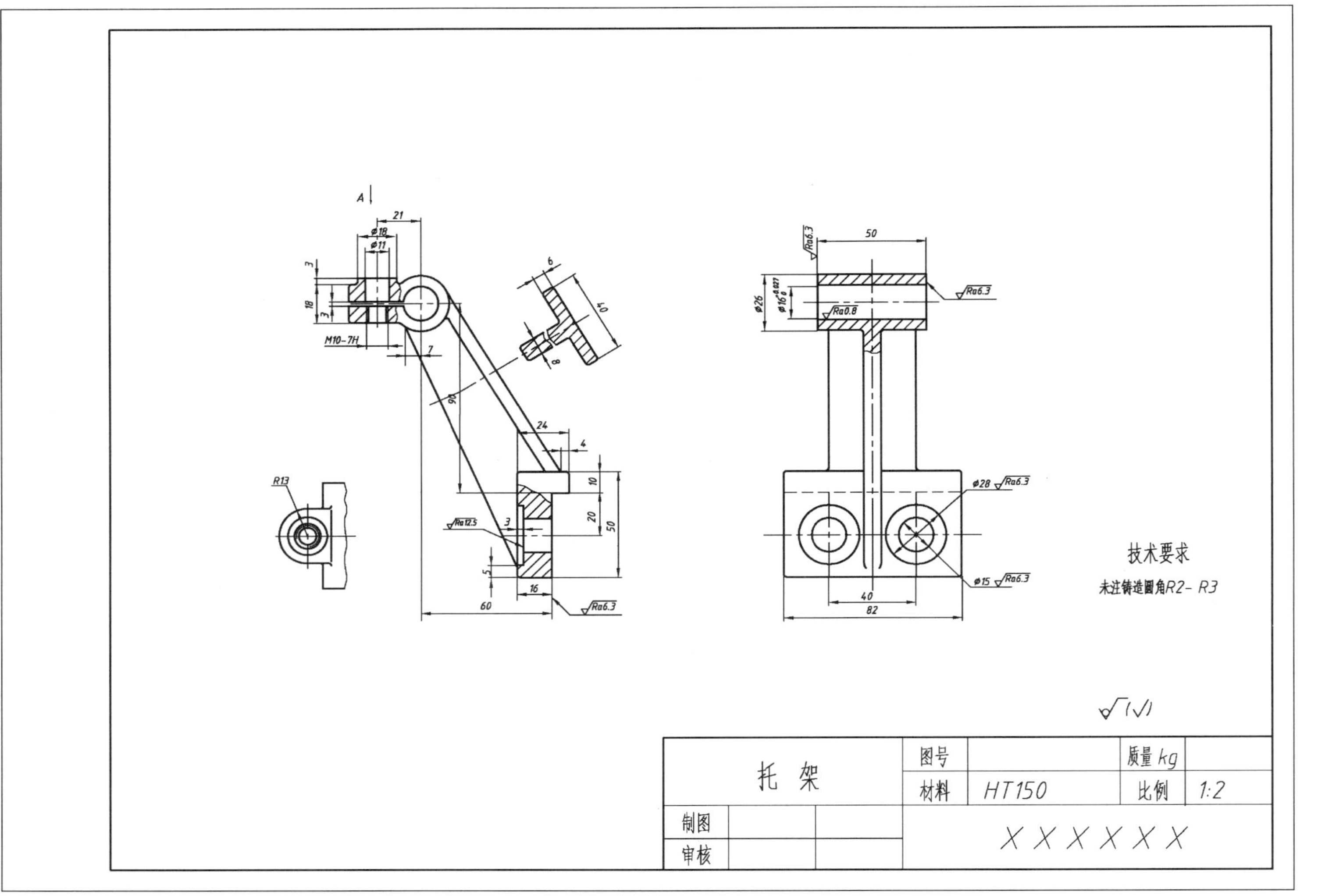

图5-17 托架零件图

（4）绘制图 5-18 所示零件图样。

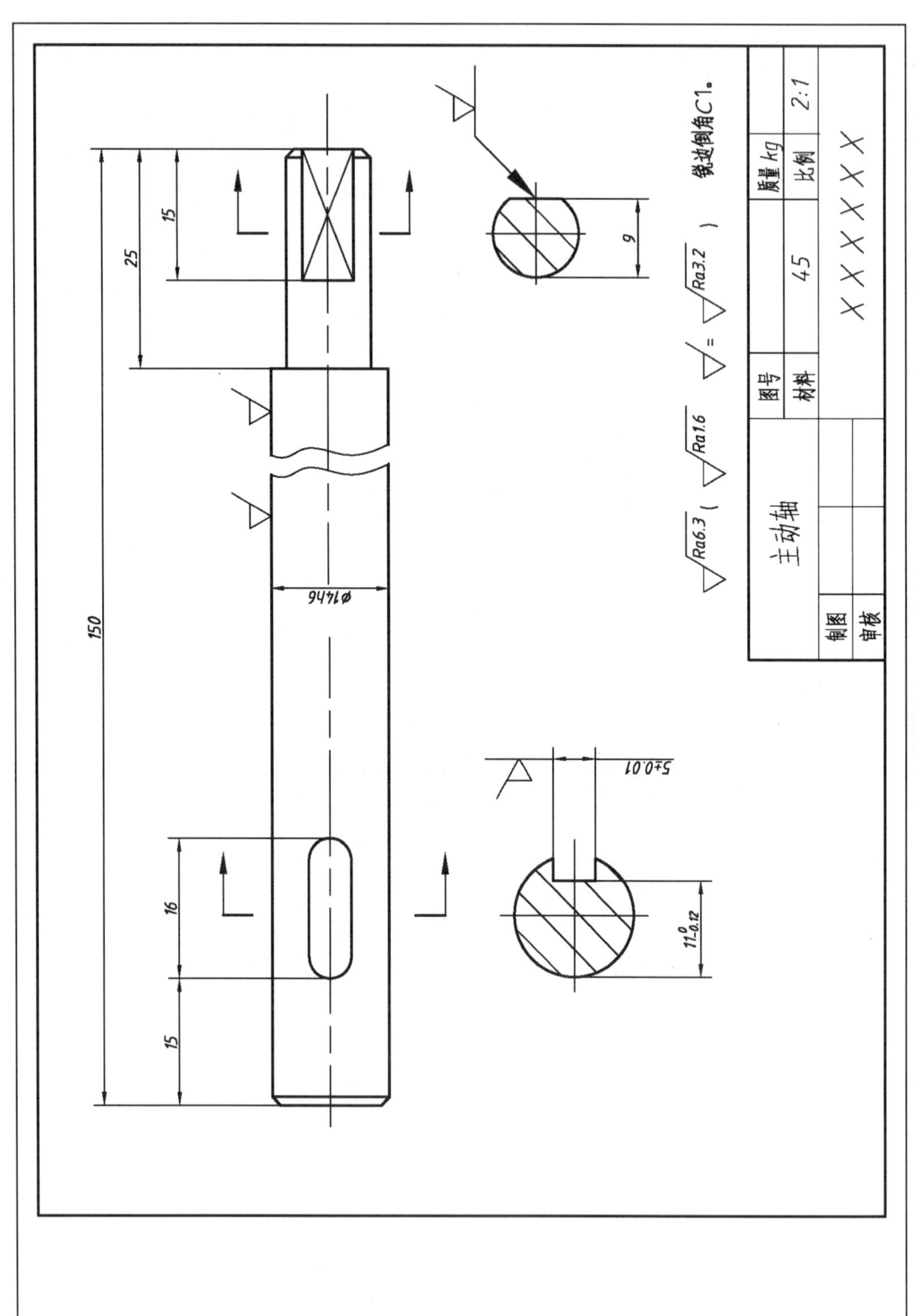

图5-18 主动轴零件图

下篇

SOLIDWORKS 三维表达

第6章

SOLIDWORKS 2022 概述

本章思维导图

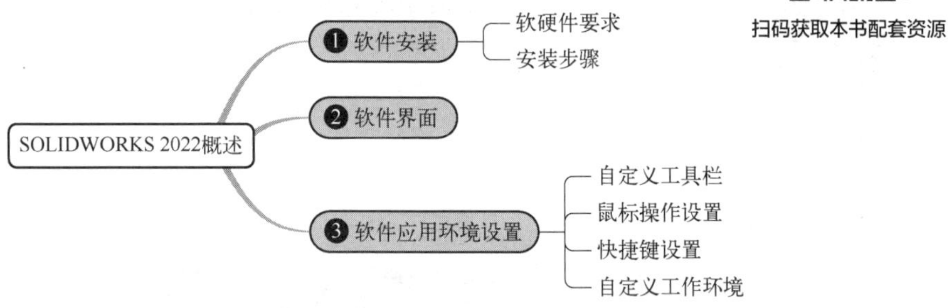

本章学习目标

（1）了解 SOLIDWORKS 2022 软件对计算机系统和硬件的要求。掌握 SOLIDWORKS 2022 软件安装的步骤和方法。掌握 SOLIDWORKS 2022 软件启动的方法。

（2）掌握 SOLIDWORKS 2022 默认工作界面的构成及使用方法。

（3）掌握 SOLIDWORKS 2022 常用操作环境设置方法，以提高工作效率。

SOLIDWORKS 是一款基于特征、参数化和实体建模的设计软件，是世界上第一个基于 Windows 系统开发的三维 CAD 设计软件。SOLIDWORKS 功能强大，从应用角度出发，可分为四大模块，分别是零件建模、装配及校验、工程图生成和分析模块。可实现产品从设计、工程分析、加工模拟和产品制造过程中数据的一致性，从而真正实现产品的数字化设计和制造，大幅度提高产品的设计效率和质量。SOLIDWORKS 软件已经广泛应用于航空航天、车辆、船舶、能源、工业设备、消费品、电子电器、医疗、建筑等各行各业。

6.1 SOLIDWORKS 2022 的安装

6.1.1 SOLIDWORKS 2022 对系统和硬件的要求

SOLIDWORKS 2022 可以安装在工作站和个人计算机上。如果在个人计算机上安装，为了保证软件安全和正常使用，对计算机系统和硬件的要求主要有：

① 操作系统：64 位操作系统，Windows 7 SP1 以上。

② 硬件需求：

- 处理器：建议标压 i5 或 i7 处理器。
- 内存：建议 8G 或以上。
- 显卡：建议独立显卡，性能越高越好。
- 硬盘安装空间：40G 以上，建议使用固态硬盘。

6.1.2 SOLIDWORKS 2022 的安装步骤

① 双击 setup.exe 安装程序，进入“欢迎”界面，如图 6-1 所示。

图 6-1 软件安装“欢迎”界面

② 点击“欢迎”界面的“下一步”按钮，进入如图 6-2 所示“序列号”界面。

图 6-2 软件安装“序列号”界面

③ 在“序列号”界面中输入相应的序列号，点击“下一步”按钮，进入如图 6-3 所示“摘要”界面。在该界面中包括产品介绍、下载选项、安装位置和 Toolbox/异型孔向导选项。

图 6-3 软件安装“摘要”界面

④ 单击“安装位置”选项右侧的“更改”按钮，选择软件安装位置后，点击“现在安装”按钮，开始安装软件。安装完成后出现“安装完成”界面。点击“完成”按钮，完成软件的安装。

6.2　SOLIDWORKS 2022 的操作界面

6.2.1　SOLIDWORKS 2022 的启动

启动 SOLIDWORKS 2022 的方法主要有三种：

方法一：双击桌面快捷方式。双击 Windows 操作系统桌面上的 SOLIDWORKS 2022 快捷方式图标（图 6-4），即可启动。

方法二：使用“开始”菜单方式。单击 Windows 操作系统桌面的“开始”按钮，打开“开始”菜单，并进入“程序”菜单中的 SOLIDWORKS 2022 命令，即可启动。

方法三：直接双击 SOLIDWORKS 格式文件。

启动 SOLIDWORKS 2022 后，进入启动界面，如图 6-5 所示。

图 6-4　软件快捷方式图标

图 6-5　软件“启动”界面

进入“启动”界面后，点击“菜单”工具栏中的“新建”按钮，弹出如图 6-6 所示的“新建 SOLIDWORKS 文件”对话框，通过该对话框可以选择进入“零件”“装配体”“工程图”相应的设计环境。

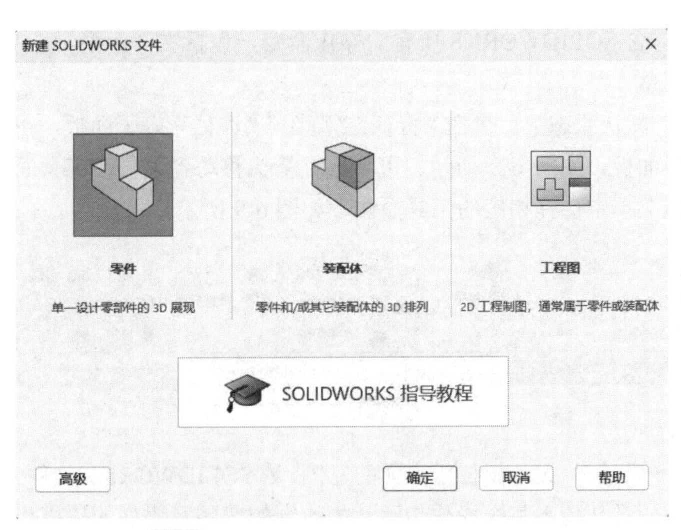

图 6-6　“新建 SOLIDWORKS 文件”对话框

6.2.2 SOLIDWORKS 2022 的界面介绍

SOLIDWORKS 各模块的界面大体相似，本节介绍“零件”建模界面，其他界面请参见相应章节介绍。

“零件”建模界面主要由菜单栏、工具面板、前导视图工具栏、设计树、绘图区、状态栏和任务窗格等组成，如图 6-7 所示。

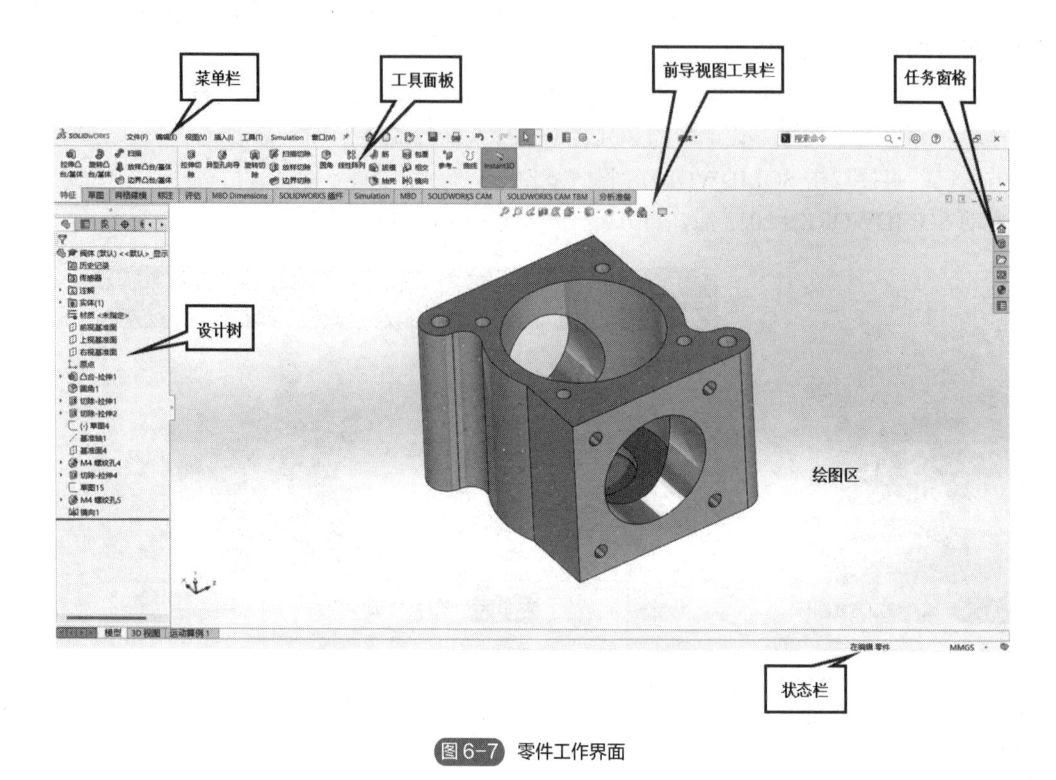

图 6-7 零件工作界面

① 菜单栏。包含 SOLIDWORKS 所有的操作命令，包括文件、编辑、视图、插入、工具、窗口和帮助 7 个菜单。

② 工具面板。默认状态下，包括“特征”“草图”“评估”等子面板，在不同的工作环境下显示不同种类的子面板，如图 6-8 所示。可将鼠标箭头移动到某一个工具面板上，点击鼠标右键，在弹出的快捷菜单中选择相应的工具面板，如图 6-9 所示。

图 6-8 工具面板

③ 特征管理器设计树。设计树位于界面的左侧，是 SOLIDWORKS 软件应用中常用的部分。设计树记录了零件设计环境下每个操作步骤，如绘制的草图及添加的建模特征等，便于在设计过程中对设计内容进行编辑修改，如图 6-10 所示。

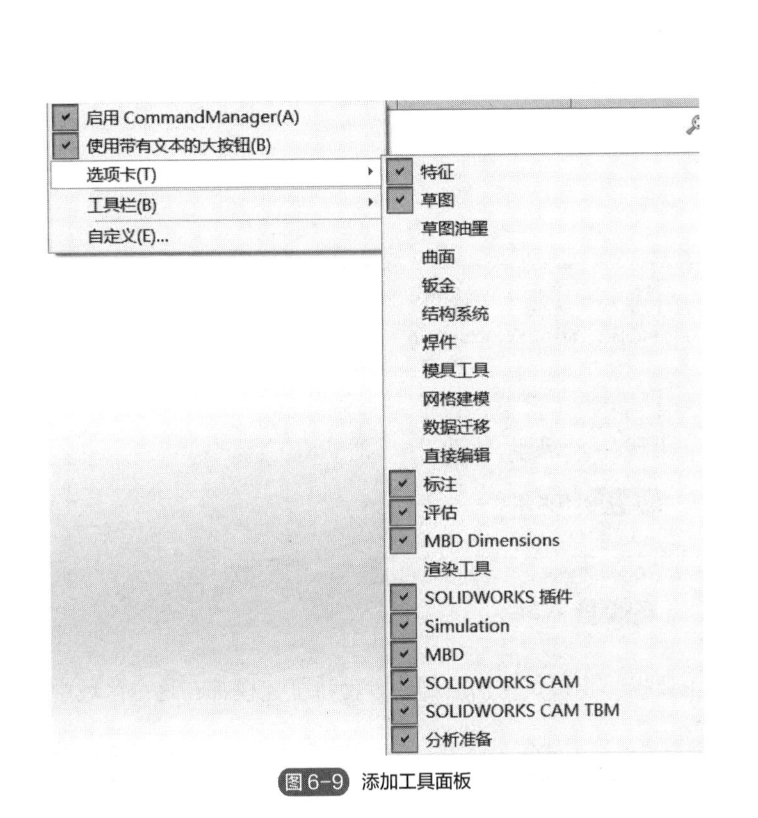

图 6-9 添加工具面板

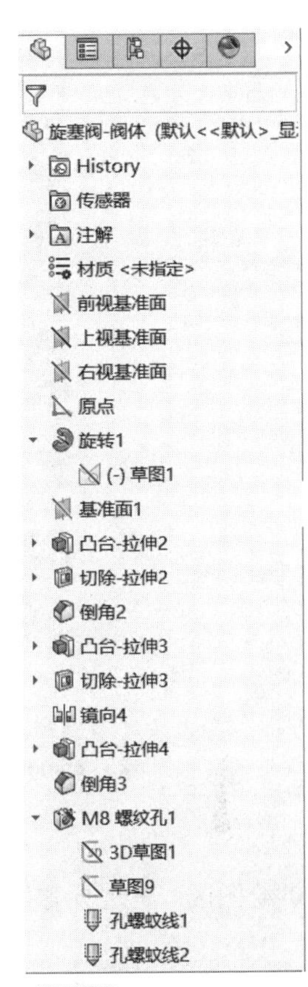

图 6-10 特征管理器设计树

点击每个步骤前的三角形图标▸，可看到生成该特征的草图。将鼠标光标移动到草图名称上，按鼠标左键在弹出的快捷菜单（图 6-11），选择相应命令图标，可对草图进行编辑、设置可见性等。将鼠标光标移动到特征名称上，按鼠标左键在弹出的快捷菜单（图 6-12），选择相应命令图标，可编辑特征、编辑草图、设置可见性等。

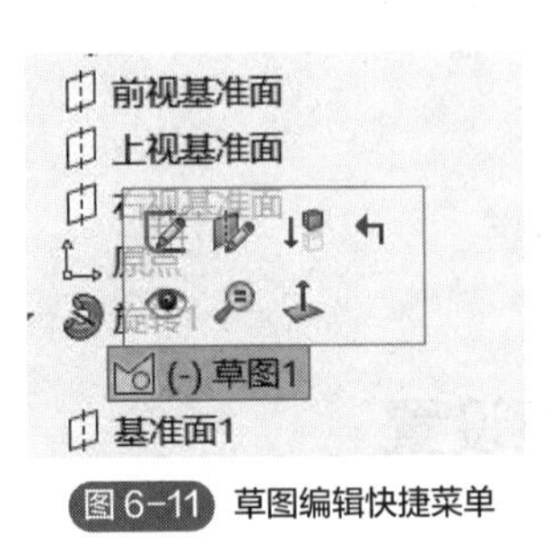

图 6-11 草图编辑快捷菜单

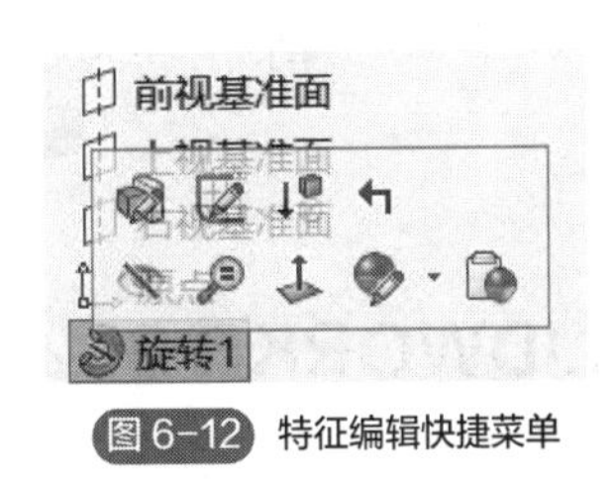

图 6-12 特征编辑快捷菜单

④ 任务窗格。位于图形区域的右侧，集中了建模过程中的附加资源和工具，包括 SOLIDWORKS 资源、设计库、文件搜索器、视图调色板、外观/背景/贴图等资源，如图 6-13 所示。

⑤ 状态栏。位于图形区域的右下角，主要用于显示当前界面中正在编辑的内容的状态，以及光标位置坐标、草图状态等信息内容，如图 6-14 所示。

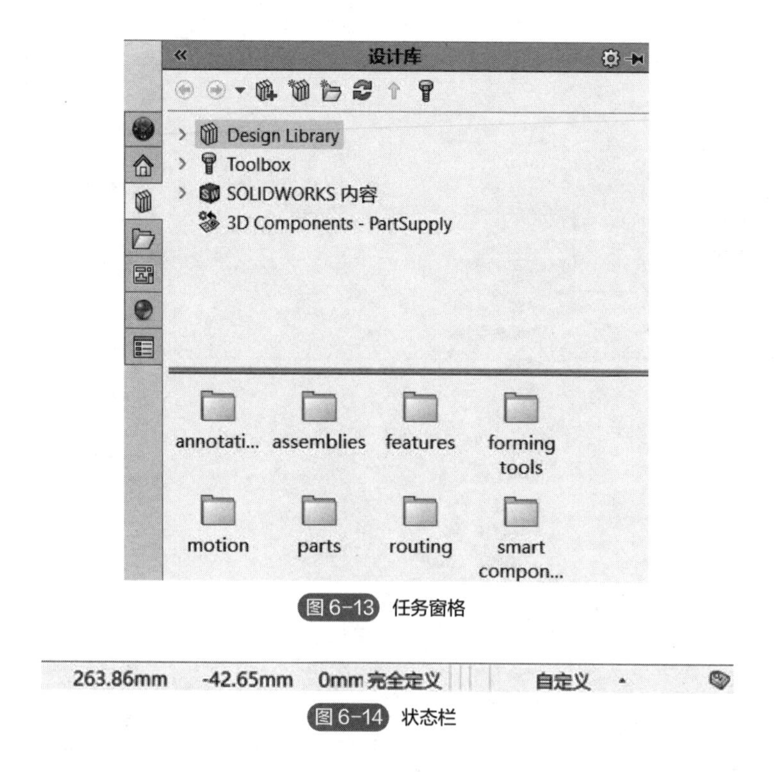

图 6-13 任务窗格

图 6-14 状态栏

⑥ 绘图区。是进行零件设计的主要操作窗口，草图绘制、零件特征建模都在这个区域中完成。

⑦ 前导视图工具栏。位于绘图区的正上方，以固定工具栏的形式集合了常用的与视图相关的操作命令，如图 6-15 所示。

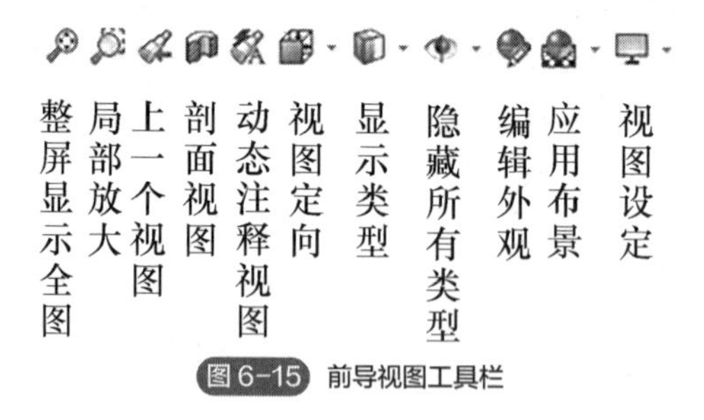

图 6-15 前导视图工具栏

6.3 SOLIDWORKS 2022 操作环境设置

SOLIDWORKS 提供的默认界面满足了一般设计的需求，但为了提高工作效率和满足用户设计需求，可在默认界面的基础上进行操作环境的自定义，现介绍一下常用设置。

6.3.1 自定义工具栏

工具栏包括了所有菜单命令的快捷方式。使用工具栏可以大大提高设计效率。用户可以根据自己的需要和习惯，利用自定义工具栏设置使操作更方便快捷。

① 点击菜单丨工具丨自定义，或将鼠标移动到任意工具栏处单击右键，在弹出的菜单中选择“自定义”命令，弹出如图 6-16 所示的“自定义”对话框。

图 6-16　“自定义”对话框

② 在“工具栏”选项卡下，选择要显示或隐藏的工具栏。选项前为☑时表示显示的工具栏。

6.3.2　鼠标操作设置

在 SOLIDWORKS 中鼠标使用频率非常高，可用其实现平移、缩放、旋转等操作，从而提高设计效率。SOLIDWORKS 中的鼠标操作主要分为基础操作和鼠标笔势操作。

（1）基础操作

鼠标基础操作主要用来选择对象或对模型进行操作，具体操作如表 6-1 所示。

（2）鼠标笔势

鼠标笔势是根据鼠标在屏幕上的移动方向自动对应到相应的命令。在草图绘制、零件建模、装配和转化工程图的过程中都可以使用鼠标笔势这一非常高效的快捷方式，以提高绘图效率。

1）鼠标笔势的使用

按住鼠标右键并在屏幕上拖动，会根据当前情境出现不同的笔势选择圈，如图 6-17 所示。

一直按住鼠标右键拖动，会根据鼠标拖动方向选择笔势，进而选择圈中对应方向上的命令。

表 6-1　鼠标基础操作

鼠标按键	实现功能	操作方法
左键	选择命令或对象	单击
滚轮	视图缩放	向前滚动缩小视图、向后滚动放大视图
	视图动态缩放	Shift 键+按住滚轮并拖动
	视图平移	Ctrl 键+按住滚轮并拖动
	全屏显示	双击
	旋转	按住滚轮并拖动
	绕轴旋转	Alt 键+按住滚轮并拖动
右键	弹出快捷菜单	单击

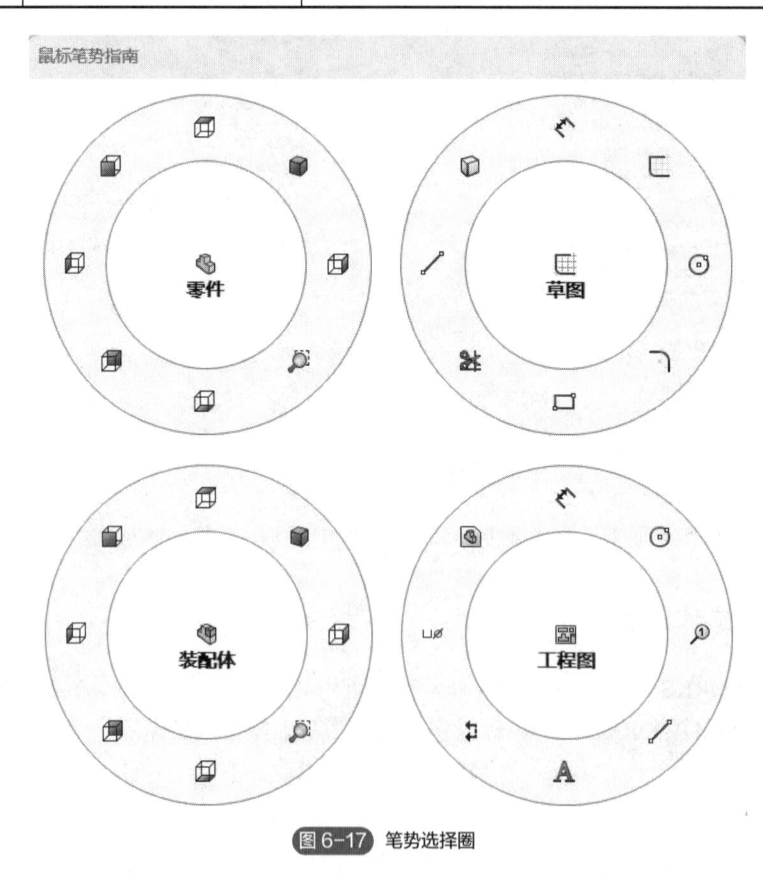

图 6-17　笔势选择圈

2）鼠标笔势的自定义

① 点击菜单 | 工具 | 自定义，或将鼠标移动到任何工具栏处单击右键，在弹出的菜单中选择“自定义”命令，弹出 “自定义”对话框。

② 在“鼠标笔势”选项卡下，可以设置笔势的数量，常见的为 4 笔势与 8 笔势，分别代表鼠标的 4 个方向与 8 个方向。也可以定义鼠标笔势对应的命令，如图 6-18 所示。

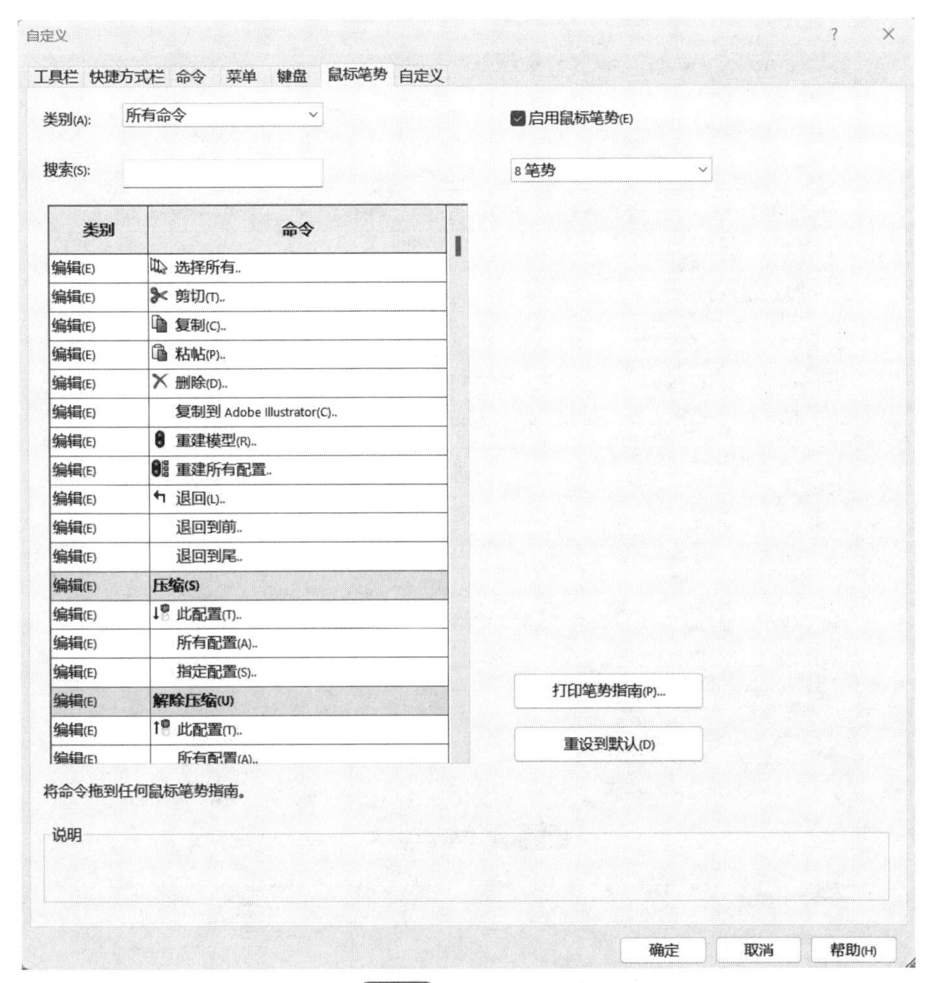

图 6-18 鼠标笔势自定义

6.3.3 快捷键

通过快捷键可以快速调用命令，以达到提高工作效率的目的。除了 Windows 通用的快捷键，如复制、粘贴等，SOLIDWORKS 还定义了大量的快捷键。此外，还可以自定义快捷键。

① 点击菜单 | 工具 | 自定义，或将鼠标移动到任意工具栏处单击右键，在弹出的菜单中选择“自定义”命令，弹出“自定义”对话框。

② 在“键盘”选项卡下，可以设置键盘快捷键，如图 6-19 所示。在该选项卡中列出了已有的快捷键，如要自定义快捷键，可直接在需要定义的命令后面的“快捷键”一栏中按键盘对应键来定义相应的快捷键。

6.3.4 自定义工作环境

应用“选项”功能可以对建模环境进行自定义来满足用户的需求。点击菜单 | 工具 | 选项或点击工具栏的“选项”⚙，会弹出如图 6-20 所示的对话框，可根据需要设置相关参数。

自定义
工具栏 快捷方式栏 命令 菜单 键盘 鼠标笔势 自定义
类别(A): 所有命令
显示(H) 所有命令
搜索(S):
打印列表(P)...
复制列表(C)
重设到默认(D)
移除快捷键(R)
类别 命令 快捷键 搜索快捷键
文件(F) 新建(N)... Ctrl+N
文件(F) 打开(O)... Ctrl+O
文件(F) 打开当前(O)
文件(F) 最近文件(E)...
文件(F) 浏览最近文档(R)... R
文件(F) 浏览最近文件夹(F)...
文件(F) 打开工程图(D)...
文件(F) 关闭(C)... Ctrl+W
文件(F) 从零件制作工程图(E)...
文件(F) 从零件制作装配体(K)...
文件(F) 保存(S)... Ctrl+S
文件(F) 另存为(A)...
文件(F) 保存所有(L)...
文件(F) 页面设置(G)...
文件(F) 打印预览(V)...
文件(F) 打印(P)... Ctrl+P
文件(F) Print3D...
文件(F) 出版到 eDrawings(B)...
文件(F) Pack and Go(K)...
说明
确定
取消
帮助(H)

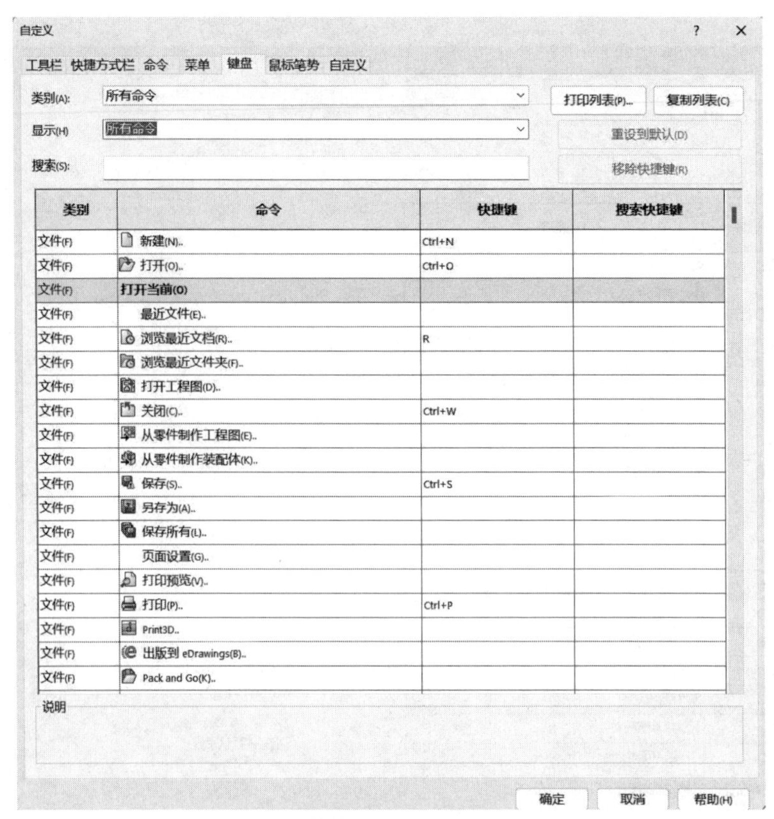

图 6-19 快捷键自定义

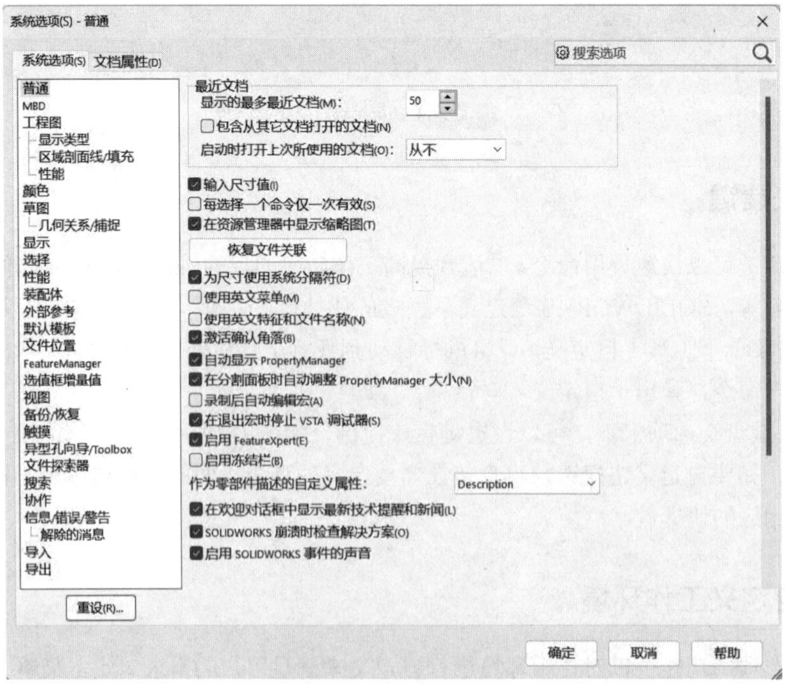

系统选项(S) - 普通
系统选项(S) 文档属性(D)
搜索选项
普通
MBD
工程图
显示类型
区域剖面线/填充
性能
颜色
草图
几何关系/捕捉
显示
选择
性能
装配体
外部参考
默认模板
文件位置
FeatureManager
选值框增量值
视图
备份/恢复
触摸
异型孔向导/Toolbox
文件探索器
搜索
协作
信息/错误/警告
解除的消息
导入
导出
重设(R)...
最近文档
显示的最多最近文档(M): 50
包含从其它文档打开的文档(N)
启动时打开上次所使用的文档(O): 从不
输入尺寸值(I)
每选择一个命令仅一次有效(S)
在资源管理器中显示缩略图(T)
恢复文件关联
为尺寸使用系统分隔符(D)
使用英文菜单(M)
使用英文特征和文件名称(N)
激活确认角落(B)
自动显示 PropertyManager
在分割面板时自动调整 PropertyManager 大小(N)
录制后自动编辑宏(A)
在退出宏时停止 VSTA 调试器(S)
启用 FeatureXpert(E)
启用冻结栏(B)
作为零部件描述的自定义属性: Description
在欢迎对话框中显示最新技术提醒和新闻(L)
SOLIDWORKS 崩溃时检查解决方案(O)
启用 SOLIDWORKS 事件的声音
确定
取消
帮助

图 6-20 系统选项对话框

课后练习

一、单选题

（1）SOLIDWORKS 的命令图标可以根据实际需要进行自定义，当需将没在工具面板上显示的某一类命令图标调出时，下列哪些方法不能做到？（　　）

A. 将光标移动到工具面板的空白处，单击鼠标右键，从弹出的对话框中选择

B. 从菜单“工具”中选择“自定义”，在弹出的对话框中选择

C. 从菜单“工具”中选择“选项”，在弹出的对话框中选择

（2）运用 SOLIDWORKS 的快捷键可以大大提高建模效率，如果想旋转模型，除了可以使用“旋转视图”之外，更快捷的方法是（　　）

A. Ctrl+左键

B. 滚动鼠标滚轮

C. 移动鼠标时按下滚轮不松手

（3）在 SOLIDWORKS 中使用方向键可以控制模型的旋转，要使模型顺时针转动，下列哪种组合键的方式可以实现？（　　）

A. Ctrl+方向键

B. Alt+方向键

C. Shift +方向键

二、思考题

（1）如何在菜单|工具|选项中设置绘图标准为 GB?

（2）在建模过程中，由于操作失误，工具面板不见了，如何将其调出?

第7章

草图绘制及编辑

本章思维导图

扫码获取本书配套资源

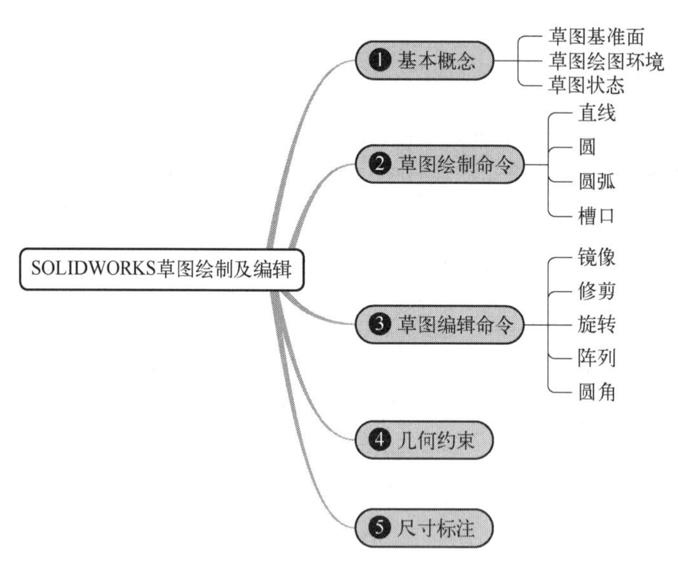

本章学习目标

（1）掌握 SOLIDWORKS 2022 软件建模中草图绘制的基本知识。了解草图基准面的种类和草图状态的概念，熟悉草图绘图环境及相关操作。

（2）掌握 SOLIDWORKS 2022 绘制草图的相关命令。

（3）掌握 SOLIDWORKS 2022 尺寸标注的作用及相关操作，熟练定义几何约束的方法及相关操作。

SOLIDWORKS 是基于特征的三维设计软件。特征是在平面图形的基础上生成的。例如，一个直圆柱可以理解为由一个平面图形圆在与该平面垂直的方向上拉伸赋予它一个高度而形成。SOLIDWORKS 软件把平面图形圆称为草图，把拉伸称为特征。因此，草图绘制是建模的基础。SOLIDWORKS 采用了参数化的设计方法，需要先确定草图的形状，然后要确定草图对象间的几何约束和尺寸约束。本章介绍了草图绘制的基本概念、草图绘制和编辑的相关命令以及进行几何约束和尺寸约束的方法。

7.1　基本概念

7.1.1　草图基准面

在绘制草图前，必须确定草图绘制到哪个平面上，这个平面称为绘图基准面。绘图基准面可以有以下三种形式：

（1）系统默认基准面

SOLIDWORKS 软件提供了一个默认的坐标系，由前视基准面、上视基准面、右视基准面组成，如图 7-1 所示。立体的初始建模草图绘制是从这三个默认基准面开始的。

将鼠标移动到设计树（图 7-2）中某一基准面，再单击草图面板上的“草图绘制”按钮，则可以在此平面上绘制草图。

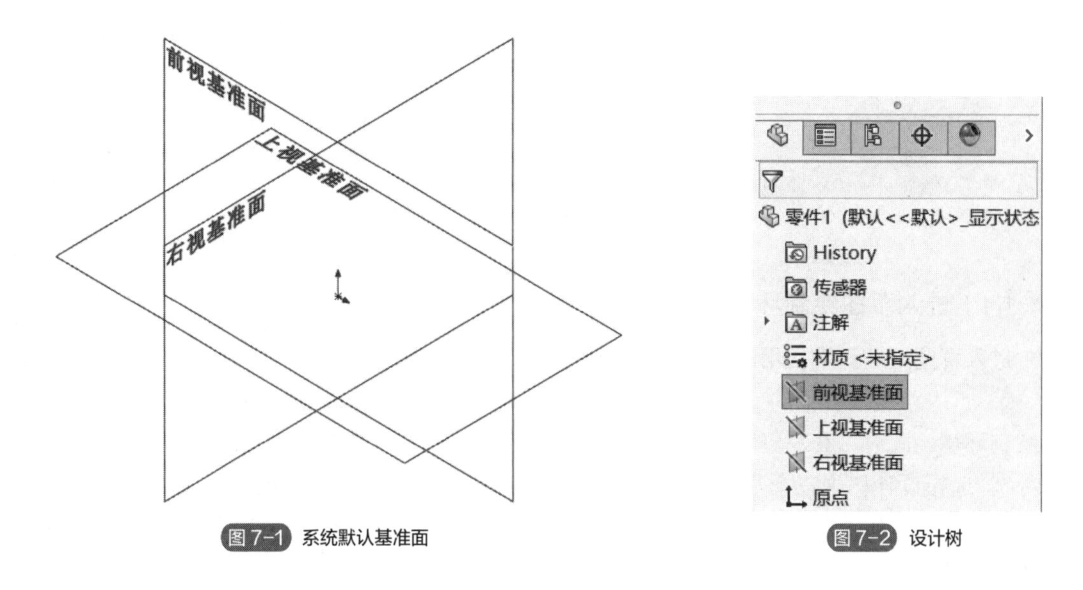

图 7-1　系统默认基准面　　图 7-2　设计树

（2）已有实体上的平面

鼠标点击选择已有模型上的某个平面，再单击草图面板上的“草图绘制”按钮，则可以在此平面上绘制草图。

(3)创建新基准面

如果要绘制的草图不在默认基准面上，也不在模型表面上，就要创建一个新的基准面。点击特征面板中的“参考几何体”下的“基准面”命令来创建。在弹出的“基准面”属性管理器中设定相应参数，即可创建多种辅助基准面，如图 7-3 所示。

- 偏移平面：创建一个与已有平面相距一定距离的平行平面。
- 夹角平面：创建一个与已有平面呈一定角度的基准平面。
- 垂直平面：创建一个与已有平面呈垂直关系的基准平面。
- 三点定面：创建一个通过给定三点的基准平面。

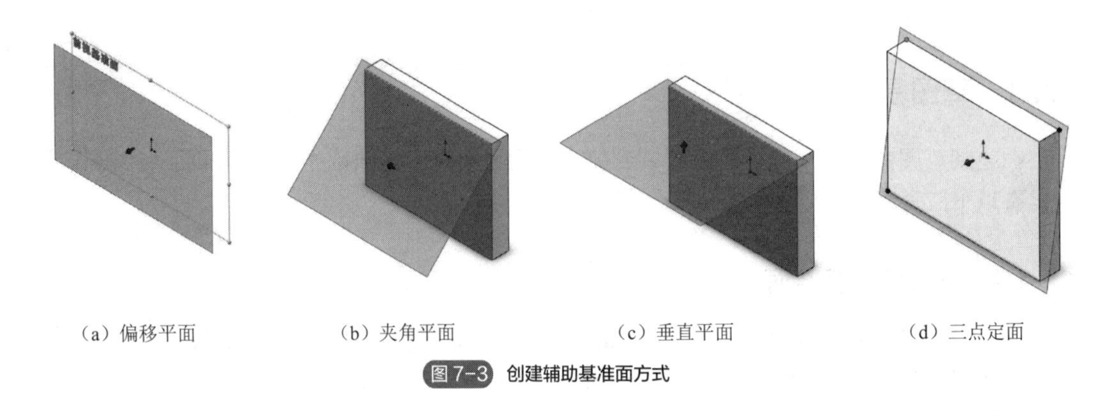

（a）偏移平面　（b）夹角平面　（c）垂直平面　（d）三点定面

图 7-3 创建辅助基准面方式

7.1.2 草图绘制环境

图 7-4 是常用的草图工具面板，面板上有绘制草图、编辑草图和其他草图命令按钮。

图 7-4 草图面板

(1)进入草图绘制环境

进入草图绘制环境常用的操作方法有两种：

① 点击草图面板上的“草图绘制”按钮，在绘图区选择需要的基准面，就可以进入草图绘制环境。此时，在左侧的设计树中会出现对应的草图项，如图 7-5 所示。

② 选择设计树中三个基准面中的一个，点击草图面板中的“草图绘制”按钮或点击鼠标左键，弹出草图绘制的快捷菜单，点击快捷菜单中的“草图绘制”按钮就可以进入草图绘制环境，如图 7-6 所示。

(2)退出草图绘制环境

在进行草图绘制时，绘图区的右上角位置会出现两个符号，如图 7-7 所示。一个符号是“退出草图”按钮，单击该按钮则保存对草图的修改后退出。另一个符号是“取消”按钮✖，单击该按钮则放弃对草图的修改后退出。

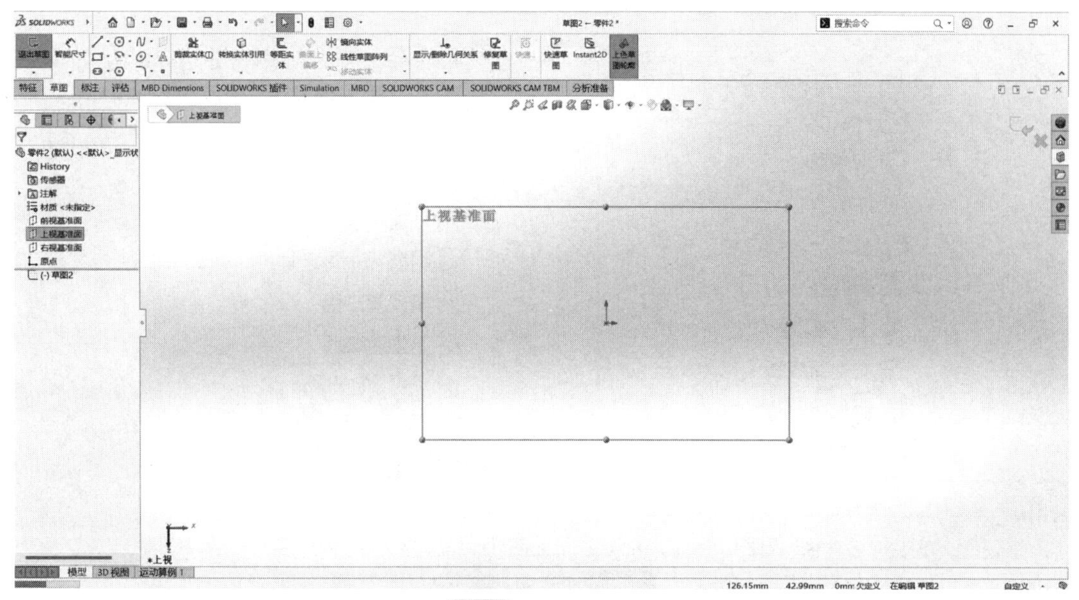

图7-5　草图绘制环境

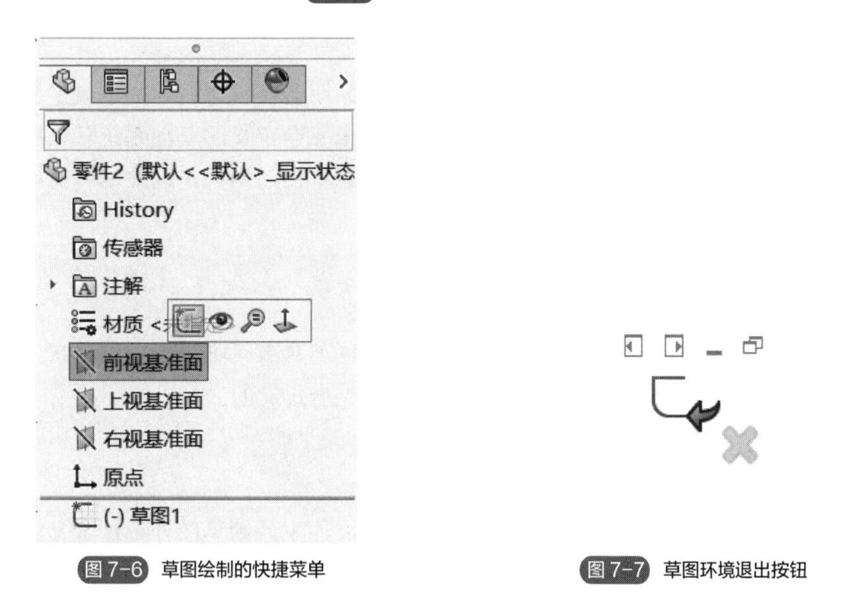

图7-6　草图绘制的快捷菜单

图7-7　草图环境退出按钮

(3) 进入草图编辑

退出草图绘制环境后，如果需要对草图进行编辑修改，可在界面左侧设计树中找到对应的草图名称，鼠标左键点击草图名称前的图标，在弹出的快捷菜单中选择“编辑草图”按钮，如图7-8（a）所示。或在界面左侧设计树中找到需要进行修改的实体名称，鼠标左键点击实体名称前的图标，在弹出的快捷菜单中选择“编辑草图”按钮，如图7-8（b）所示。

7.1.3　草图的状态

根据草图受到的几何约束和尺寸约束的不同，草图可能会出现五种不同的状态，显示在界面底端的状态栏中。

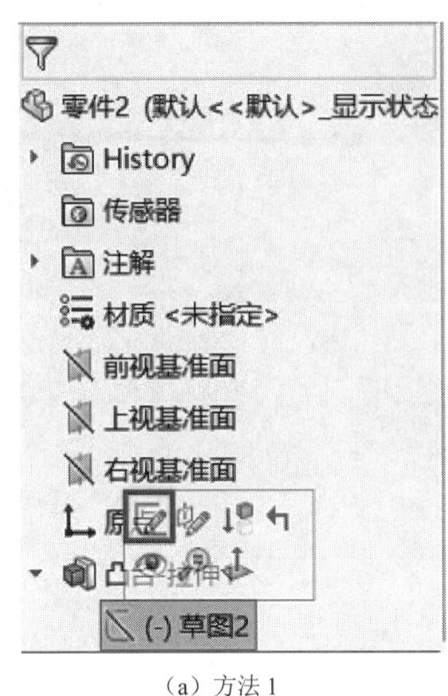

（a）方法 1

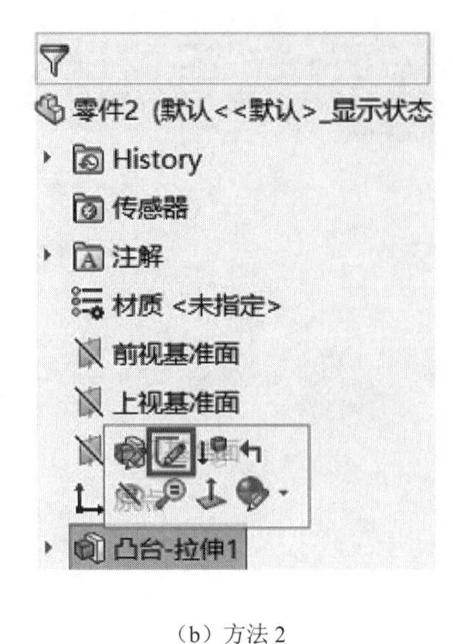

（b）方法 2

图 7-8 进入草图编辑方法

（1）欠定义

草图中存在未确定的几何约束或尺寸约束，则系统会在状态栏中提示欠定义。欠定义的草图可以通过拖动端点、直线、曲线等改变其形状。未完全定义的草图系统默认用蓝色来显示。在造型过程中，如果草图是欠定义状态，会出现意想不到的结果，因此尽可能不要出现欠定义状态。

（2）完全定义

如果草图具有确定的几何约束和尺寸约束，草图就具有了唯一确定的形状。此时，系统默认草图用黑色来显示。一般用于创建特征的草图是完全定义的。

（3）过定义

如果草图具有重复或相互矛盾的几何约束和尺寸约束，则草图处于过定义状态。此时，系统默认草图用红色来显示。这时，需要对草图的约束进行修正才能使用。

（4）无解

如果草图具有不能解出的几何体、几何约束和尺寸约束，则草图处于无解状态。此时，系统默认草图用褐色来显示。这时，需要对草图的约束进行修正才能使用。

（5）无效几何体

如果草图虽能解出但会导致无效的几何体，如零长度线段、零半径圆弧或自交叉的曲线等，则草图处于无效几何体状态。此时，系统默认草图用黄色来显示。这时，需要对草图的约束进行修正才能使用。

对于过定义或无解的草图，在退出草图状态时，系统会弹出错误提示信息，如图 7-9 所示。

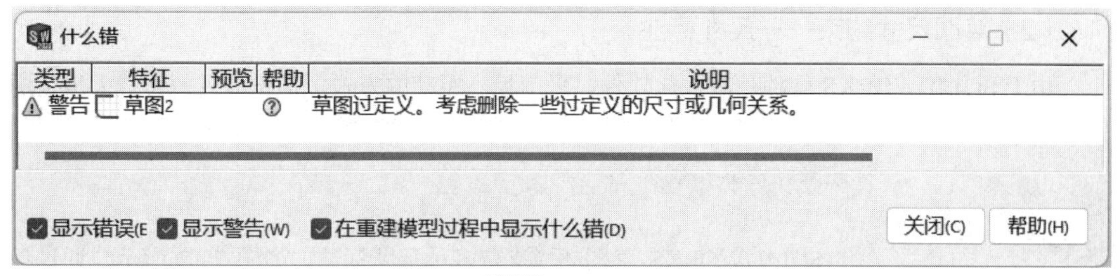

图 7-9 草图报错

7.2 草图绘制案例 1——直线命令应用

本节学习目标：

① 掌握草图绘图命令——直线命令；

② 掌握草图尺寸约束——尺寸标注；

③ 掌握 SOLIDWORKS 创建草图的基本思路和方法。

完成的图形如图 7-10 所示。

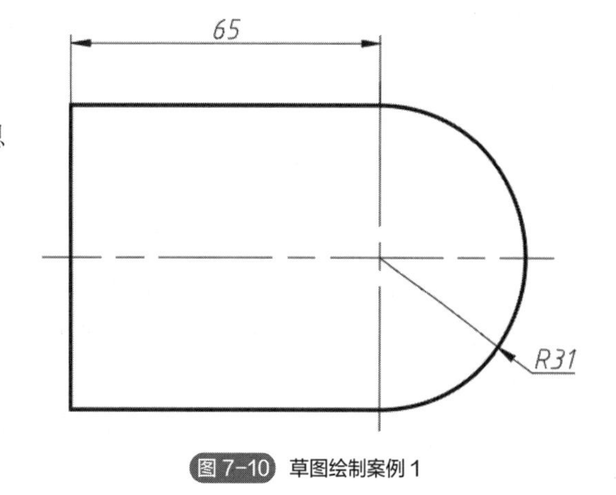

图 7-10 草图绘制案例 1

7.2.1 知识准备

(1) 草图绘制命令——直线命令

1）功能

可以绘制单个或连续的直线、中心线和构造线，如图 7-11 所示。直线命令用于绘制草图的轮廓线；中心线用作尺寸参考、镜像基准线等；构造线用来生成最终被包含在零件中的草图实体及几何体，当草图被用来生成特征时，构造线会被忽略。其中，直线的绘制最为常见，通常所说的绘制直线即绘制实线。

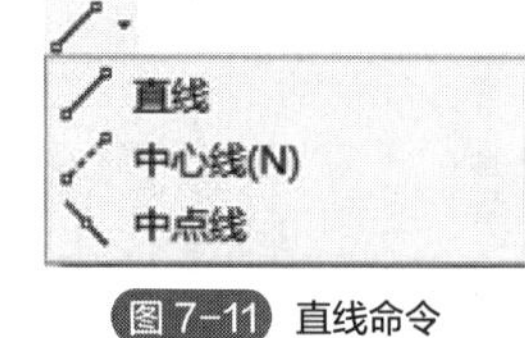

图 7-11 直线命令

2）命令的调用

- 草图面板 | “直线”按钮。
- 菜单 | 工具 | 草图绘制实体 | 直线。

3）命令的使用

- 在绘图区可通过点击鼠标左键确定直线端点的位置来绘制直线。当鼠标水平移动时，鼠标指针带有—，说明绘制的是水平线，系统会自动添加“水平”几何关系。当鼠标相对前一个点竖直移动时，鼠标指针带有 I，说明绘制的是竖直线，系统会自动添加“竖直”几何关系。按下 Esc 键可结束命令。

在 SOLIDWORKS 中，直线命令已将绘制直线和圆弧合在一起。在使用时可将鼠标移到上一条线的终点，此时光标右下角的提示变成同心符号，再将鼠标移开，即转换为圆弧绘制状态。

（2）草图尺寸约束——尺寸标注

由于 SOLIDWORKS 软件是参数化软件，采用尺寸驱动的方式，构建的几何体的大小是通过尺寸标注来控制的。因此，在绘制草图时只需要绘制近似的形状和大小即可，然后通过尺寸标注来确定其精确大小。

智能尺寸
水平尺寸
竖直尺寸
尺寸链
水平尺寸链
竖直尺寸链
路径长度尺寸

图 7-12 尺寸标注命令

1）功能

SOLIDWORKS 草图环境支持多种尺寸标注，如图 7-12 所示。通过尺寸标注可以实现对草图的完全定义。其中，最常见的是“智能尺寸”标注。该方法操作比较简单，可以标注线性尺寸、角度尺寸、半径、直径各类尺寸。

2）命令的调用

- 草图面板 |“智能尺寸”按钮。
- 在图形区域中点击鼠标右键，在弹出的菜单上部选择“智能尺寸”图标。

3）命令的使用

① 标注线性尺寸：选择直线、直线两个端点或两条平行线，拖动鼠标到不同位置可以标注出水平尺寸、垂直尺寸或平行尺寸。

② 标注角度尺寸：选择两直线或直线和点，拖动鼠标到不同位置可以标注两直线间角度或点与直线的角度。

③ 标注圆弧半径、弧长和弦长：直接选择圆弧，拖动鼠标可以标注圆弧的半径；选择圆弧及圆弧的两个端点，拖动鼠标可以标注圆弧的弧长；选择圆弧的两个端点，拖动鼠标可以标注圆弧的弦长。

④ 标注直径尺寸：选择圆，拖动鼠标到不同位置可以标出几种直径形式，如图 7-13 所示。

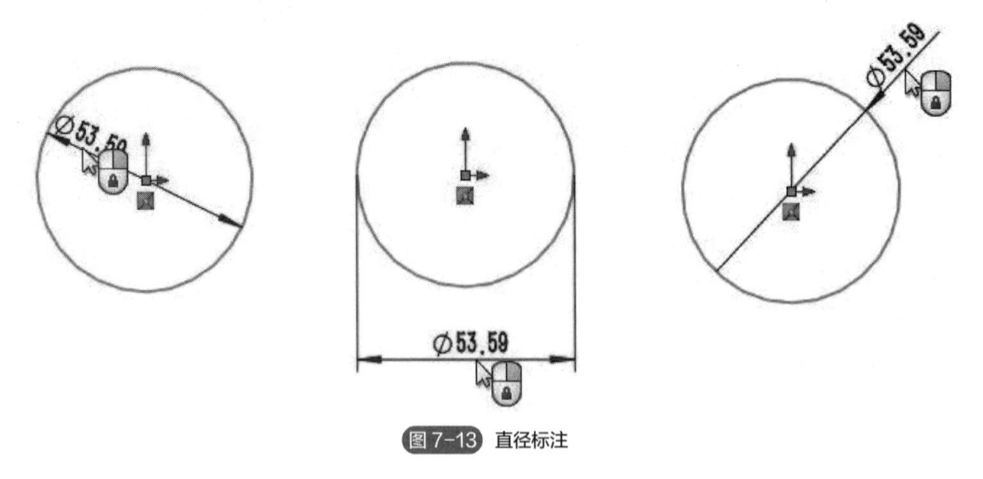

图 7-13 直径标注

4）尺寸的编辑

① 编辑尺寸值：在创建尺寸时，可在弹出的“修改”属性对话框中直接输入正确的尺寸，来调整尺寸值的大小。在尺寸标注完成后，可双击尺寸值，在弹出的“修改”属性对话框中直接输入正确的尺寸。

② 编辑尺寸属性：选择标注好的尺寸，会出现一系列的控标。单击尺寸箭头处的控标，会切换箭头的方向；按住尺寸界线端点处的控标，拖动会改变尺寸标注的对象；按住尺寸值，拖

动会改变尺寸的放置位置。

提示：

在给工程图样标注尺寸时是不允许出现封闭尺寸链的。在 SOLIDWORKS 中出现封闭尺寸链会造成尺寸关系的冗余，属于过定义。如图 7-14（a）所示，多标注了一个长度尺寸 96，就构成了封闭尺寸链，这时系统会弹出对话框，询问如何处理，如图 7-14（b）所示。系统默认“将此尺寸设为从动”，该尺寸会作为参考尺寸存在，就不会发生冗余了。而选择“保留此尺寸为驱动”则会产生尺寸冗余，相关对象以黄色或红色警告，并在状态栏中显示“过定义”。

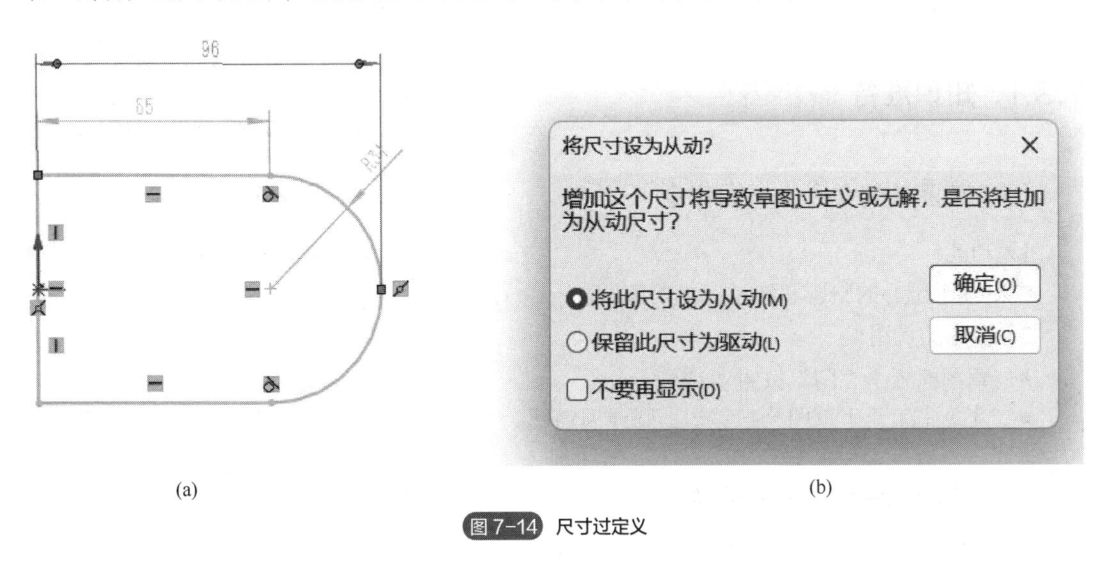

图 7-14 尺寸过定义

7.2.2 上机练习

本例先采用“直线”命令绘制出草图的形状，再应用“智能尺寸”命令对图形标注尺寸，确定图形的精确形状和尺寸，如图 7-15 所示。可参考视频进行上机练习。

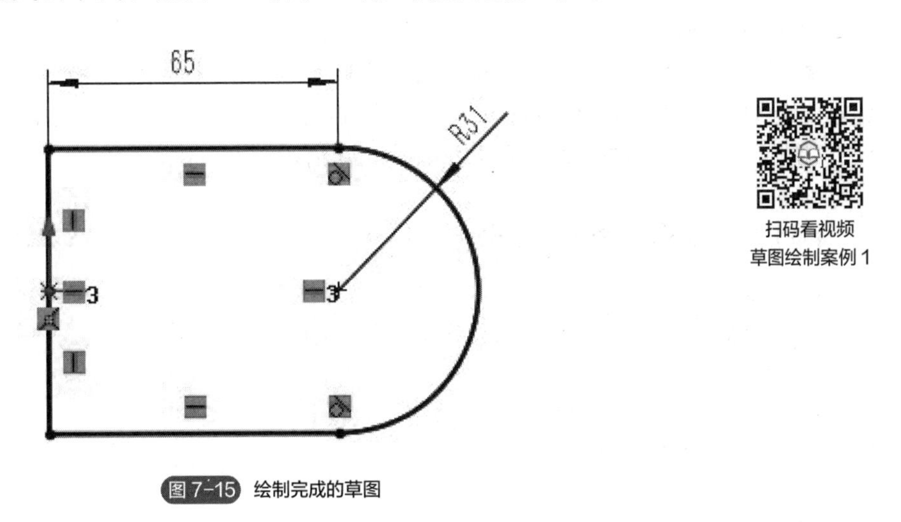

图 7-15 绘制完成的草图

7.3 草图绘制案例 2——圆命令、镜像命令及剪裁命令应用

本节学习目标：

① 掌握草图绘图命令——圆命令；

② 掌握草图编辑命令——镜像命令、剪裁命令；

③ 掌握创建草图的几何约束条件的方法。

完成的图形如图 7-16 所示。

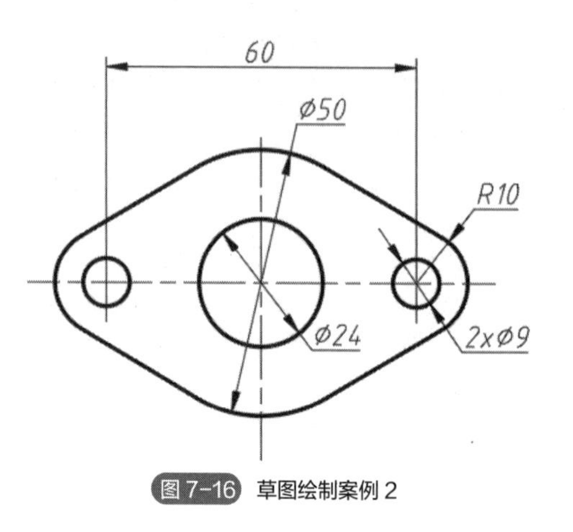

图 7-16 草图绘制案例 2

7.3.1 知识准备

(1) 草图绘制命令——圆命令

1）功能

绘制基于圆心的整圆和经过三点的整圆。

2）命令的调用

- 草图面板 | “圆”按钮或；
- 菜单 | 工具 | 草图绘制实体 | 圆或周边圆。

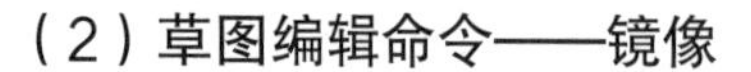

(2) 草图编辑命令——镜像

1）功能

用于绘制对称的图形。

2）命令的调用

- 草图面板 | “镜像实体”（图中为镜向）按钮；
- 菜单 | 工具 | 草图工具 | 镜像。

3）命令的使用

草图镜像有两种操作方式：一种是先执行命令，再选择相应的草图特征；另一种是可以先选择要镜像的草图特征，然后再执行命令。在弹出的“镜像”属性管理器中确定“要镜像的实体”“镜像点”“是否复制”相关参数，如图 7-17 所示。

(3) 草图编辑命令——剪裁

1）功能

用于删除一个草图实体与其他草图实体相互交错产生的线段。

2）命令的调用

- 草图面板 | “剪裁实体”按钮；
- 菜单 | 工具 | 草图工具 | 剪裁。

3）命令的使用

通常采用默认的“强劲剪裁”，通过按住鼠标将光标拖过每个草图实体来剪裁多个相邻的草图实体，如图 7-18 所示。

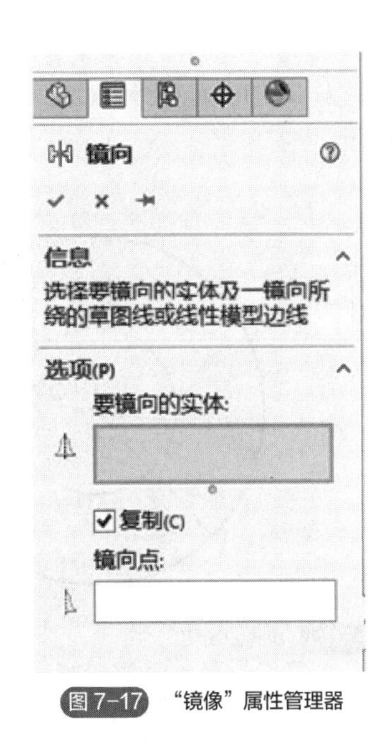

图 7-17 “镜像”属性管理器

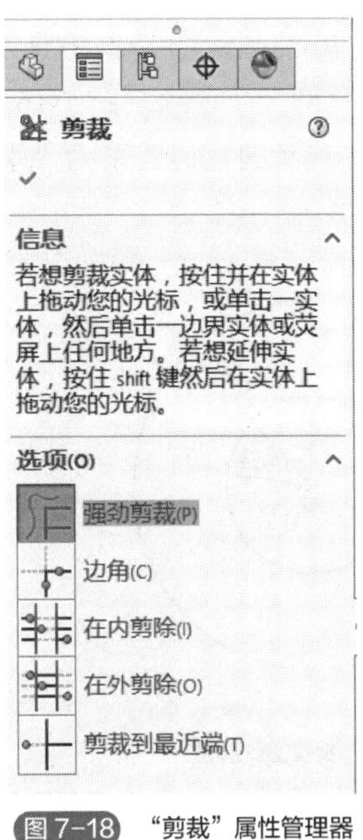

图 7-18 “剪裁”属性管理器

(4) 草图几何约束

几何约束是指各草图实体（线、圆等）或草图实体与基准面、轴线、边线或端点间的相对位置关系。SOLIDWORKS 中提供了多种几何关系，如水平、垂直、平行、同心、相切、对称等。在绘制草图时，使用几何关系约束可以更容易地控制草图形状并省去许多不必要的操作，提高绘图效率。

1）自动几何关系

自动几何关系是指在绘制过程中根据绘制对象的相对位置自动为绘制对象添加合适的几何关系。例如，在绘制一条水平线时，系统会将“水平”的几何关系自动添加给该直线。

自动几何关系有时不利于绘图。如果添加的自动几何关系不合适，可在绘制完成后单击添加的几何关系图标，按下 Delete 键将该几何关系删除。也可以在绘制时按住 Ctrl 键，系统会临时取消自动几何关系功能。

2）手动几何关系

手动几何关系是对原本没有几何关系的绘制对象人为地添加所需的几何关系。按下 Ctrl 键选择需要设定几何关系的草图实体后，弹出的“添加几何关系”属性管理器（图 7-19）中会列出所能添加的几何关系，选择需要设定的几何关系即可。

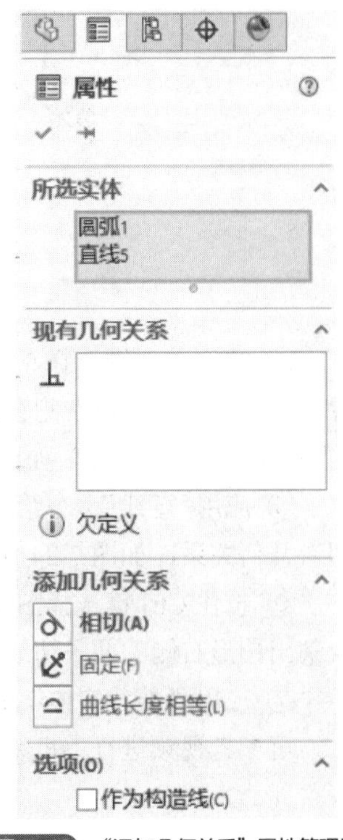

图 7-19 “添加几何关系”属性管理器

7.3.2 上机练习

绘图步骤如下：

① 应用“圆”命令绘制如图 7-16 所示圆心位于（0，0）点，

直径为 24 和 50 的圆，如图 7-20 所示。

② 应用“圆”命令绘制图 7-16 左侧直径为 9 和半径为 10 的圆。选择直径为 9 的圆的圆心和原点，添加二者的几何关系为“水平”，如图 7-21 所示。

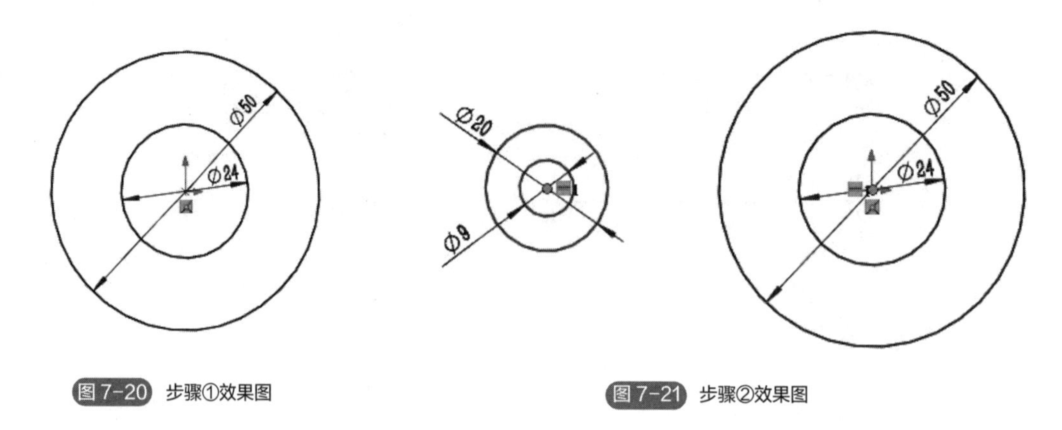

图 7-20 步骤①效果图

图 7-21 步骤②效果图

③ 应用“直线”的中心线命令绘制过原点竖直方向和水平方向的中心线，作为下一步镜像的对称轴，如图 7-22 所示。

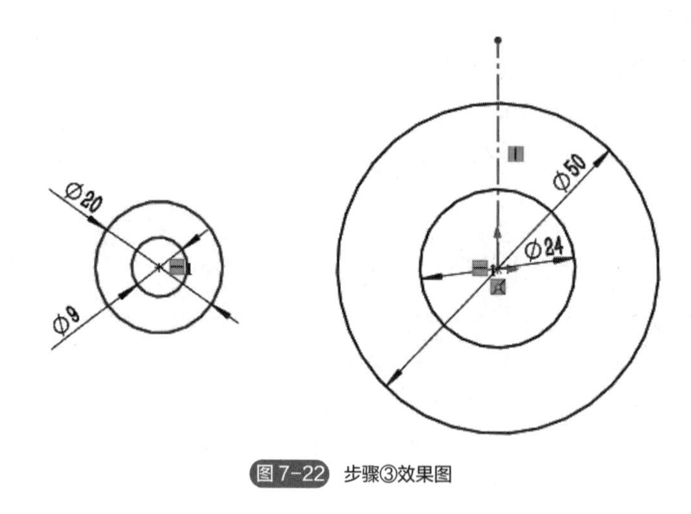

图 7-22 步骤③效果图

④ 按住 Ctrl 键选择左侧直径为 9 和半径为 10 的圆以及绘制的竖直方向中心线，选择“镜像”命令绘制出图形右侧直径为 9 和半径为 10 的圆。应用“智能尺寸”标注左右两个直径为 9 的圆的圆心距离为 60，如图 7-23 所示。

⑤ 应用“直线”命令绘制图形左侧的两条直线并添加与半径为 10 的圆和直径为 50 圆的“相切”几何关系，如图 7-24 所示。

⑥ 按住 Ctrl 键选择图形左侧绘制的两条切线和绘制的竖直方向中心线，选择“镜像”命令绘制出图形右侧的两条切线，如图 7-25 所示。

⑦ 应用“剪裁实体”命令剪裁多余的图线，如图 7-26 所示。

可参考视频进行上机练习。

扫码看视频
草图绘制案例 2

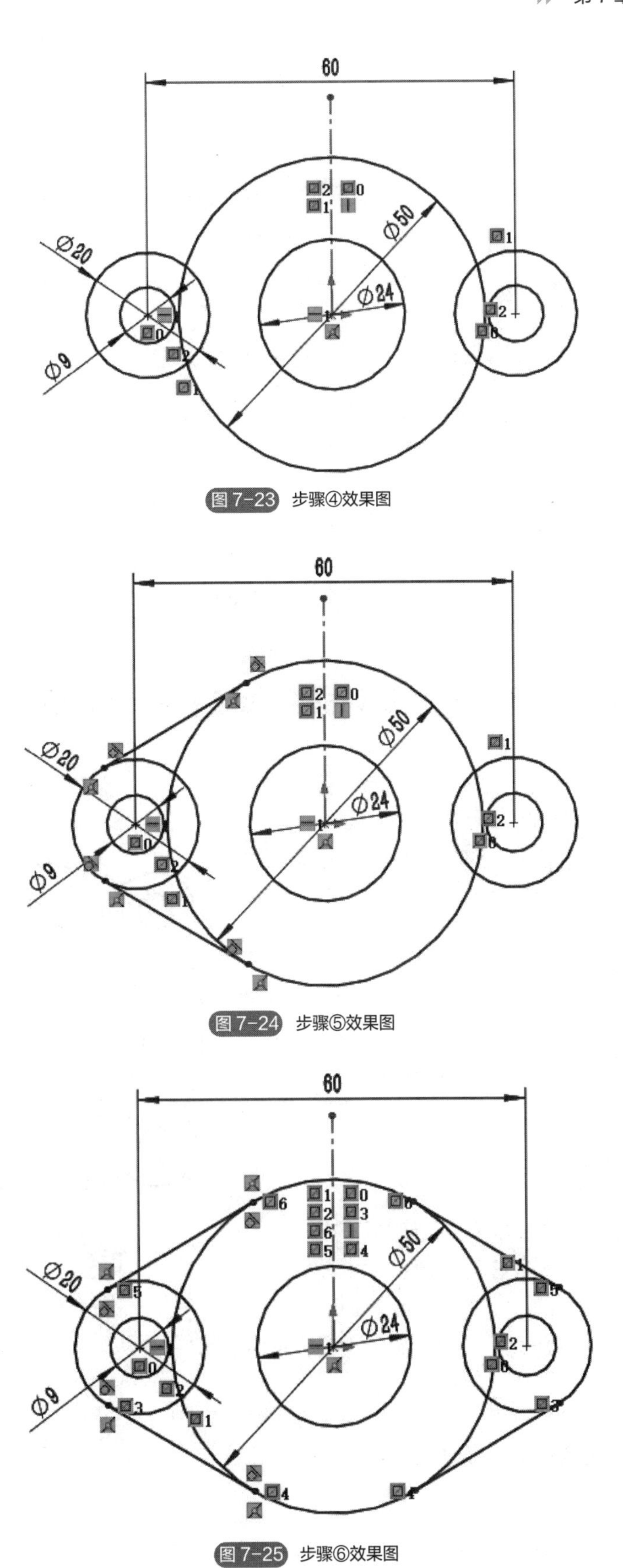

图 7-23　步骤④效果图

图 7-24　步骤⑤效果图

图 7-25　步骤⑥效果图

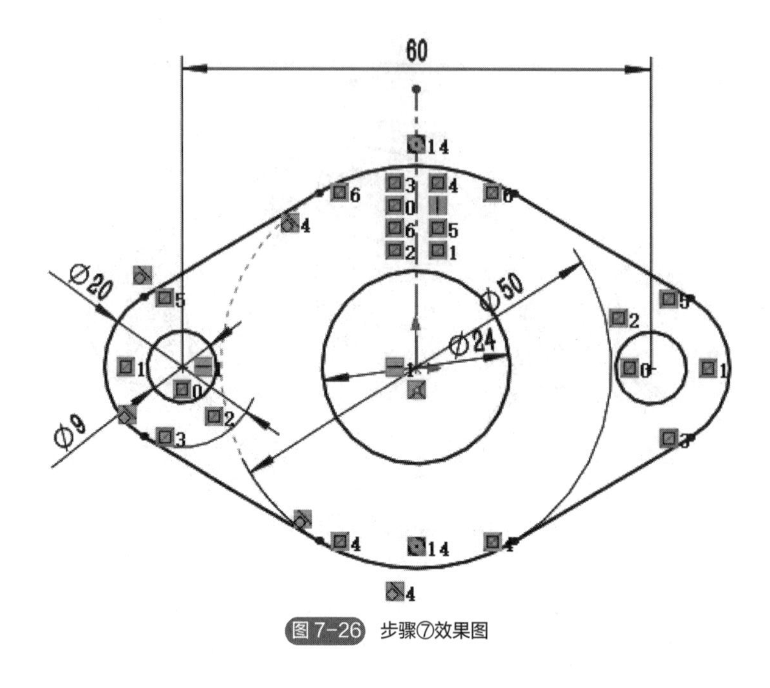

图 7-26 步骤⑦效果图

7.4 草图绘制案例 3——阵列命令和旋转命令应用

本节学习目标：

① 掌握草图编辑命令——旋转命令；

② 掌握草图编辑命令——阵列命令、圆角命令。

完成的图形如图 7-27 所示。

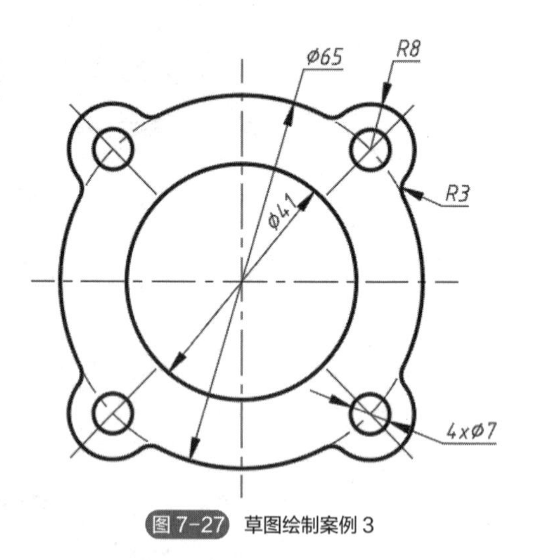

图 7-27 草图绘制案例 3

7.4.1 知识准备

(1) 草图编辑命令——旋转命令

1）功能

用于旋转草图实体。

2）命令的调用

- 草图面板 | “旋转实体”按钮；
- 菜单 | 工具 | 草图工具 | 旋转。

3）命令的使用

在弹出的“旋转”属性管理器中确定“要旋转的实体”“旋转中心”“角度”相关参数，如图 7-28 所示。

(2) 草图编辑命令——阵列命令

1）功能

复制草图实体以生成规则排列的图形。阵列有两种方式：线性阵列和圆周阵列。

2）命令的调用

- 草图面板 | “线性阵列”按钮或“圆周阵列”按钮；
- 菜单 | 工具 | 草图工具 | 线性阵列/圆周阵列。

3）命令的使用

① 线性阵列。在弹出的“线性阵列”属性管理器中确定“要阵列的实体”“X 方向阵列数量和间距”“Y 方向阵列数量和间距”“旋转角度”等相关参数，如图 7-29 所示。

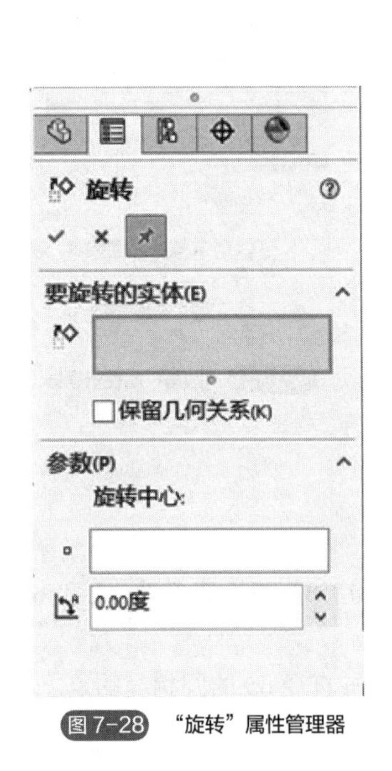

图 7-28　“旋转”属性管理器

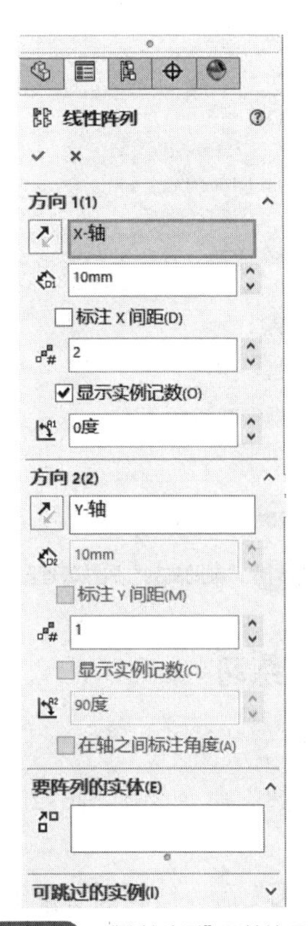

图 7-29　“线性阵列”属性管理器

在阵列中的任意实体上点击鼠标右键，可在弹出的快捷菜单中选择“编辑线性阵列”，在属性管理器中重新设置相关参数。

② 圆周阵列。在弹出的“圆周阵列”属性管理器中确定“要阵列的实体”“圆周阵列的圆心”“数量”等相关参数，如图 7-30 所示。

（3）草图编辑命令——圆角命令

1）功能

用于生成一个与两个草图实体相切的圆弧。

2）命令的调用

- 草图面板 | “绘制圆角”按钮；
- 菜单 | 工具 | 草图工具 | 圆角。

3）命令的使用

在弹出的“圆角”属性管理器中确定“要圆角化的实体”“圆角半径”等相关参数，如

图 7-31 所示。

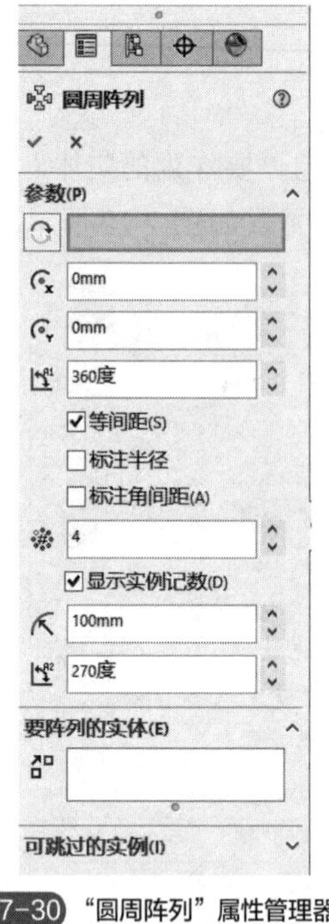

图 7-30 “圆周阵列”属性管理器

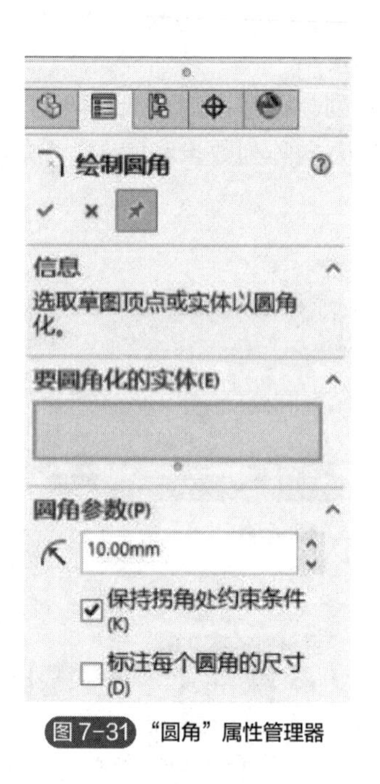

图 7-31 “圆角”属性管理器

7.4.2 上机练习

绘图步骤如下：

① 应用“圆”命令绘制图 7-27 中圆心位于（0，0）点，直径为 41 和 65 的圆，效果如图 7-32 所示。

② 应用“圆”命令绘制圆心位于原点竖直上方与直径 65 的圆相交的点上，直径为 7 和 16 的圆，效果如图 7-33 所示。

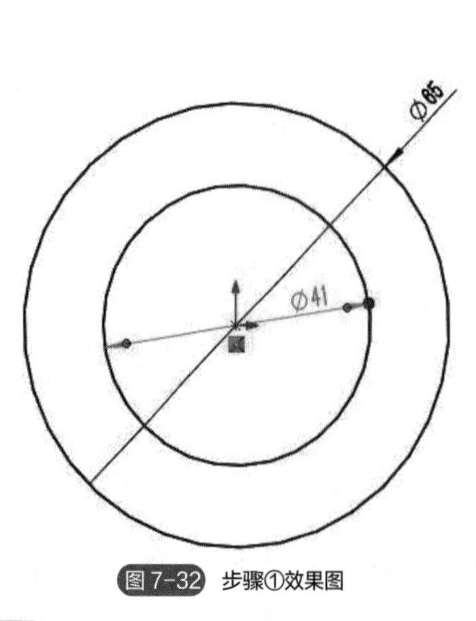

图 7-32 步骤①效果图

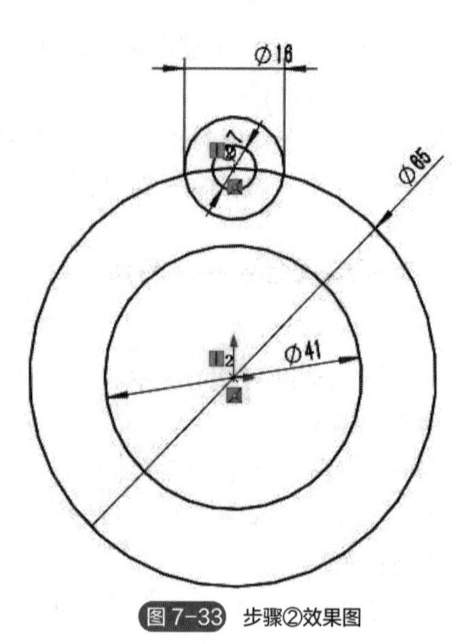

图 7-33 步骤②效果图

③ 应用“旋转”命令将步骤②中绘制的直径为 7 和 16 的圆逆时针旋转 45°，效果如图 7-34 所示。

④ 应用“圆周阵列”命令将直径为 7 和 16 的圆复制 4 个，效果如图 7-35 所示。

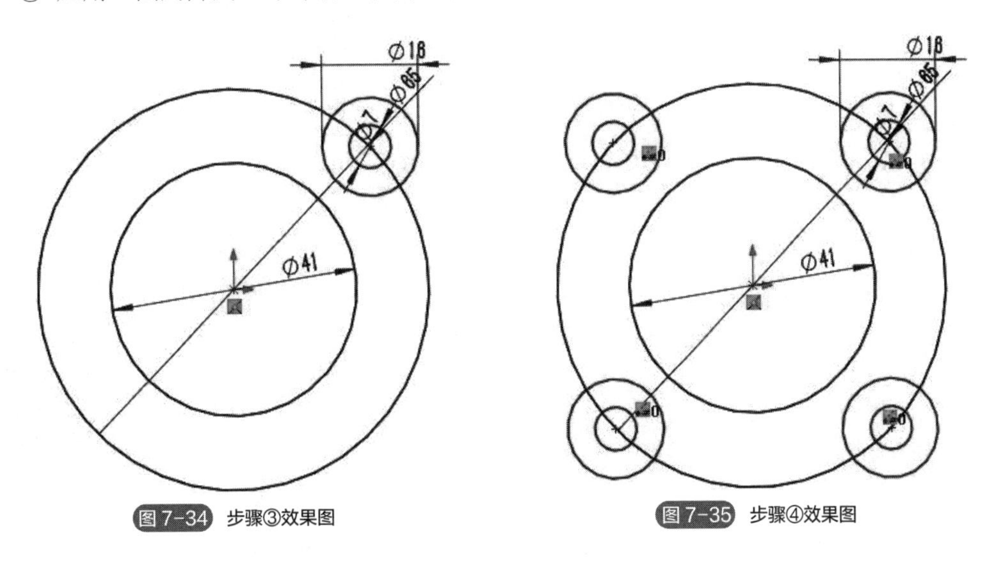

图 7-34　步骤③效果图

图 7-35　步骤④效果图

⑤ 应用“剪裁”命令将多余的图线剪裁掉，效果如图 7-36 所示。

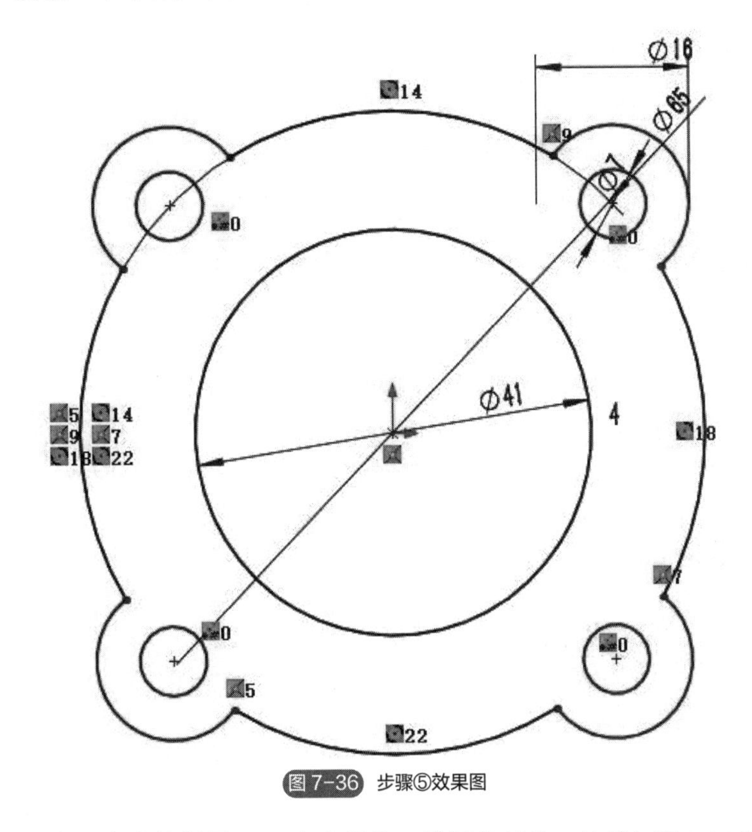

图 7-36　步骤⑤效果图

⑥ 应用“圆角”命令绘制图 7-27 中半径为 3 的圆角部分，效果如图 7-37 所示。

可参考视频进行上机练习。

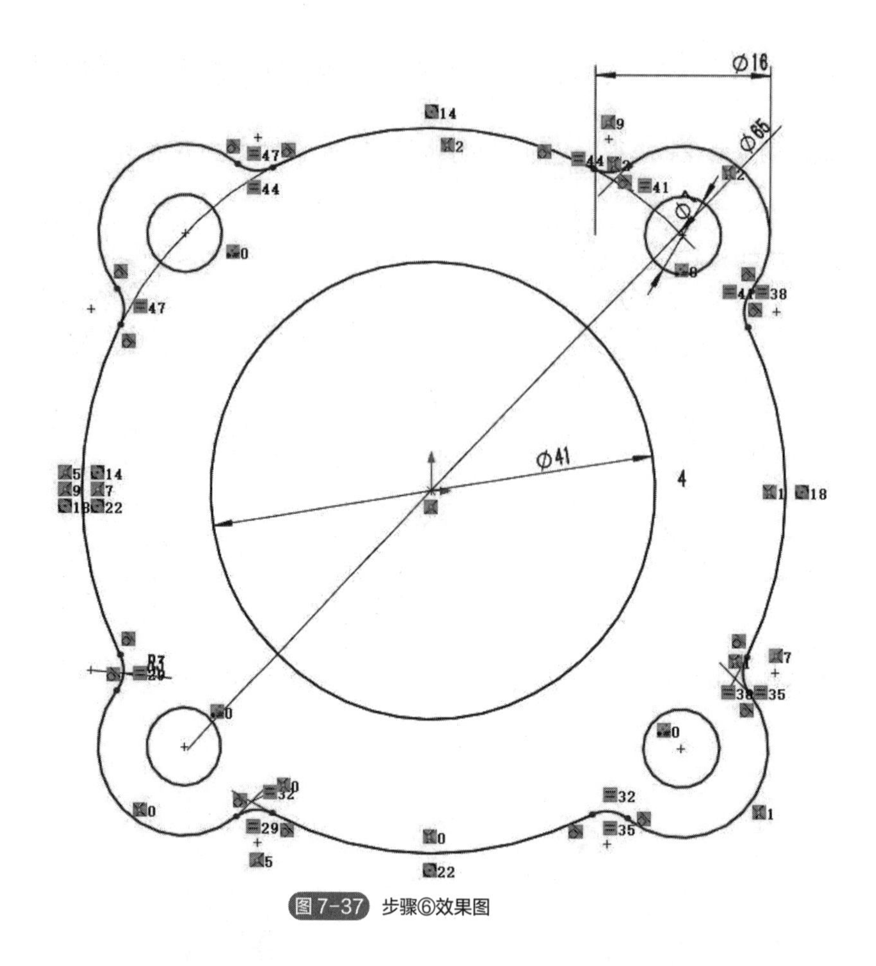

图 7-37 步骤⑥效果图

扫码看视频
草图绘制案例 3

7.5 草图绘制案例 4——圆弧命令和槽口命令应用

本节学习目标：

① 掌握草图绘制命令——圆弧命令、槽口命令；

② 进一步熟悉创建草图的几何约束条件的方法。

完成的图形如图 7-38 所示。

7.5.1 知识准备

(1) 草图绘制命令——圆弧命令

1）功能

用于绘制圆弧。圆弧的绘制有三种方式：圆心/起/终点画弧、切线弧和 3 点圆弧，如图 7-39 所示。

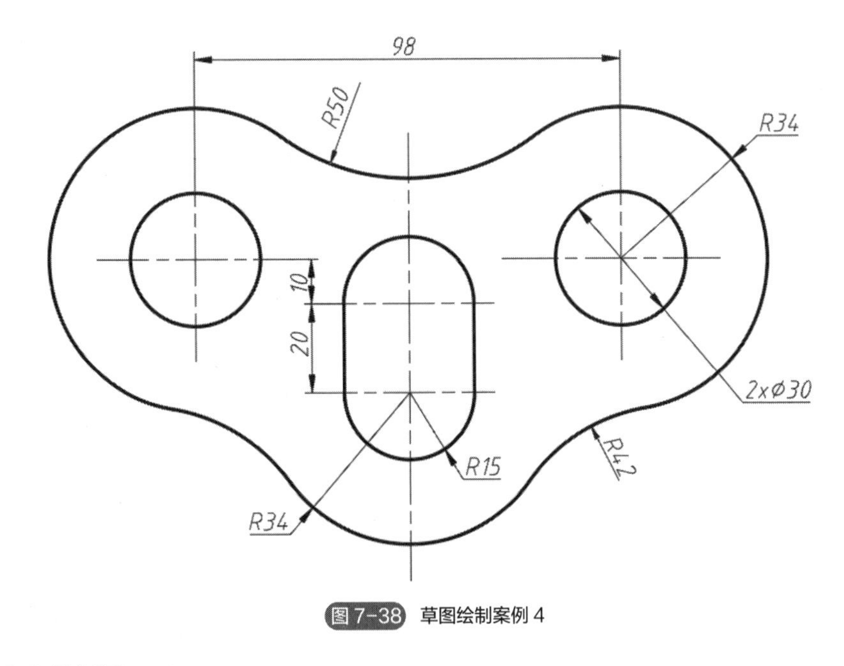

图 7-38　草图绘制案例 4

2）命令的调用

- 草图面板｜“圆心/起/终点画弧”按钮或“切线弧”按钮或“3 点圆弧”；
- 菜单｜工具｜草图绘制实体｜圆心/起/终点画弧或切线弧或 3 点圆弧。

(2) 草图绘制命令——槽口命令

1）功能

用于绘制槽口图形。槽口有四种方式：直槽口、中心点直槽口、三点圆弧槽口和中心点圆弧槽口，如图 7-40 所示。

图 7-39　圆弧命令　　图 7-40　槽口命令

2）命令的调用

- 草图面板｜“直槽口”按钮或“中心点直槽口”按钮或“三点圆弧槽口”或“中心点圆弧槽口”；
- 菜单｜工具｜草图绘制实体｜直槽口或中心点直槽口或三点圆弧槽口或中心点圆弧槽口。

7.5.2　上机练习

绘图步骤如下：

① 应用“圆”命令绘制图 7-38 中圆心位于（0，0）点、半径为 34 的圆，效果如图 7-41 所示。

② 应用“圆”命令绘制图 7-38 中左侧两个同心圆，一个直径为 30，另一个半径为 34，效果如图 7-42 所示。

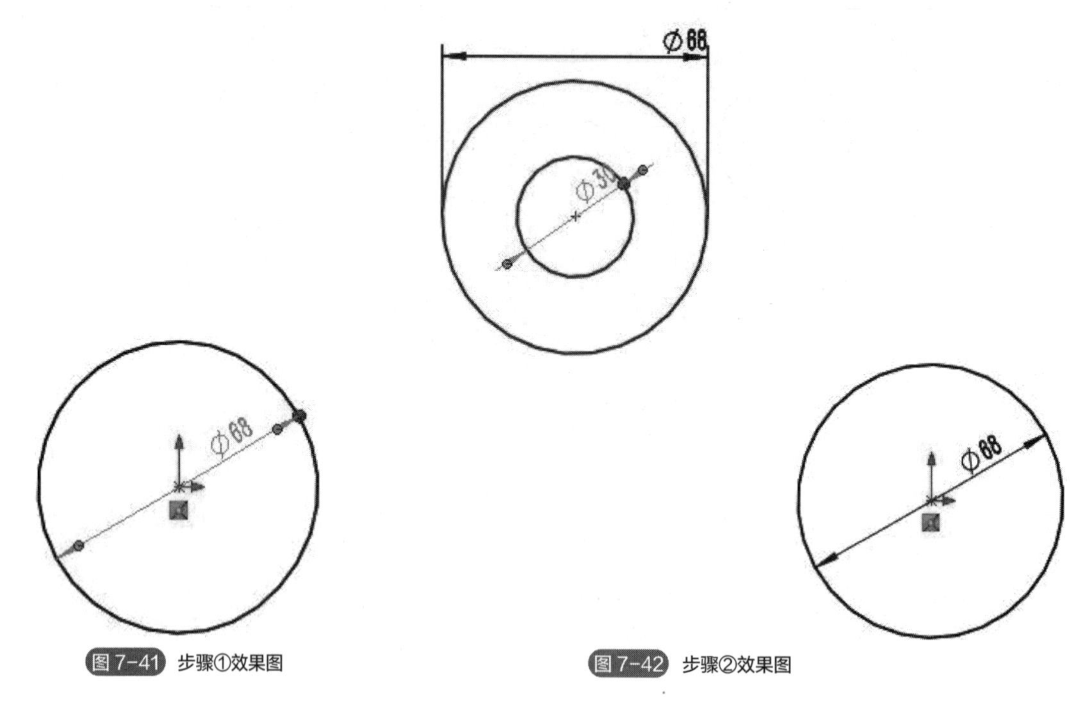

图 7-41 步骤①效果图

图 7-42 步骤②效果图

③ 应用“直线”的中心线命令绘制过原点竖直方向的中心线，作为下一步镜像的对称轴，效果如图 7-43 所示。

④ 应用“镜像”命令复制图形右侧的两个同心圆，并标注圆心水平方向和竖直方向的距离，分别为 98 和 30，效果如图 7-44 所示。

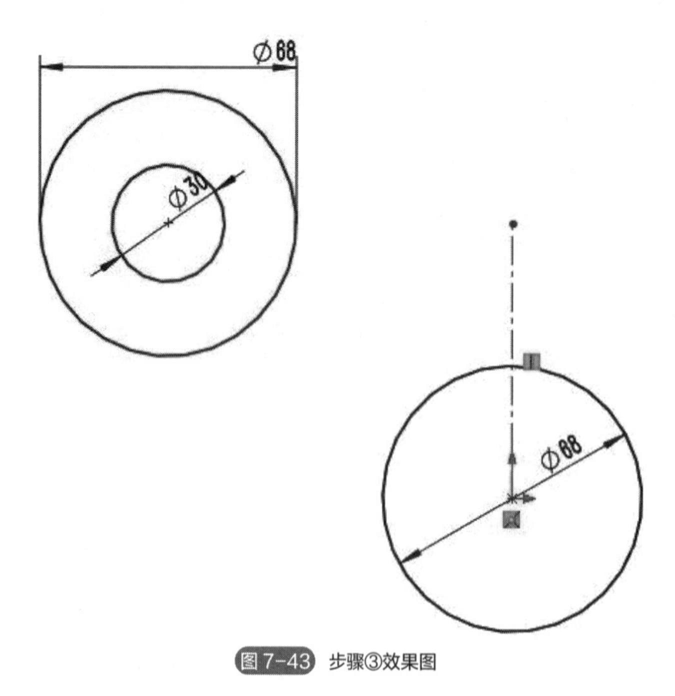

图 7-43 步骤③效果图

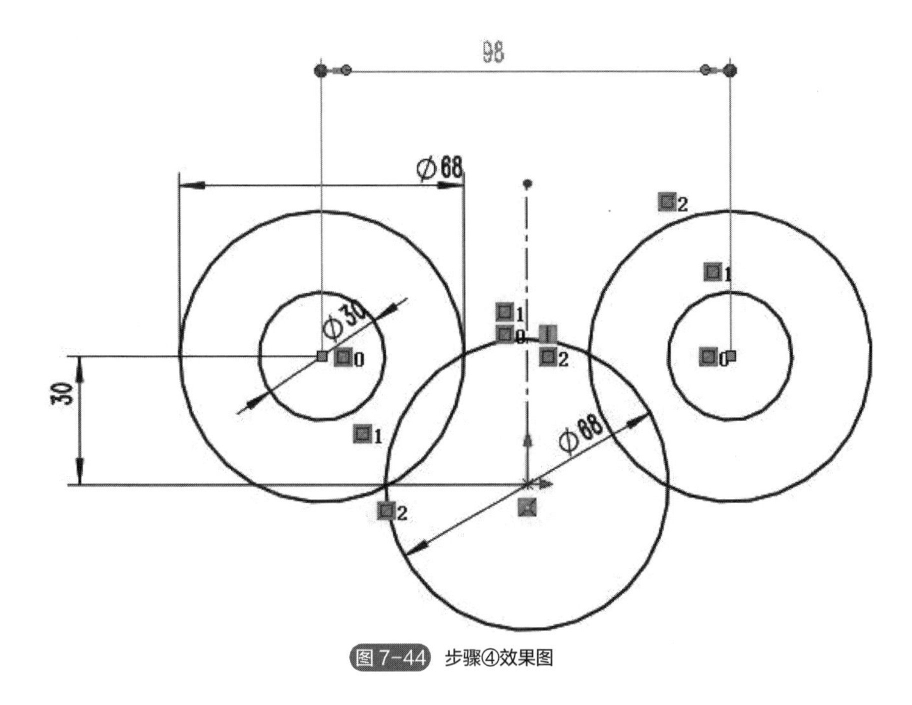

图 7-44 步骤④效果图

⑤ 应用“3 点圆弧”命令绘制三个圆弧，三个圆弧的半径分别为 50、42、42。并定义三个圆弧与绘制的半径为 34 的圆的“相切”几何关系，效果如图 7-45 所示。

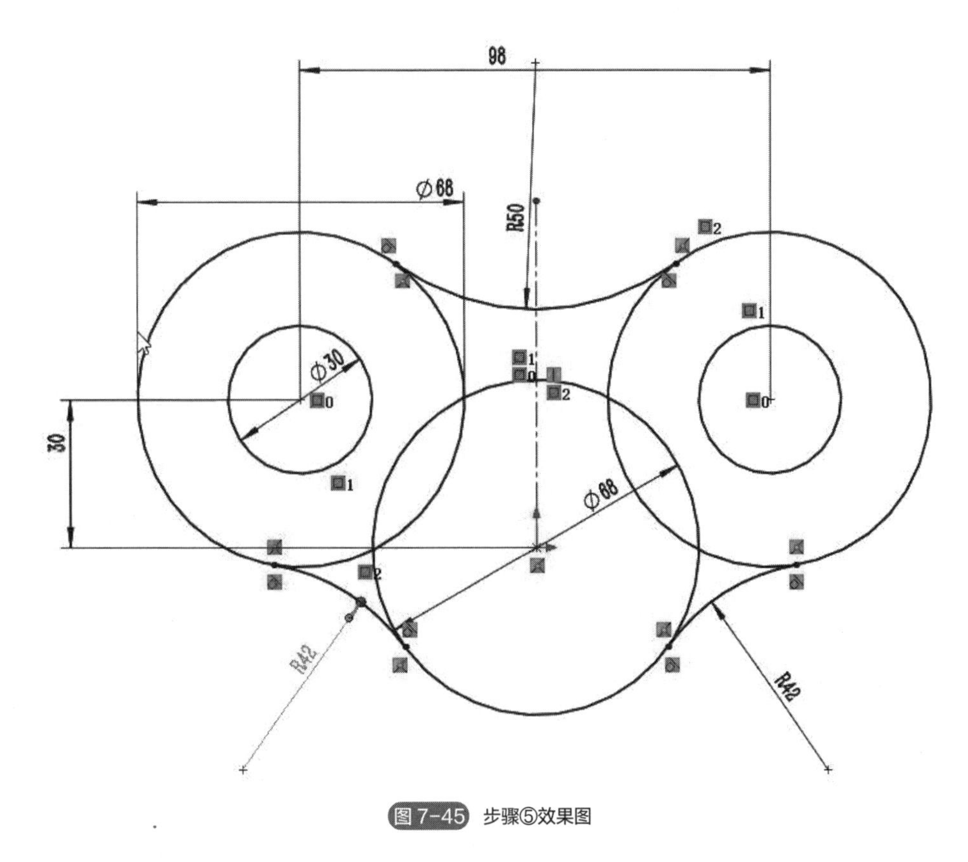

图 7-45 步骤⑤效果图

⑥ 应用“剪裁”命令将多余的图线剪裁掉，效果如图 7-46 所示。

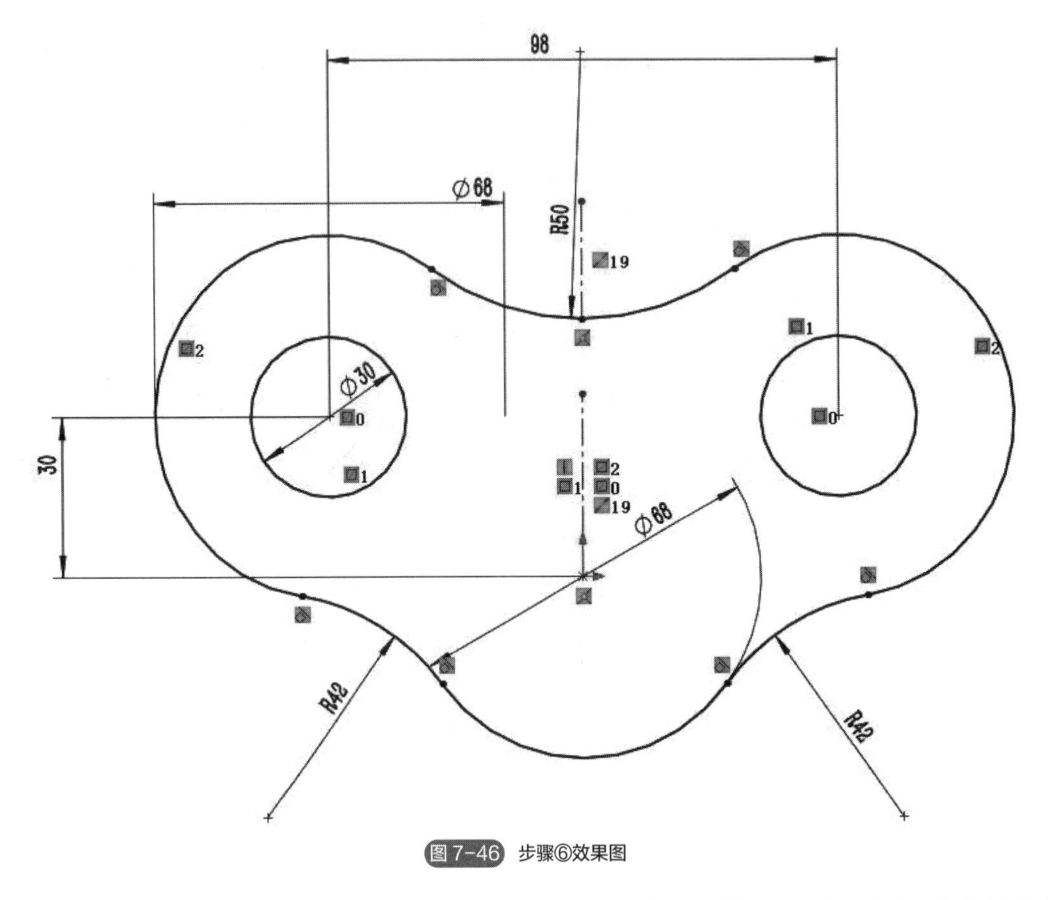

图 7-46 步骤⑥效果图

⑦ 应用“直槽口”命令绘制图形中的直槽口部分，并标注直槽口上面圆弧圆心与左侧直径为 30 圆的圆心之间的垂直距离为 10。直槽口两半圆弧圆心间距离为 20。此时，由于出现了封闭尺寸链（10+20=30），系统会提示尺寸过定义，如图 7-47 所示。选择保留此尺寸为驱动，确定退出。删除 30 的尺寸标注即可。

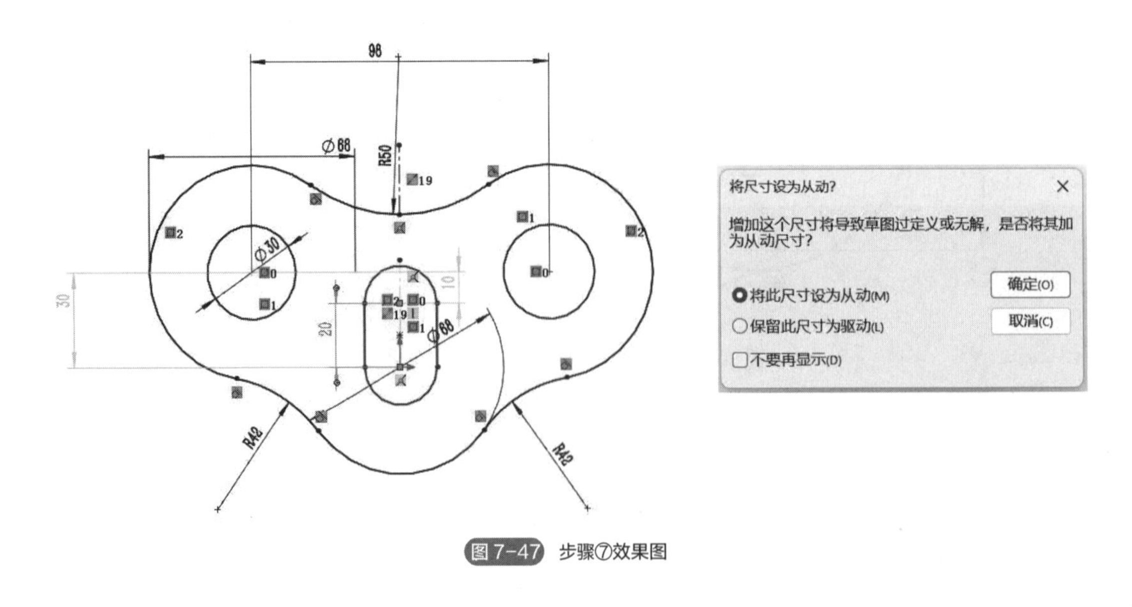

图 7-47 步骤⑦效果图

⑧ 继续标注直槽口半圆弧部分半径值为15，绘制草图的最终效果如图7-48所示。

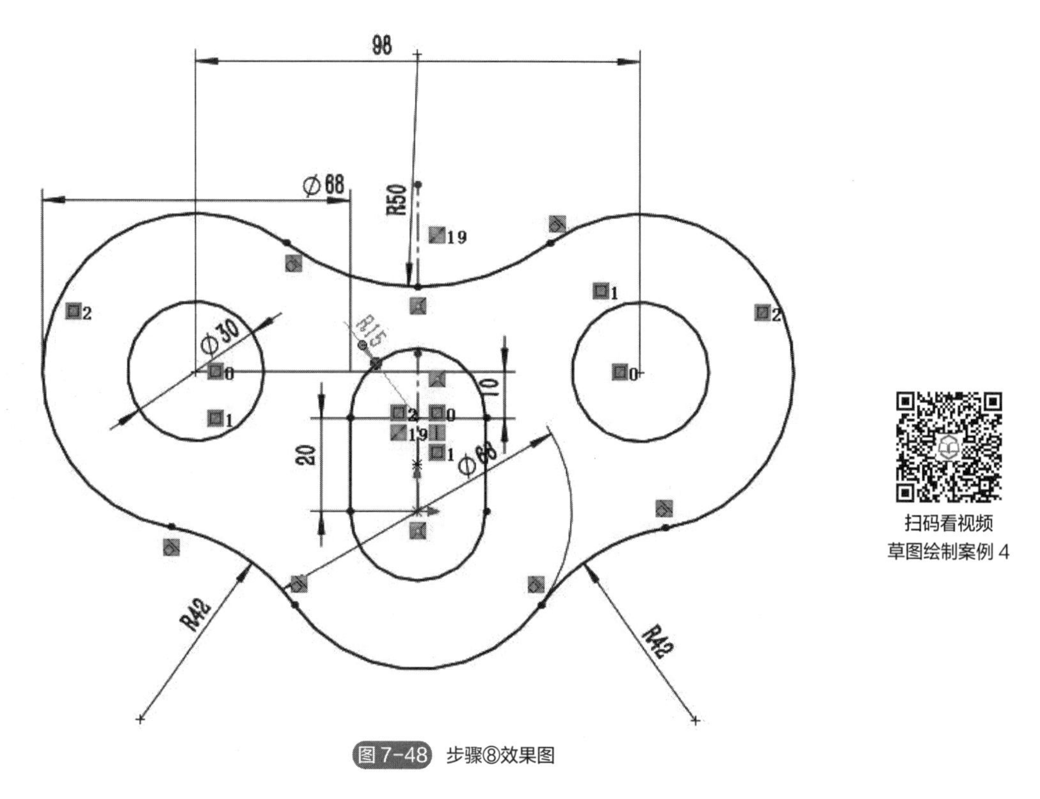

图7-48　步骤⑧效果图

扫码看视频
草图绘制案例4

可参考视频进行上机练习。

课后练习

（1）练习图形如图7-49所示。
（2）练习图形如图7-50所示。

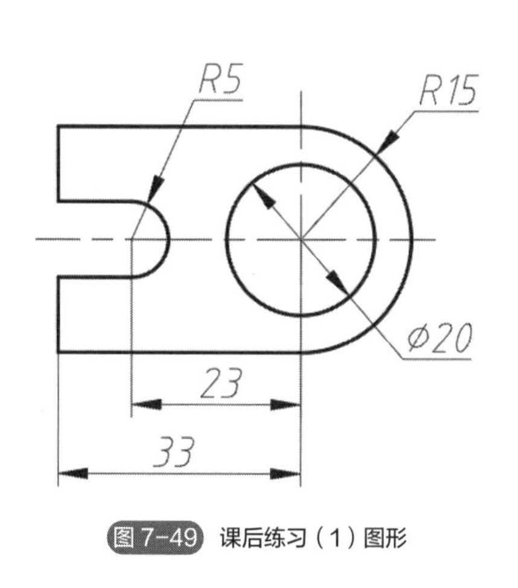

图7-49　课后练习（1）图形

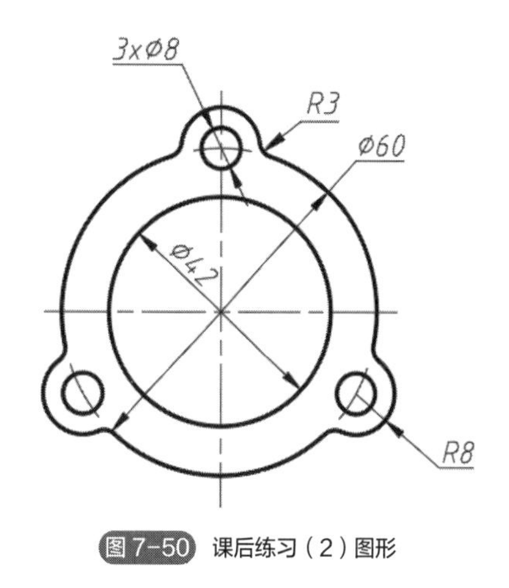

图7-50　课后练习（2）图形

（3）练习图形如图 7-51 所示。

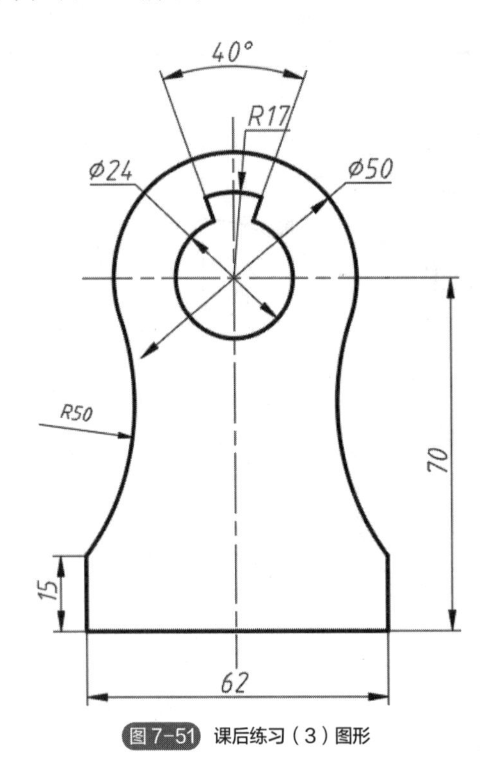

图 7-51 课后练习（3）图形

扫码看视频
课后练习 3

第 8 章

基本实体建模

本章思维导图

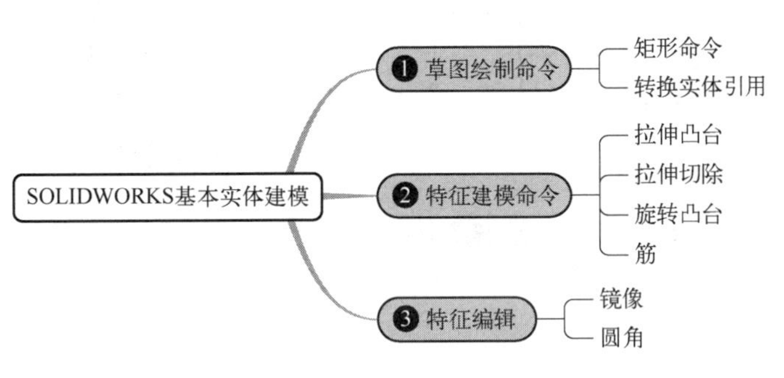

扫码获取本书配套资源

本章学习目标

（1）掌握 SOLIDWORKS 2022 特征建模的相关命令。

（2）掌握 SOLIDWORKS 2022 特征建模的基本思路，根据建模立体的特点熟练运用形体分析的方法进行分析并形成建模方法。

实体三维建模功能是 SOLIDWORKS 软件的三大功能之一。一个复杂的机械零件可看作由若干简单实体通过一定方式组合在一起形成的。每一个简单实体可以通过软件提供的特征建模命令来生成。软件提供的特征建模命令分为两大类：一类是在绘制的二维草图基础上生成实体的特征命令；另一类是对已创建的实体进行编辑的特征命令。在掌握软件提供的特征命令基础上，在进行实体建模前，要对创建实体的特征进行分析。根据设计的要求确定合适的特征建模方式，并按照特征的主次确定建模顺序。本章从具体案例出发，介绍基本实体建模的方法及相关的特征建模命令。

8.1 基本实体建模案例 1——拉伸凸台/基体和拉伸切除命令应用

本节学习目标：

① 掌握基本建模命令——拉伸凸台/基体命令、拉伸切除命令；

② 掌握实体建模的分析方法和建模方法。

完成的图形如图 8-1 所示。

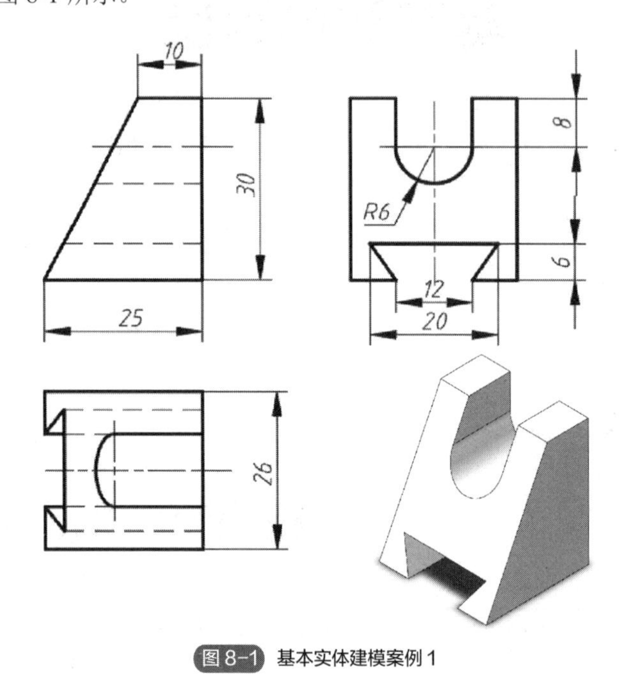

图 8-1 基本实体建模案例 1

8.1.1 知识准备

(1) 基本建模命令——拉伸凸台/基体命令

1）功能

将一个草图轮廓沿着与草图所在平面的垂直方向延伸到指定位置来形成实体。

2）命令的调用

- 特征面板｜“拉伸凸台/基体”按钮；
- 菜单｜插入｜凸台/基体｜拉伸。

3）命令的使用

“拉伸凸台/基体”命令是最基本和常用的特征建模命令。零件模型的很多基本结构都可以看作是多个拉伸实体叠加构成。在应用本命令前，首先要分析草图要绘制在哪个基准面上及草图的形状、参数及约束条件。在绘制好草图后，应用本命令在弹出的“凸台-拉伸”属性管理器（图 8-2）中输入相关参数，点击确定即可完成特征生成。

在使用“拉伸凸台/基体”命令时常用到其中的“方向”选项组，如果拉伸方向只有一个，则只需用到“方向 1”选项组。如果需要同时从一个基准面向两个方向拉伸，则也会用到“方向 2”选项组。这里着重介绍一下“方向”选项组（图 8-3）主要选项和“所选轮廓”选项的用法。

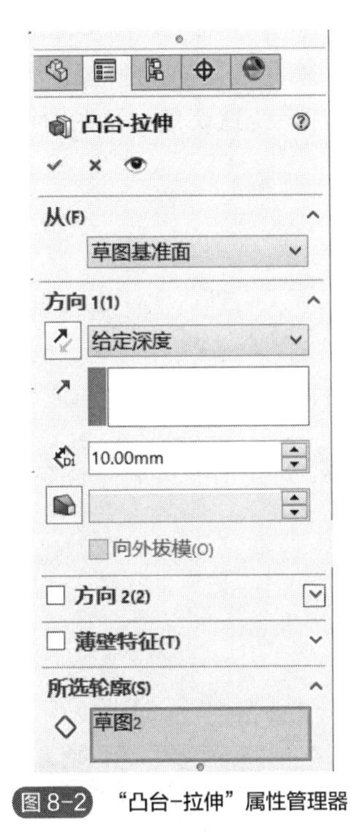

图 8-2　“凸台-拉伸”属性管理器

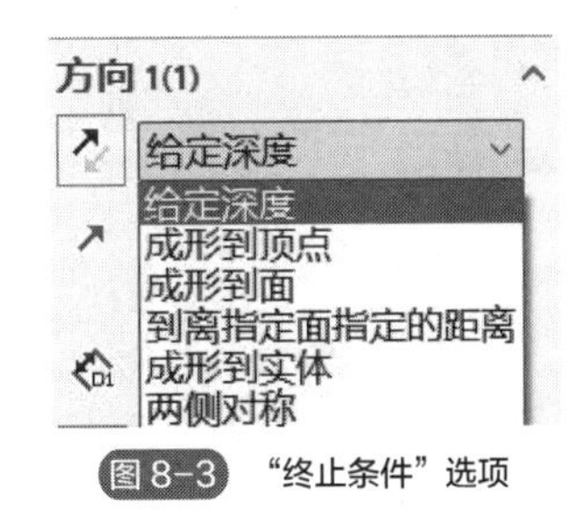

图 8-3　“终止条件”选项

① “方向”选项组

a. “终止条件”选项：如图 8-3 所示，点击“反向”按钮可将拉伸方向设定为预览方向的相反方向。

- “给定深度”选项：设置拉伸的长度。
- “成形到顶点”选项：设置拉伸到选择的顶点处。
- “成形到面”选项：设置拉伸到选择的一个面或基准面处。
- “到离指定面指定的距离”选项：设置拉伸到和选择的面具有一定距离处。
- “成形到实体”选项：设置拉伸到选择的实体处。
- “两侧对称”选项：设置拉伸按照草图所在平面的两侧对称距离生成。

b. “深度”选项：设置草图沿拉伸方向平移的距离。

② “所选轮廓”选项。当草图具有多个轮廓时，可以使用部分草图轮廓创建拉伸实体，在选择该选项后，选择所需的草图轮廓即可。

(2) 基本建模命令——拉伸切除命令

1）功能

将一个草图轮廓沿着与草图所在平面的垂直方向延伸到指定位置来切除原有实体。

2）命令的调用

- 特征面板 | “拉伸切除”按钮；
- 菜单 | 插入 | 切除 | 拉伸。

3）命令的使用

“拉伸切除”命令使用与“拉伸凸台/基体”命令基本相同，增加了“反侧切除”选项，该选项用于进行相反区域的切除操作，如图 8-4 所示。终止条件也与“拉伸凸台/基体”命令相似，如图 8-5 所示，这里不再赘述。在进行拉伸切除操作时，系统默认是由草图封闭区域进行拉伸切除。

图 8-4 “切除-拉伸”属性管理器

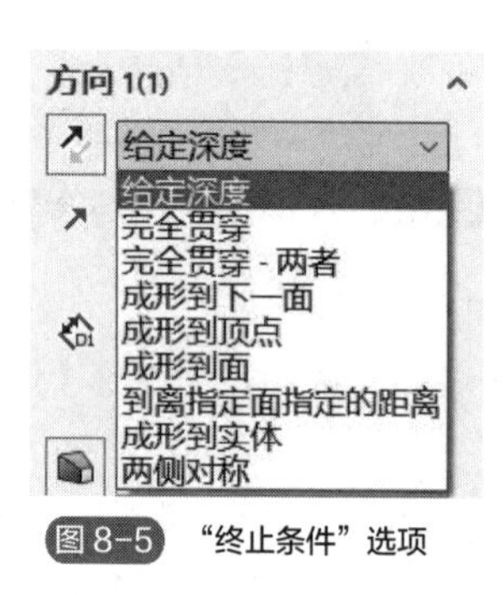

图 8-5 “终止条件”选项

8.1.2 上机练习

(1) 建模分析

图 8-1 所示模型立体可以用拉伸特征生成，先根据左视图的外形轮廓和三视图所给尺寸拉伸出立体的总体形状；再应用拉伸切除命令切除立体左上的部分。

(2) 操作步骤

① 点击“新建”按钮，选择“零件”模块。

② 选择“右视基准面”作为绘制草图平面，绘制如图 8-6 所示的草图。

③ 点击“特征”面板中的“拉伸凸台/基体”按钮，在弹出的“凸台-拉伸”属性管理器（图 8-7）中将“深度”设置为 25，点击确定即可完成特征生成，如图 8-8 所示。

④ 选择“前视基准面”作为绘制草图平面，绘制如图 8-9 所示的草图。

⑤ 点击“特征”面板中的“拉伸切除”按钮，在弹出的“切除-拉伸”属性管理器（图 8-10）中将“方向 1”设置为“完全贯穿-两者”，点击确定即可完成特征生成，如图 8-11 所示。

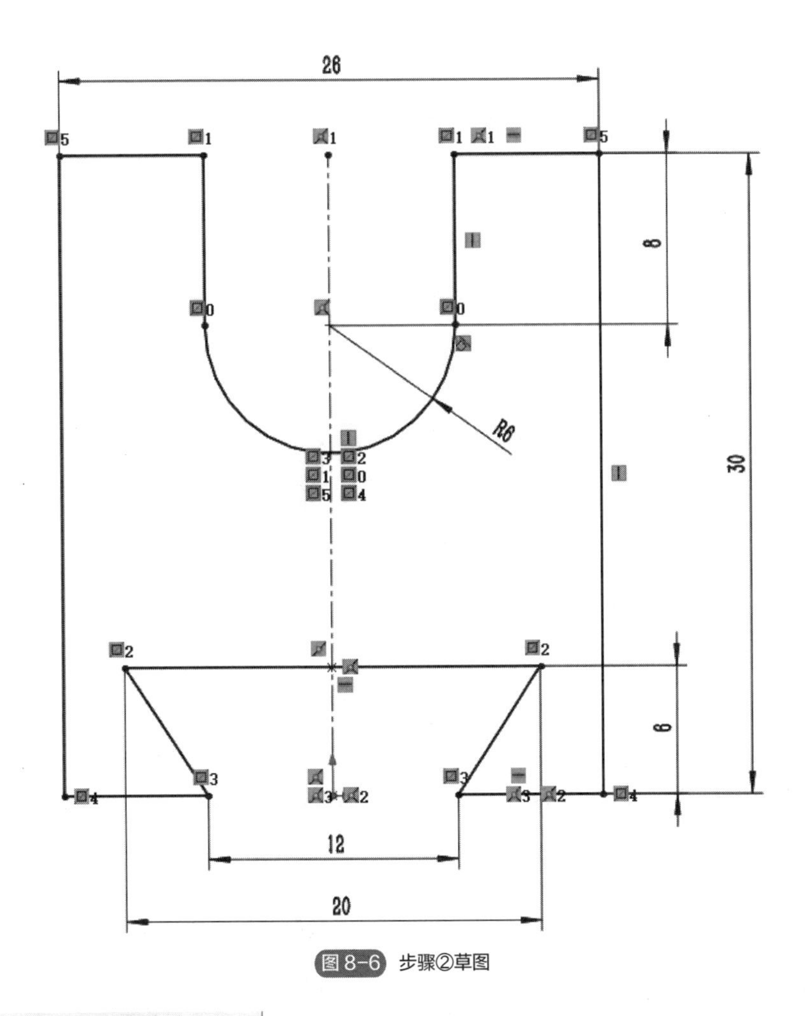

图 8-6　步骤②草图

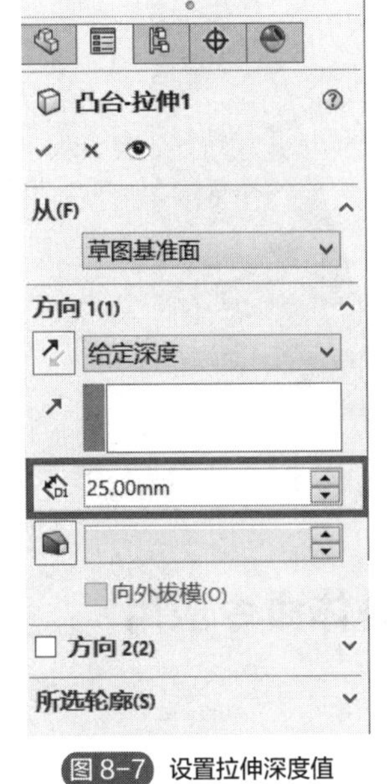

图 8-7　设置拉伸深度值

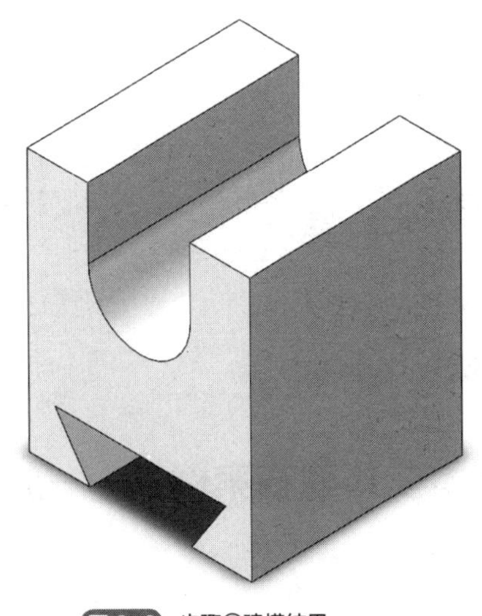

图 8-8　步骤③建模结果

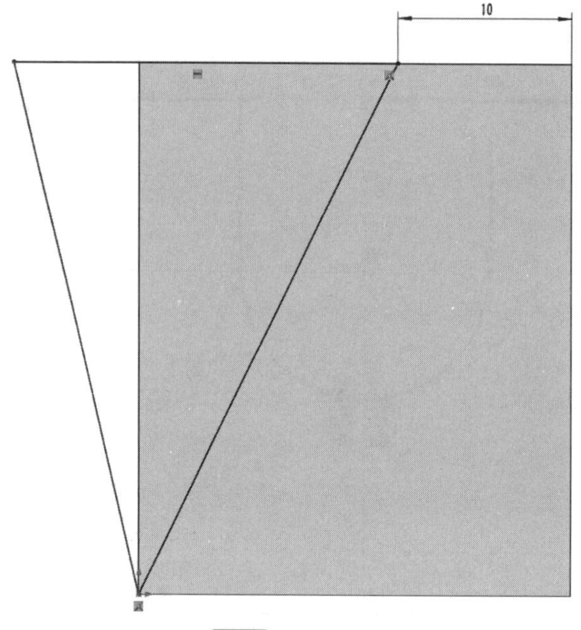

图 8-9 步骤④草图

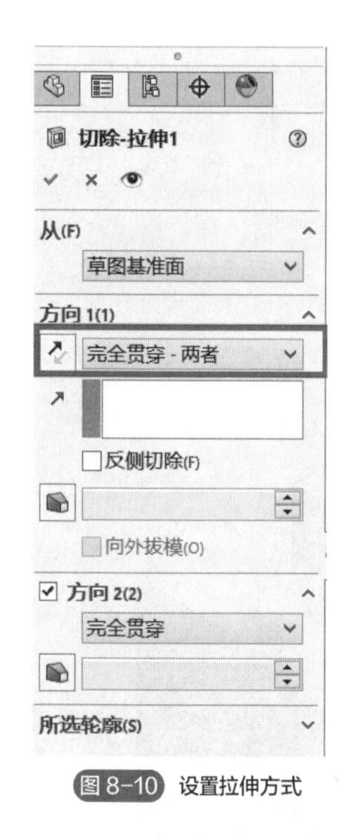

图 8-10 设置拉伸方式

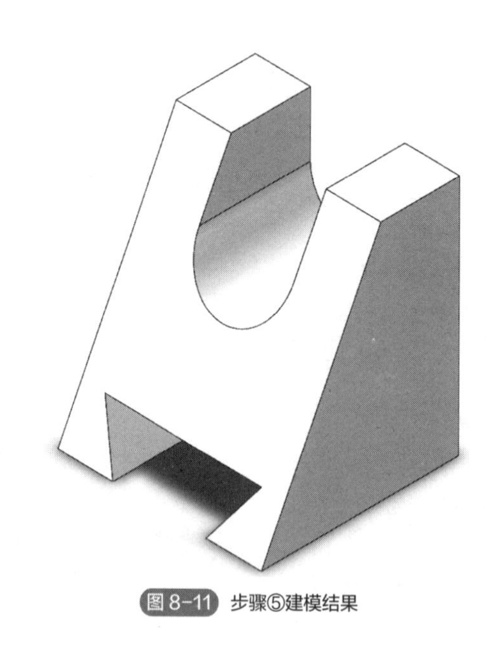

图 8-11 步骤⑤建模结果

扫码看视频
基本实体建模案例1

8.2 基本实体建模案例 2——旋转凸台/基体命令应用

本节学习目标：

① 掌握基本建模命令——旋转凸台/基体命令；

② 提高复杂草图绘制能力。

完成的图形如图 8-12 所示。

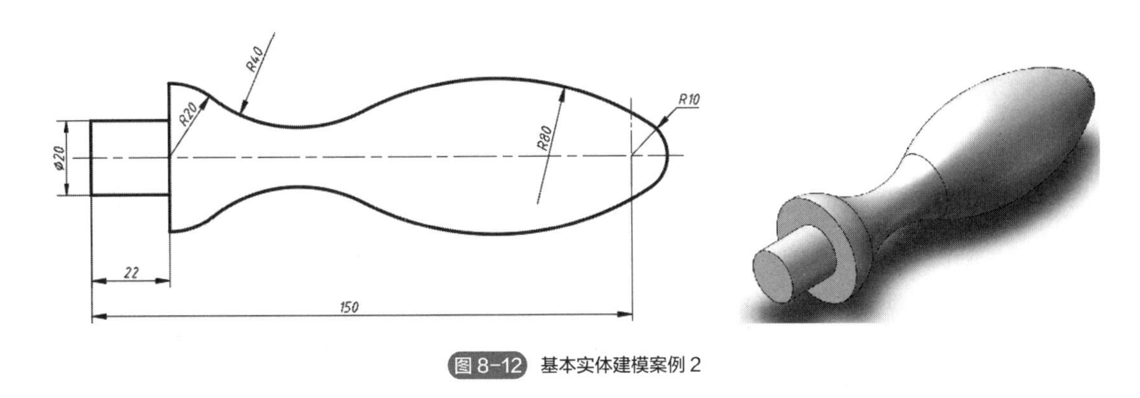

图 8-12　基本实体建模案例 2

8.2.1　知识准备

（1）基本建模命令——旋转凸台/基体命令

1）功能

将一个草图轮廓绕着一根已知轴线旋转一定角度形成实体。

2）命令的调用

- 特征面板 | “旋转凸台/基体”按钮；
- 菜单 | 插入 | 凸台/基体 | 旋转。

3）命令的使用

旋转凸台/基体命令是最基本和常用的特征建模方法。主要用于回转类实体的建模。在创建草图时要注意旋转的草图是旋转特征截面的一半，且草图轮廓是封闭的，如果绘制的草图不封闭则系统会自动封闭轮廓，即用直线连接首末两点。建议在绘制草图时用中心线绘制出一条旋转轴线，这样系统自动以该中心线完成旋转操作。从而免去指定绘制旋转轴的操作，提高绘图效率。当草图中没有中心线或有多条中心线时，可以选择草图中的某一条直线或中心线作为旋转中心线来生成实体。

（2）旋转凸台/基体命令属性管理器常用选项

现介绍一下，旋转凸台/基体命令属性管理器（图 8-13）的常用选项。

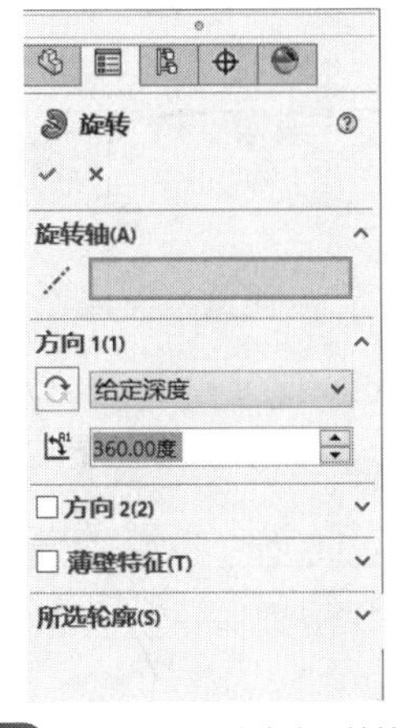

图 8-13　旋转凸台/基体命令属性管理器

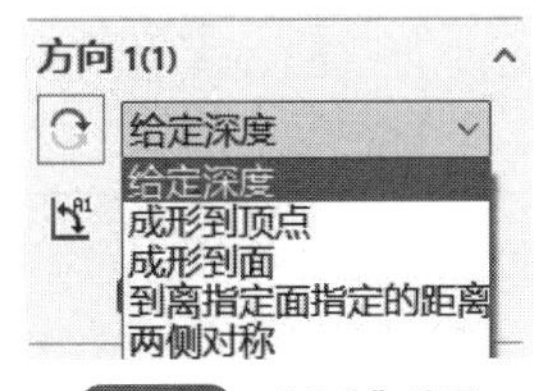

图 8-14　“方向”选项

① “旋转轴” ：设定草图所要旋转的轴线。

②“方向”选项组：包括“方向 1”和“方向 2”两个选项组，可以在两个方向上设置旋转参数。

a. “旋转方式”选项（图 8-14）。

- “给定深度”选项：设置从草图所在面开始旋转的角度，默认角度为 360°。
- “成形到顶点”选项：设置从草图所在面开始旋转到指定顶点处。
- “成形到面”选项：设置从草图所在面开始旋转到指定的曲面处。
- “到离指定面指定的距离”选项：设置从草图所在面开始旋转到与指定曲面有指定距离。
- “两侧对称”选项：设置从草图所在面两侧对称旋转的角度。

b. “旋转方向”选项 ：设置旋转起始方向，系统默认为顺时针方向。

③“薄壁特征”选项：设置旋转的壁厚，以形成中空的旋转实体。系统默认情况下生成的是实心实体。

④“所选轮廓”选项：当草图具有多个轮廓时，可以使用部分草图轮廓创建旋转实体，在选择该选项后，选择所需的草图轮廓即可。

8.2.2 上机练习

（1）建模分析

图 8-12 所示模型立体可以用旋转特征生成，先根据主视图的外形轮廓和三视图所给尺寸绘制出草图，再应用“旋转凸台/基体”命令生成实体。

（2）操作步骤

① 点击“新建”按钮，选择“零件”模块。

② 选择“上视基准面”作为绘制草图平面，绘制如图 8-15 所示的草图。

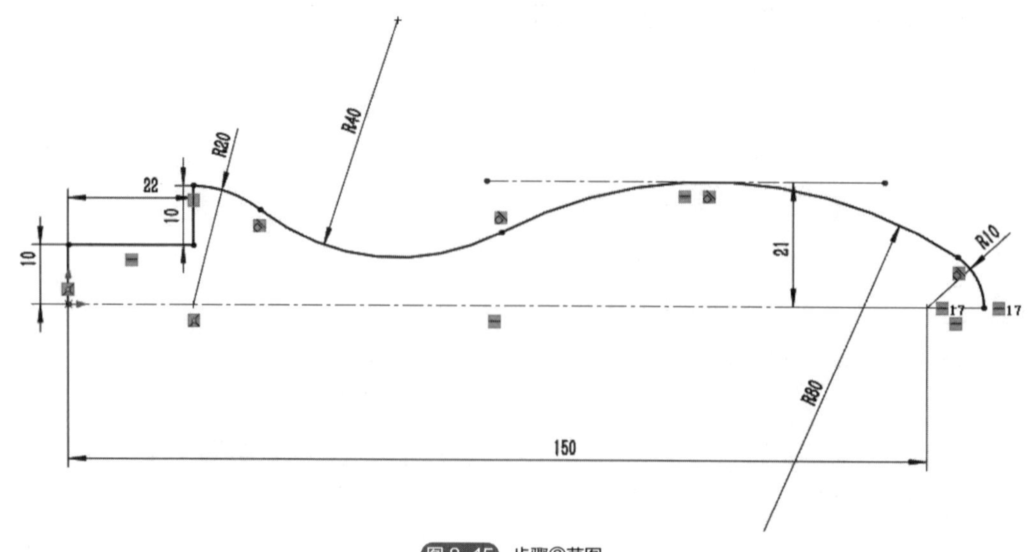

图 8-15 步骤②草图

③ 点击“特征”面板中的“旋转凸台/基体”按钮，因绘制的草图轮廓不封闭，系统会提示将轮廓封闭，如图 8-16 所示，点击“是”即可。在弹出的“旋转”属性管理器（图 8-17）中选择中心线作为旋转轴，点击确定 ✓ 即可完成特征生成，如图 8-18 所示。

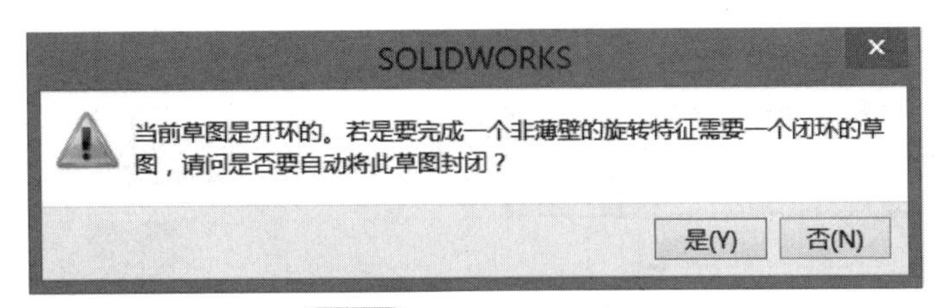

图 8-16　草图轮廓不封闭提示

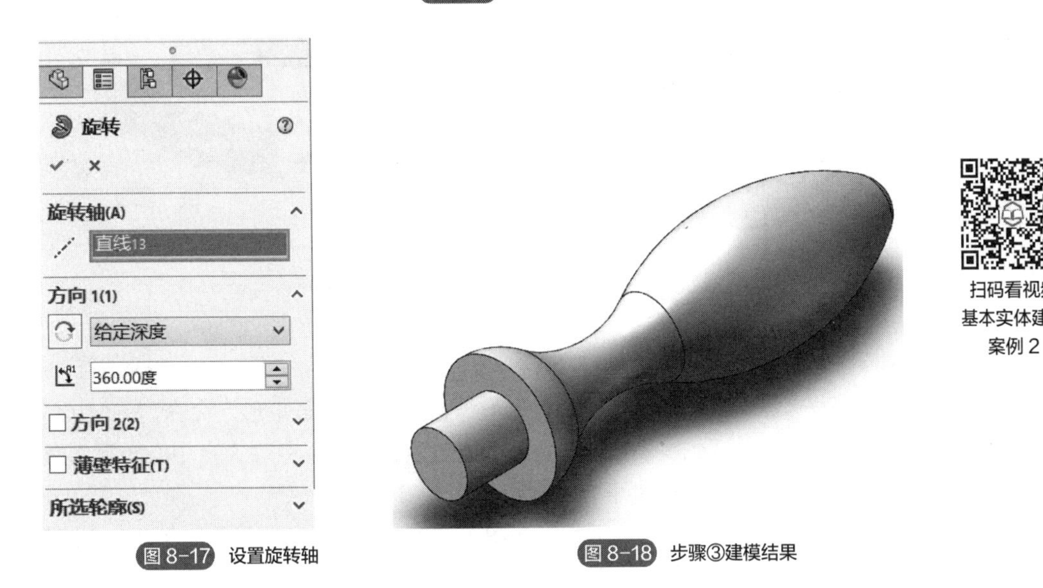

图 8-17　设置旋转轴

图 8-18　步骤③建模结果

8.3　基本实体建模案例 3——筋命令和镜像命令应用

本节学习目标：

① 掌握草图绘制命令——矩形命令；

② 掌握特征命令——筋命令；

③ 掌握特征编辑命令——镜像命令；

④ 掌握形体分析法分析实体构成的思路和建模方法。

完成的图形如图 8-19 所示。

8.3.1　知识准备

（1）草图绘制命令——矩形命令

1）功能

绘制矩形草图。软件提供了五种绘制矩形的方式，分别为边角矩形、中心矩形、3 点边角矩形、3 点中心矩形和平行四边形，如图 8-20 所示。

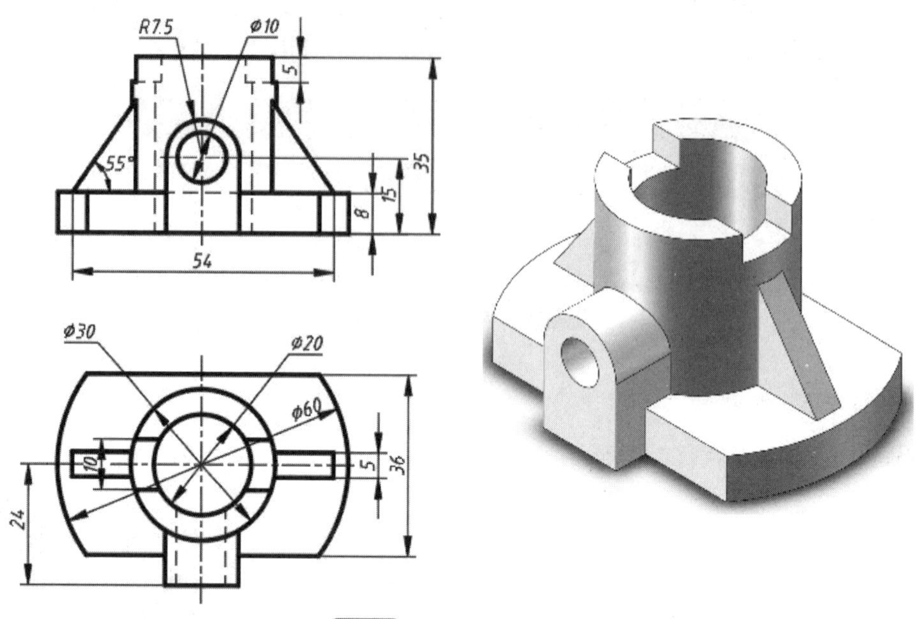

图 8-19 基本实体建模案例 3

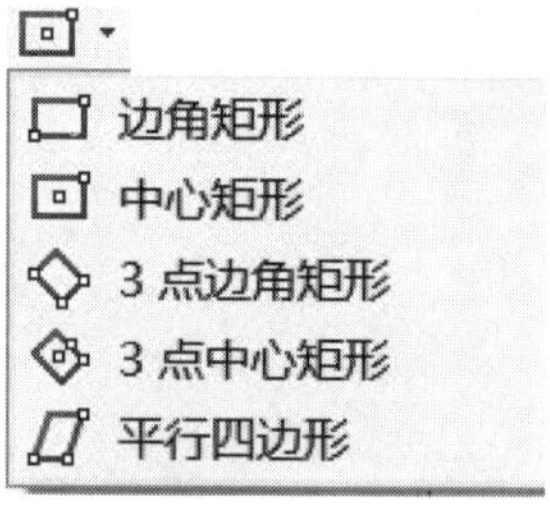

边角矩形
中心矩形
3 点边角矩形
3 点中心矩形
平行四边形

图 8-20 矩形命令类型

2）命令的调用

- 草图面板 | “矩形”按钮 | “边角矩形”命令/“中心矩形”命令/“3 点边角矩形”命令/“3 点中心矩形”命令/“平行四边形”命令；
- 菜单 | 工具 | 草图绘制实体 | “边角矩形”命令/“中心矩形”命令/“3 点边角矩形”命令/“3 点中心矩形”命令/“平行四边形”命令。

3）命令的使用

在绘制草图时，根据已知尺寸和几何条件选择适当的矩形绘制命令。

- 边角矩形：指定矩形对角两个顶点位置来绘制矩形。
- 中心矩形：指定矩形中心点并拖动鼠标绘制矩形。
- 3 点边角矩形：指定矩形三个点来绘制矩形。
- 3 点中心矩形：指定矩形的中心和两个点来绘制矩形。
- 平行四边形：指定三个点来绘制平行四边形。

（2）特征命令——筋

筋又称为肋板，是零件中起支撑和加固作用的结构，如图 8-21 所示。

1）功能

筋是一种特殊的拉伸特征，可以使用筋命令从开环或闭环的草图轮廓向已有实体的方向填充生成实体。

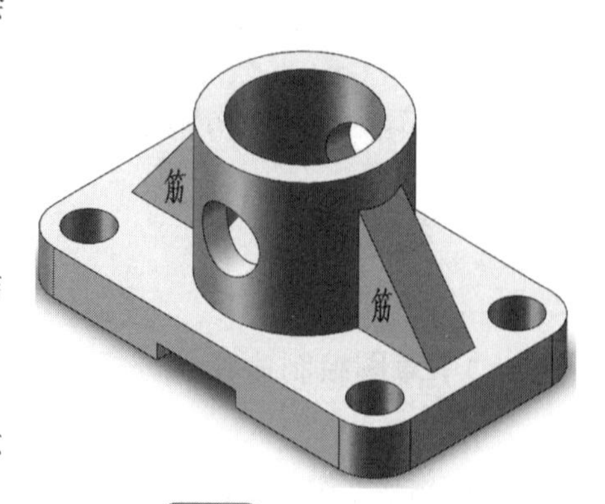

图 8-21 “筋”特征示例

2）命令的调用

- 特征面板 | “筋”按钮；
- 菜单 | 插入 | 特征 | 筋。

3）命令的使用

创建筋时，首先要选择绘制筋轮廓的基准面，在该基准面上绘制确定筋形状的草图，然后在弹出的“筋”属性管理器（图 8-22）中设置筋的厚度、位置、拉伸方向等参数。

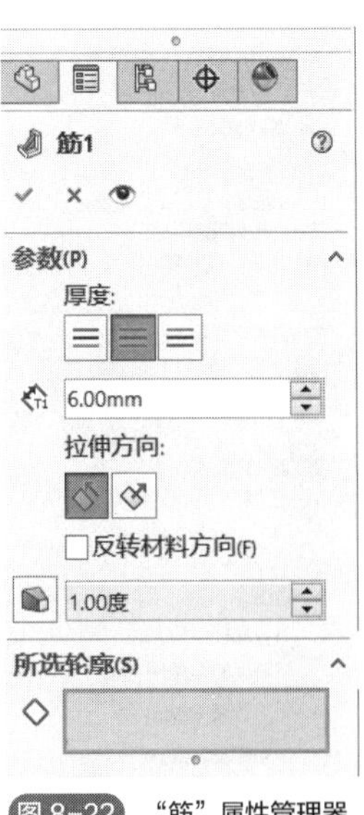

图 8-22　“筋”属性管理器

①“厚度”选项：设置生成筋厚度的方向，如图 8-23 所示。

- 第一边选项：只延伸草图轮廓到草图所在平面的一边。
- 两边选项：对称延伸草图轮廓到草图所在平面的两边。
- 第二边选项：只延伸草图轮廓到草图所在平面的另一边。

②“筋厚度”选项：设置筋的厚度值。

③“拉伸方向”选项：设置筋的拉伸方向，如图 8-24 所示。

- 平行于草图：平行于草图生成筋拉伸。
- 垂直于草图：垂直于草图生成筋拉伸。

④“反转材料方向”选项：改变向实体拉伸的方向。

（a）第一边选项　（b）两边选项　（c）第二边选项

图 8-23　“厚度”选项示意图

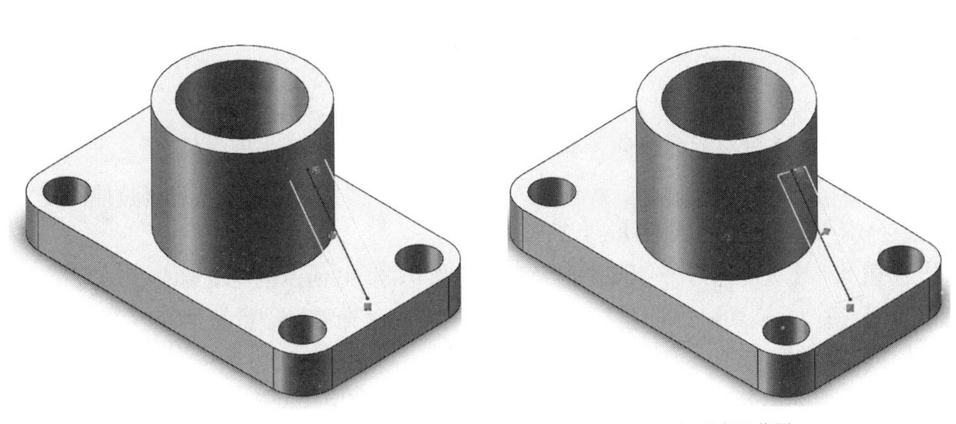

（a）平行于草图　（b）垂直于草图

图 8-24　“拉伸方向”选项示意图

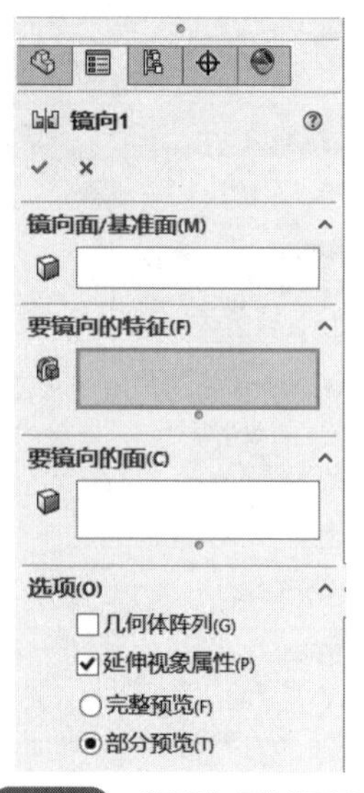

图 8-25 “镜像”属性管理器

（3）特征编辑命令——镜像命令

1）功能

以基准面为对称面在另一侧镜像复制生成实体。

2）命令的调用

- 特征面板 | “镜像”按钮；
- 菜单 | 插入 | 阵列/镜像 | 镜像。

3）命令的使用

镜像命令一般用于生成实体上的对称结构。在点击“镜像”命令后，在弹出的“镜像”属性管理器（图 8-25）中设置相关参数，这里介绍一下常用选项。

①“镜像面/基准面”选项：设置一个面或基准面作为镜像对称面。

②“要镜像的特征”选项：设置要镜像的特征。

③“要镜像的面”选项：设置要镜像的面。

8.3.2 上机练习

（1）建模分析

图 8-19 所示模型立体可以看作由图 8-26 所示的四部分构成。第一部分底板部分可由拉伸特征命令生成；第二部分圆柱部分可由拉伸凸台/基体和拉伸切除特征命令生成；第三部分可由拉伸凸台/基体和拉伸切除特征命令生成；第四部分肋板部分可由筋特征命令生成一侧肋板再由镜像特征编辑命令生成另外一侧肋板。

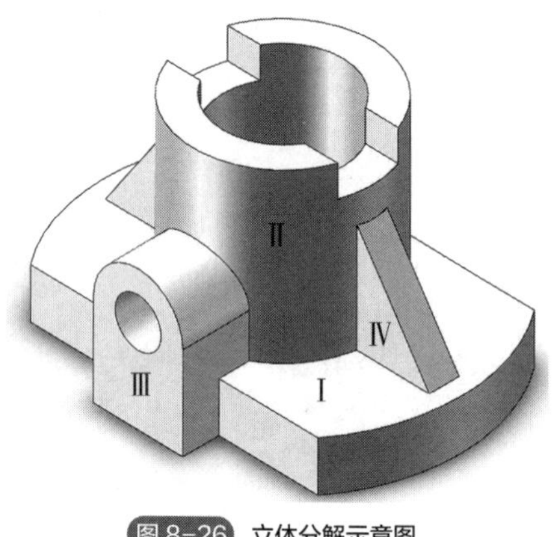

图 8-26 立体分解示意图

（2）操作步骤

① 点击“新建”按钮，选择“零件”模块。

② 选择“上视基准面”，使用“圆”命令、“直线”命令、“镜像”命令、“剪裁”命令绘制如图 8-27 所示的第Ⅰ部分立体草图，并标注尺寸和给出合适的几何约束。

③ 在步骤②绘制草图的基础上，应用“拉伸凸台/基体”特征命令，设置拉伸深度为 8，生成第Ⅰ部分实体，如图 8-28 和图 8-29 所示。

④ 选择“上视基准面”，使用“圆”命令绘制如图 8-30 所示的第Ⅱ部分立体草图，并标注尺寸和给出合适的几何约束。应用“拉伸凸台/基体”特征命令，设置拉伸深度为 35，生成第Ⅱ部分实体，如图 8-31 所示。

⑤ 选择生成的第Ⅱ部分立体上表面为草图基准面，使用“圆”命令绘制如图 8-32 所示的草图，并标注尺寸和给出合适的几何约束。应用“拉伸切除”特征命令，设置拉伸深度为完全贯穿，生成第Ⅲ部分实体，如图 8-33 和图 8-34 所示。

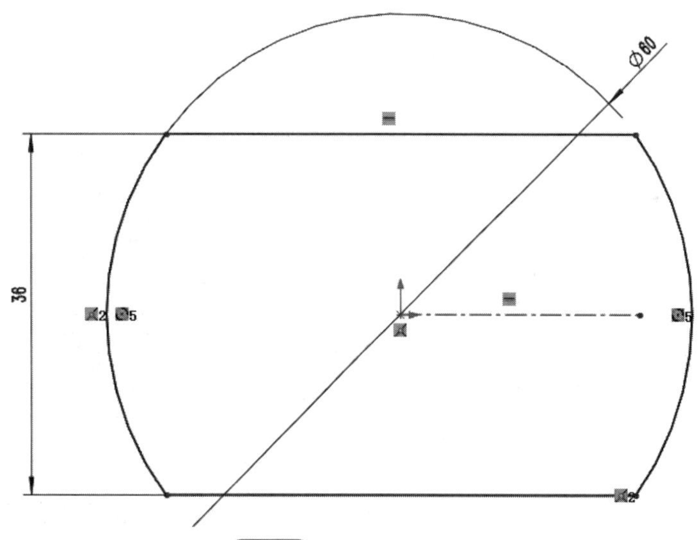

图 8-27　绘制步骤②草图

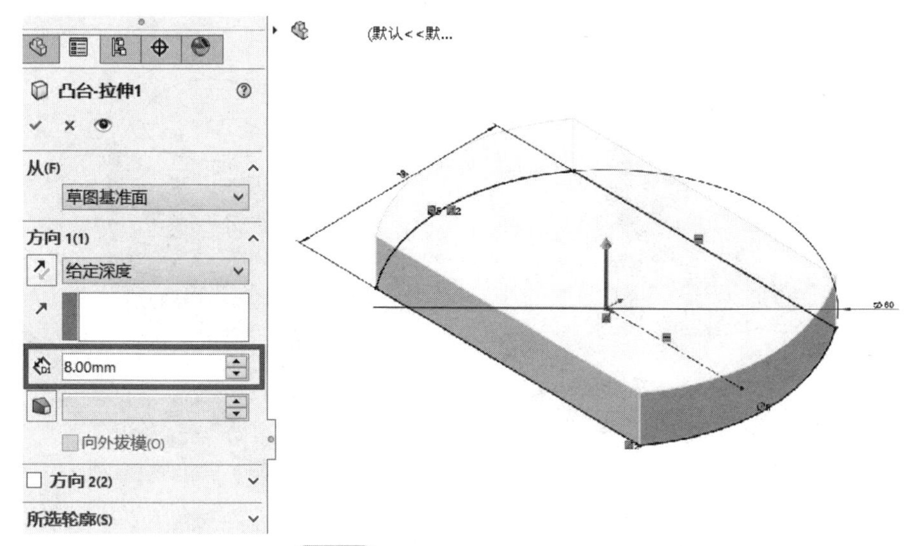

图 8-28　设置拉伸凸/基体台相关参数 1

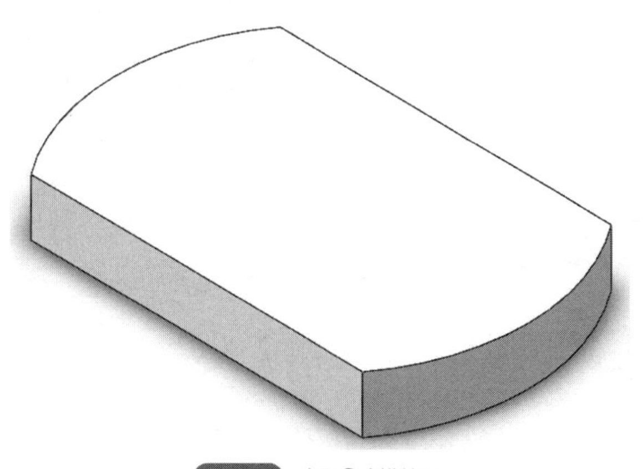

图 8-29　步骤③建模结果

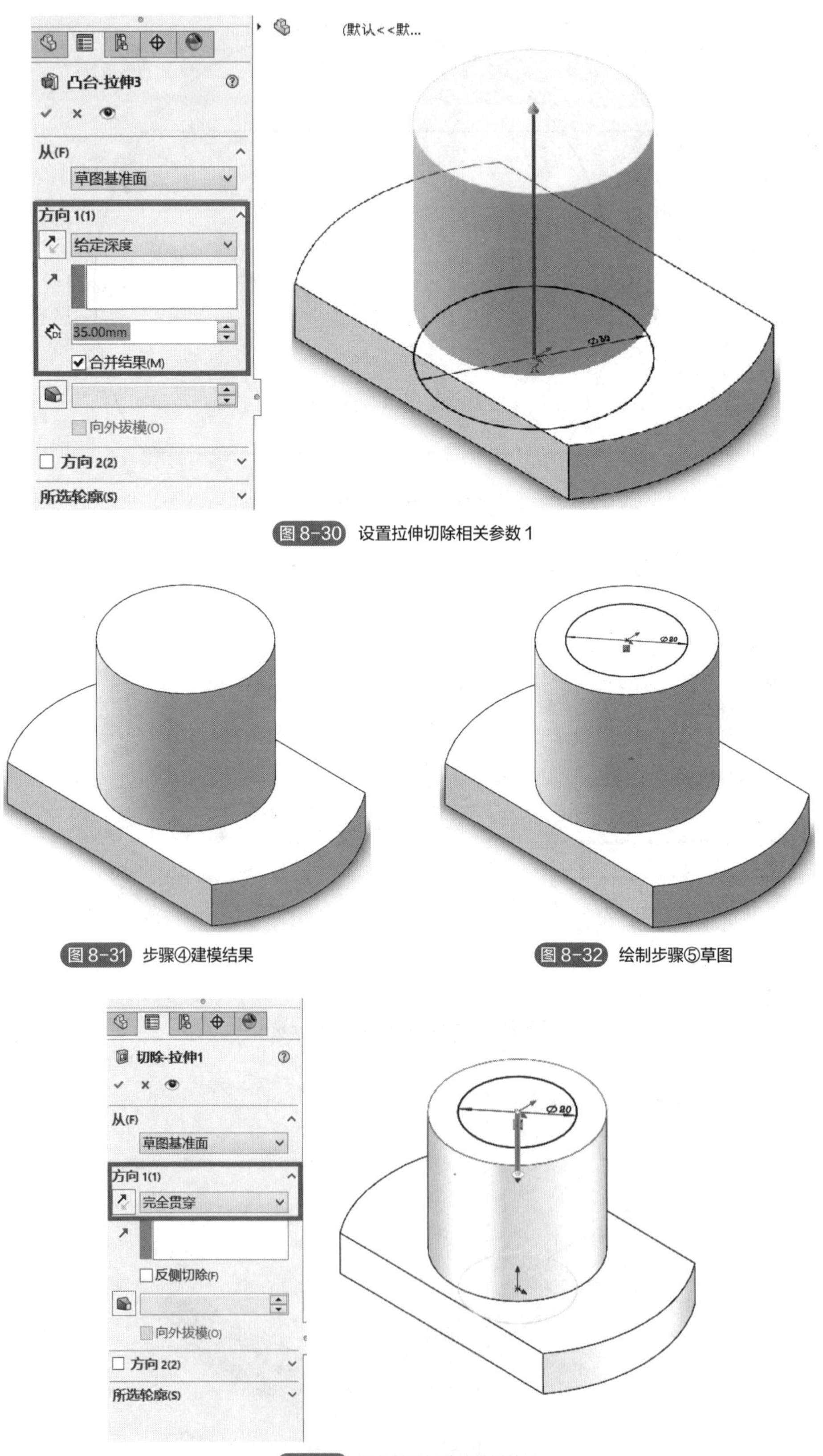

图 8-30 设置拉伸切除相关参数 1

图 8-31 步骤④建模结果

图 8-32 绘制步骤⑤草图

图 8-33 设置拉伸切除相关参数 2

⑥ 选择“右视基准面”，使用“矩形”命令绘制如图 8-35 所示的第Ⅱ部分切除方形孔草图，并标注尺寸和给出合适的几何约束。应用“拉伸切除”特征命令，设置方向选项为“完全贯穿-两者”实现以草图所在面为基准向两个方向的拉伸切除，生成第Ⅱ部分方形孔部分实体，如图 8-36 和图 8-37 所示。

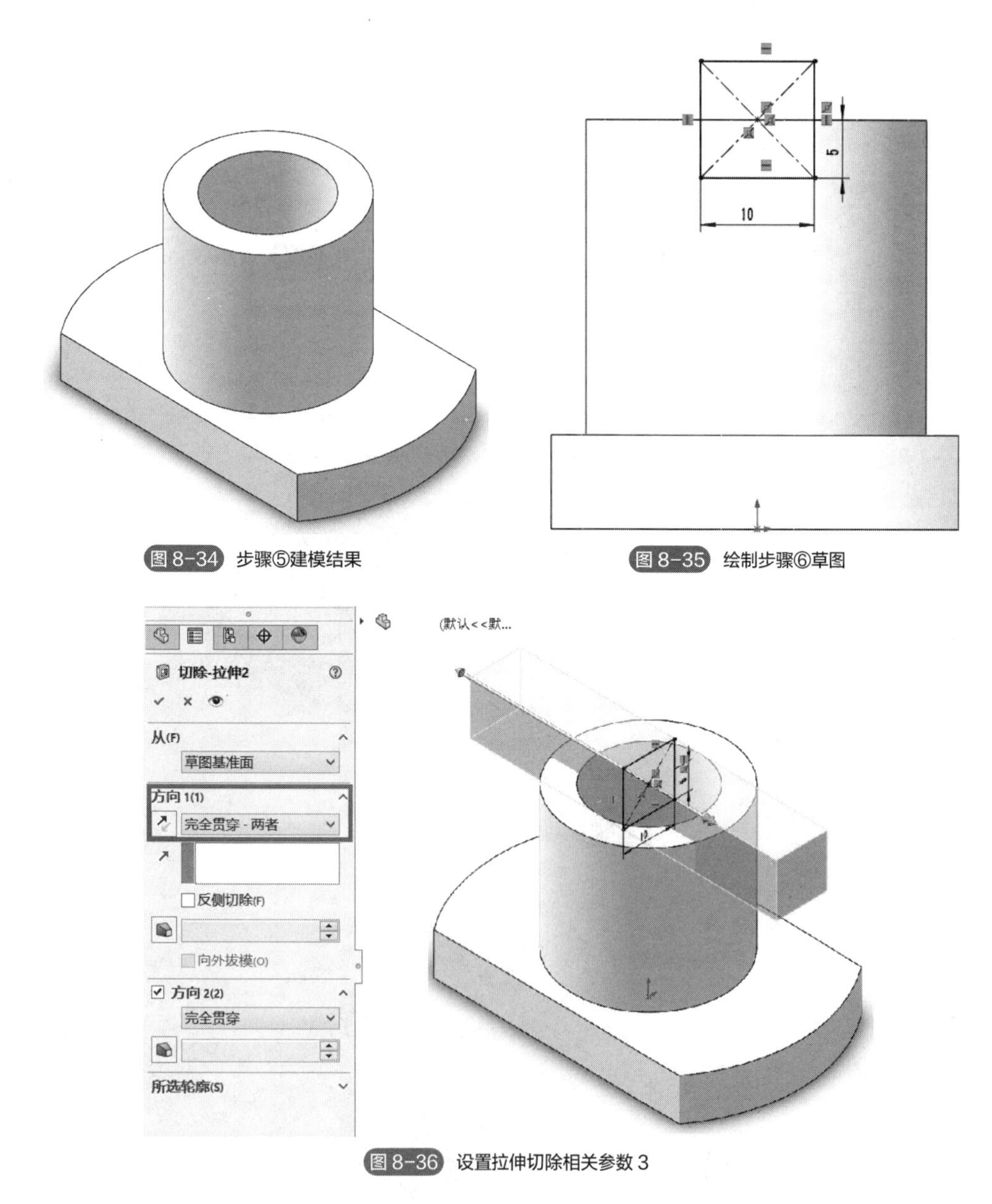

图 8-34　步骤⑤建模结果

图 8-35　绘制步骤⑥草图

图 8-36　设置拉伸切除相关参数 3

⑦ 选择“前视基准面”，点击特征面板｜参考几何体｜基准面命令，如图 8-38 所示。在弹出的“基准面”属性管理器中设置相对前视基准面的偏移距离为 24，建立如图 8-39 所示的辅助基准面。

⑧ 选择步骤⑦创建的基准面 1，在该面上绘制如图 8-40 所示的草图，并标注尺寸和给出合适的几何约束。应用“拉伸凸台/基体”特征命令，设置方向选项为“成形到一面”，选择圆柱的外表面作为拉伸的截止面，生成第Ⅲ部分实体，如图 8-41 和图 8-42 所示。

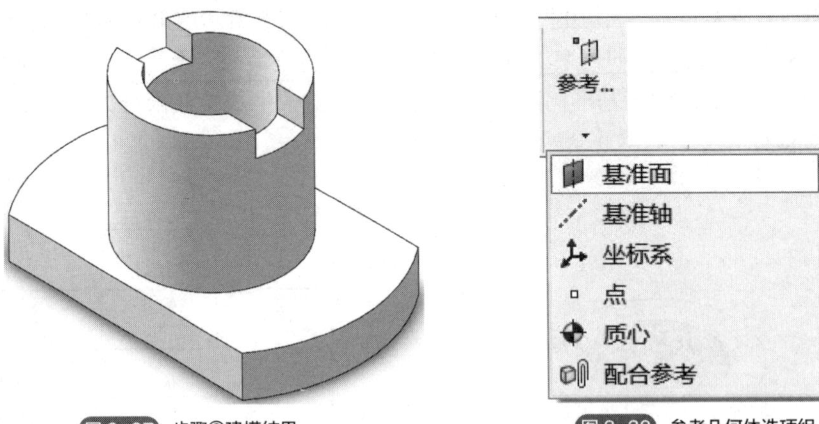

图 8-37 步骤⑥建模结果

图 8-38 参考几何体选项组

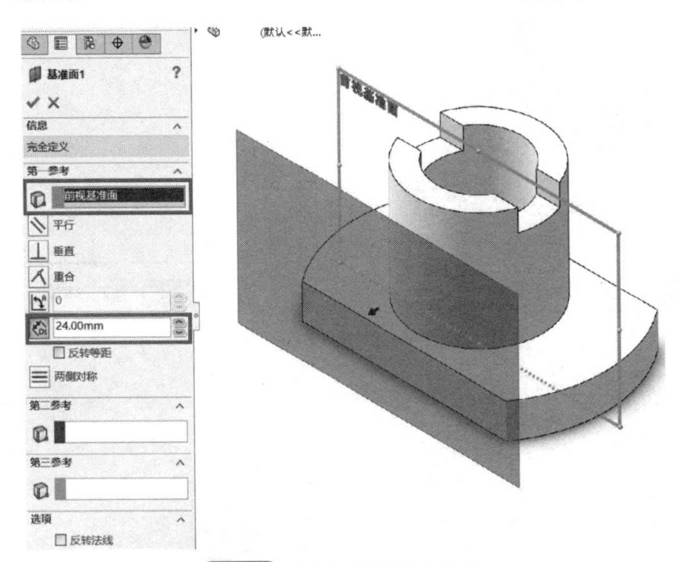

图 8-39 设置辅助基准面相关参数

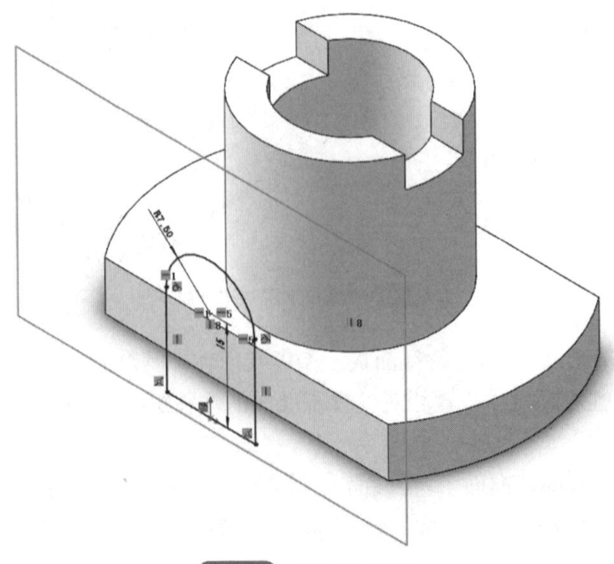

图 8-40 绘制步骤⑧草图

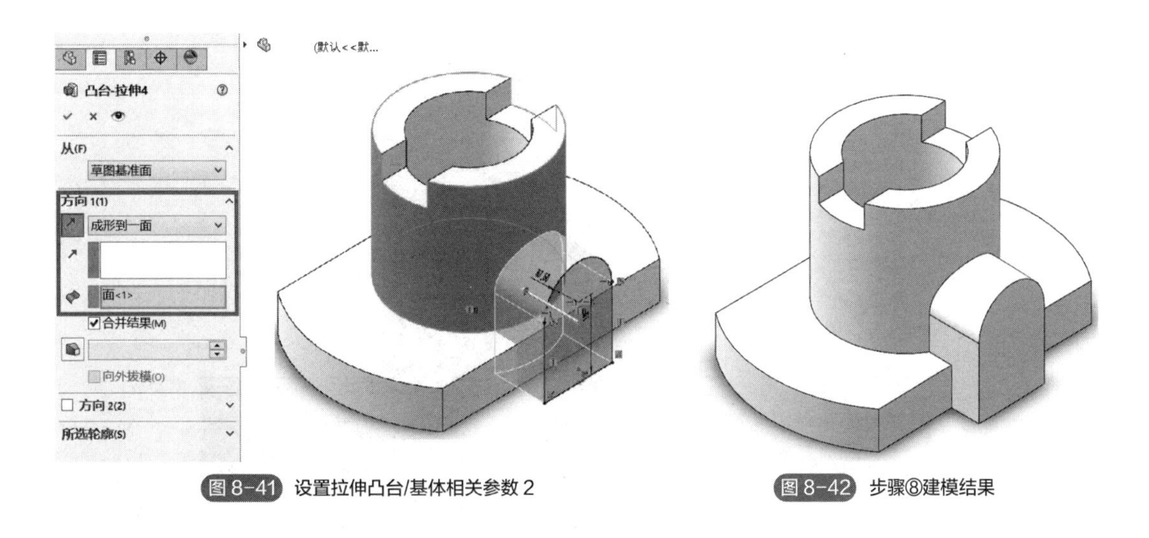

图 8-41　设置拉伸凸台/基体相关参数 2

图 8-42　步骤⑧建模结果

⑨ 选择步骤⑧创建的立体最前面作为草图绘制基准面，在该平面上绘制如图 8-43 的圆，并标注尺寸，给出合适的几何约束。应用“拉伸切除”特征命令，设置拉伸深度为“成形到一面”，生成第Ⅲ部分的圆柱孔，如图 8-43 和图 8-44 所示。

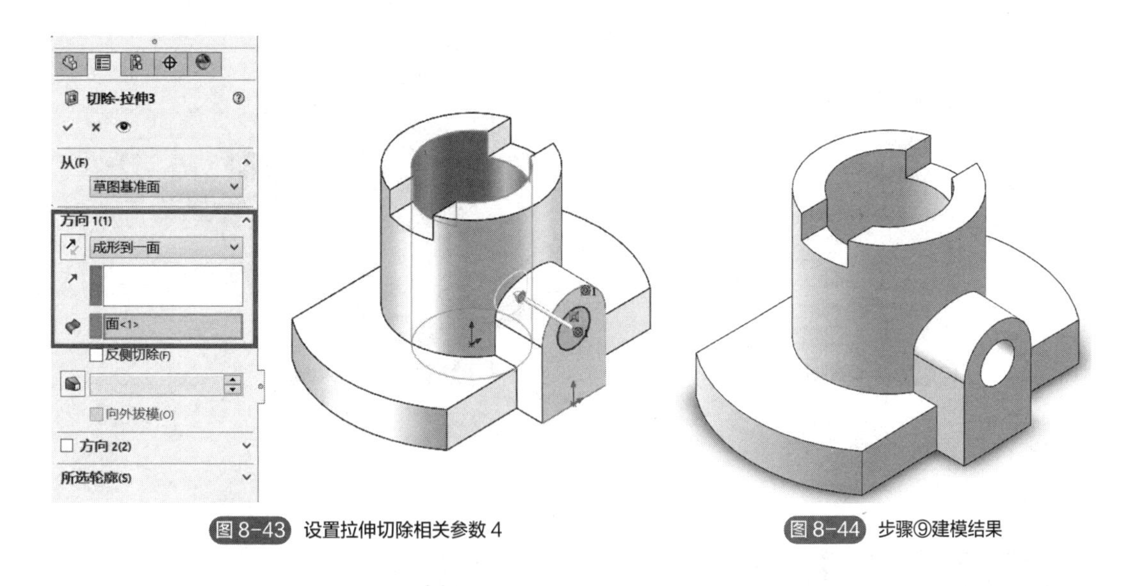

图 8-43　设置拉伸切除相关参数 4

图 8-44　步骤⑨建模结果

⑩ 选择“前视基准面”，在该平面上用“直线”命令绘制第Ⅳ部分实体——肋板的草图，如图 8-45 所示。应用特征命令“筋”，在弹出的“筋”属性管理器中设置筋的厚度为 5，生成左侧的肋板结构，如图 8-46 和图 8-47 所示。

⑪ 在绘图区选择步骤⑩生成的肋板结构，按住 Ctrl 键选择设计树中的右视基准面。松开 Ctrl 键，选择特征面板中的“镜像”命令，在弹出的“镜像”属性管理器中出现如图 8-48 所示的选项。点击“确定”即可镜像生成右侧的肋板结构，如图 8-49 所示。

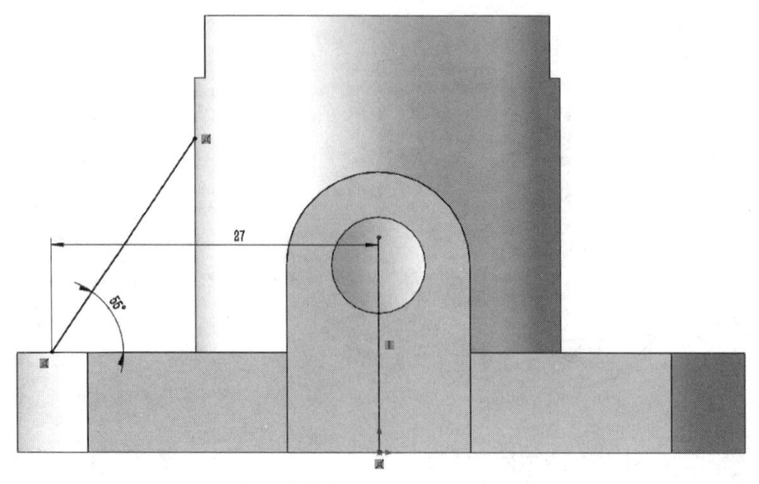

图 8-45 绘制肋板草图

图 8-46 设置肋板的参数

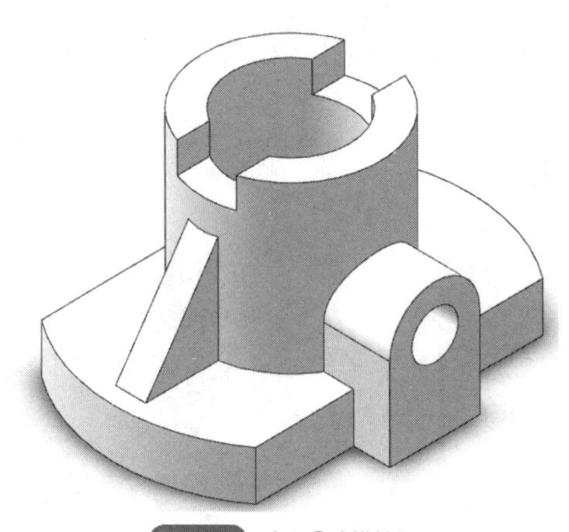

图 8-47 步骤⑩建模结果

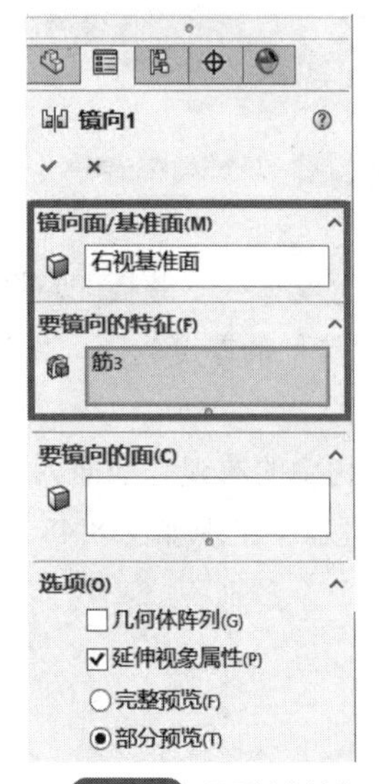

图 8-48 设置镜像基准面和镜像的特征

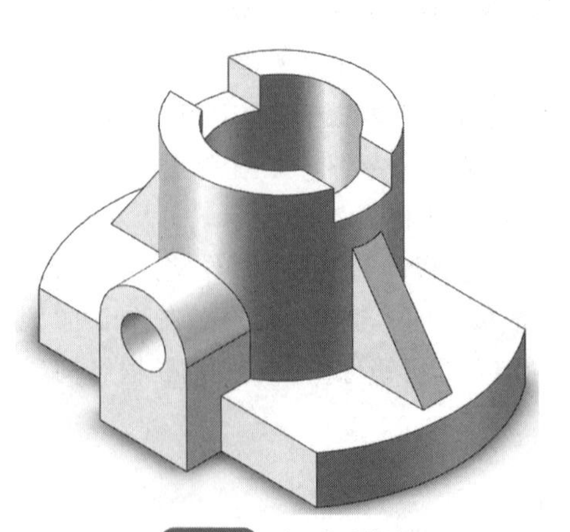

图 8-49 步骤⑪建模结果

扫码看视频
基本实体建模
案例 3

8.4 基本实体建模案例 4——转换实体引用和圆角命令应用

本节学习目标：

① 掌握草图绘制命令——转换实体引用；

② 掌握特征编辑命令——圆角命令；

③ 熟练使用形体分析法分析实体构成。

完成的图形如图 8-50 所示。

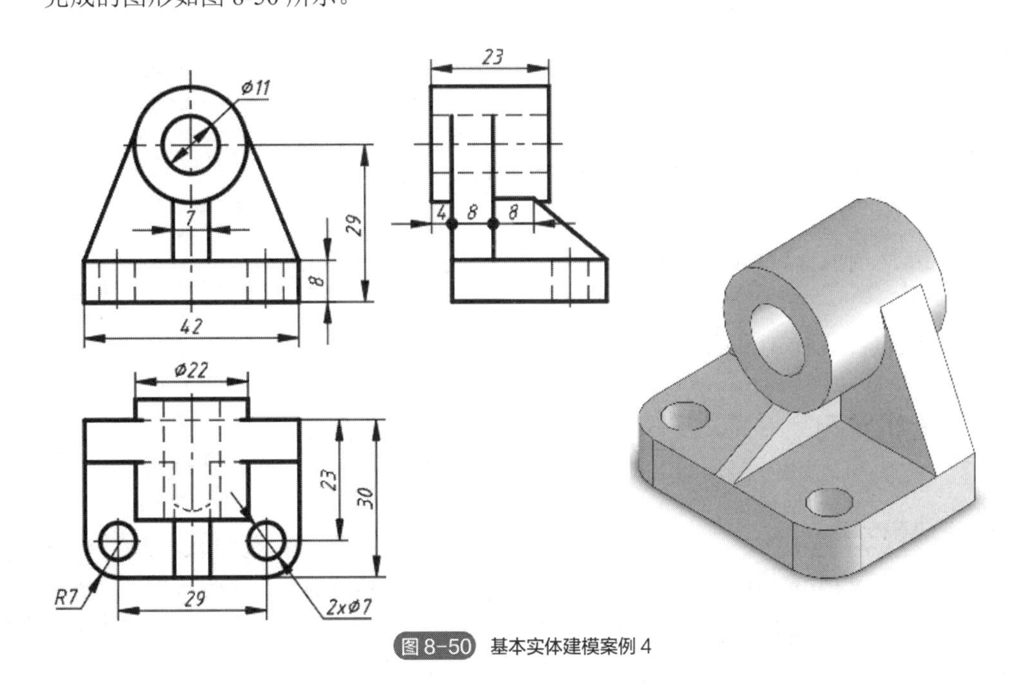

图 8-50　基本实体建模案例 4

8.4.1 知识准备

(1) 草图绘制命令——转换实体引用

1）功能

将已有实体边线或草图投射到当前草图基准面上，进而生成新的草图。

2）命令的调用

- 草图面板 | 转换实体引用；
- 菜单 | 工具 | 草图工具 | “转换实体引用”命令。

3）命令的使用

首先选择绘制草图的基准面，然后选择需要引用的边界，运用“转换实体引用”命令，则实体边界就会投影到草图平面上，成为新绘制草图的一部分。

(2) 特征编辑命令——圆角

1）功能

生成对已有实体相邻两面均相切的圆角，以实现两面间的光滑过渡。

2）命令的调用

- 特征面板丨圆角；
- 菜单丨插入丨特征丨圆角。

3）命令的使用

利用圆角特征可以在实体上生成内圆角面或外圆角面。可以在边线、面上生成圆角。在使用该命令后，会弹出“圆角”属性管理器，如图 8-51 所示。现介绍一下其中的常用选项。

软件提供了生成等半径圆角、变半径圆角、面圆角和完整圆角等几种。其中，等半径圆角是最常用的方式。等半径圆角特征是对所选边线用相同的圆角半径构建圆角结构。现对其属性管理器中常见选项进行介绍：

- “边线、面、特征和环”选项：设置要进行圆角处理的边线等；
- “半径”选项：设置圆角半径值。

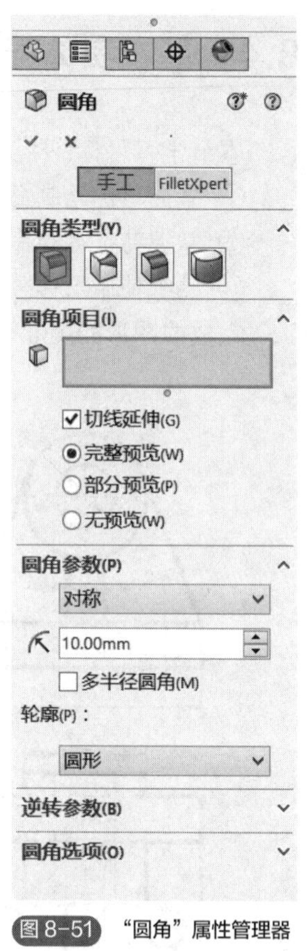

图 8-51 “圆角”属性管理器

8.4.2 上机练习

(1) 建模分析

图 8-50 所示模型立体可以看作由图 8-52 所示的四部分构成。第一部分底板部分可由拉伸和圆角特征命令生成；第二部分套筒部分可由拉伸凸台/基体命令生成；第三部分支承板可由拉伸凸台/基体命令生成；第四部分肋板部分可由筋特征命令生成。

(2) 操作步骤

① 生成底板（第Ⅰ部分）。如图 8-53 所示在上视基准面绘制底板草图，应用“拉伸凸台/基体”命令设置拉伸深度值为 8，生成底板基本形状。应用“圆角”命令，设置圆角半径为 7，生成底板前面两个圆角。生成的底板如图 8-54 所示。

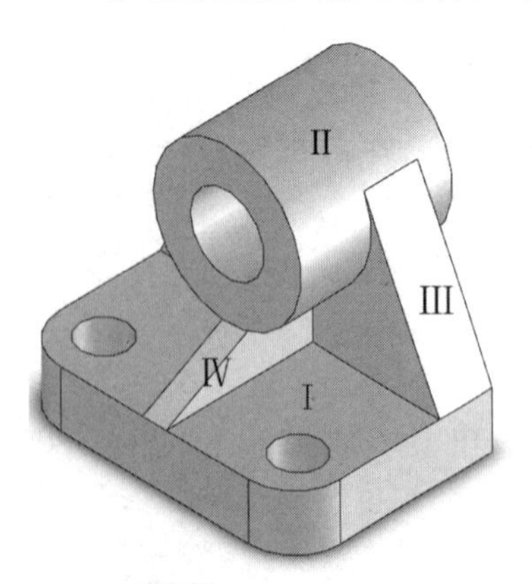

图 8-52 立体分解示意图

② 生成套筒（第Ⅱ部分）。

a. 建立辅助基准面。点击底板的后表面，然后选择特征面板丨参考几何体丨基准面命令，打开“基准面”属性管理器。在管理器中设置距离底板后表面的距离为 4mm，建立基准面，如图 8-55 所示。

b. 在建立的基准面上绘制套筒草图（图 8-56），并标注尺寸和设置适当的几何约束。应用“拉伸凸台/基体”命令设置拉伸深度值为 23，生成套筒，如图 8-57 所示。

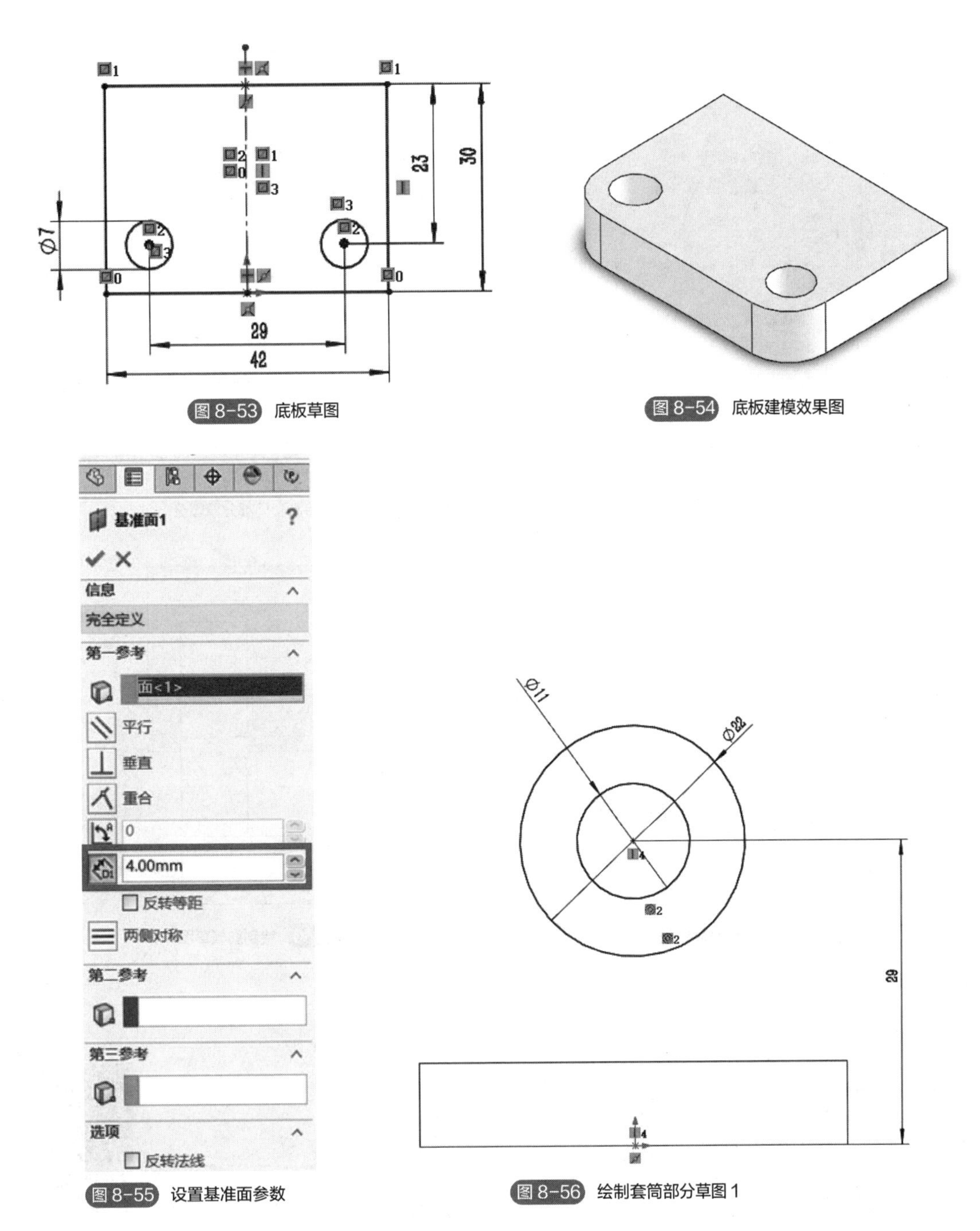

图 8-53 底板草图

图 8-54 底板建模效果图

图 8-55 设置基准面参数

图 8-56 绘制套筒部分草图 1

③ 生成支承板（第Ⅲ部分）。点击底板的后面，应用“转换实体引用”命令在绘制草图基准面上获得套筒外表面的轮廓，应用“直线”命令绘制两个切线（定义相切几何关系）和其他轮廓线，构成封闭轮廓线，如图 8-58 所示。应用“拉伸凸台/基体”命令完成支承板的建模，如图 8-59 所示。

④ 生成肋板（第Ⅳ部分）。选择在“右视基准面”上绘制肋板的草图（图 8-60），并根据三视图建立肋板与底板以及套筒之间的尺寸约束。使用特征面板上的筋命令生成肋板，如图 8-61 和图 8-62 所示。

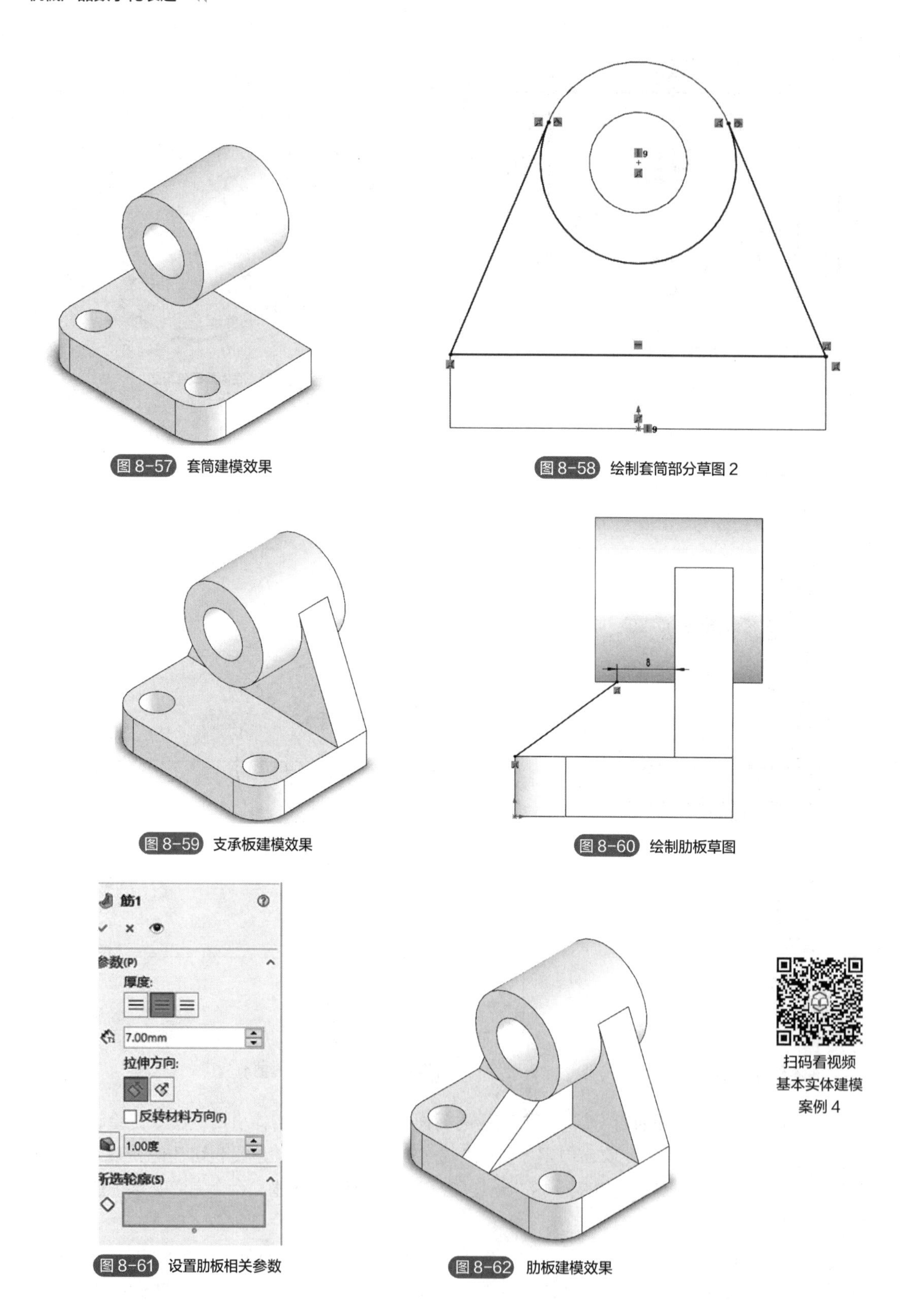

图 8-57 套筒建模效果

图 8-58 绘制套筒部分草图 2

图 8-59 支承板建模效果

图 8-60 绘制肋板草图

图 8-61 设置肋板相关参数

图 8-62 肋板建模效果

课后练习

（1）练习图形如图 8-63 所示。

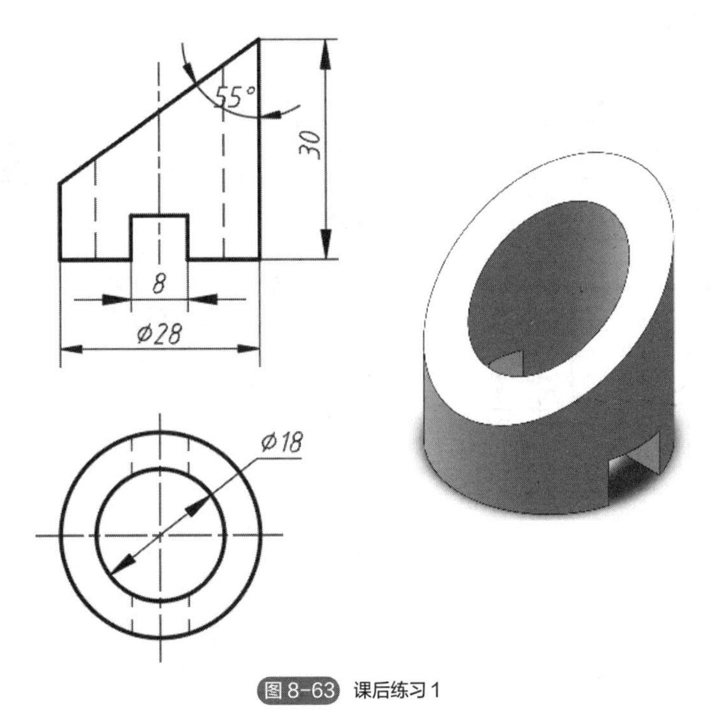

扫码看视频
课后练习 1

图 8-63　课后练习 1

（2）练习图形如图 8-64 所示。

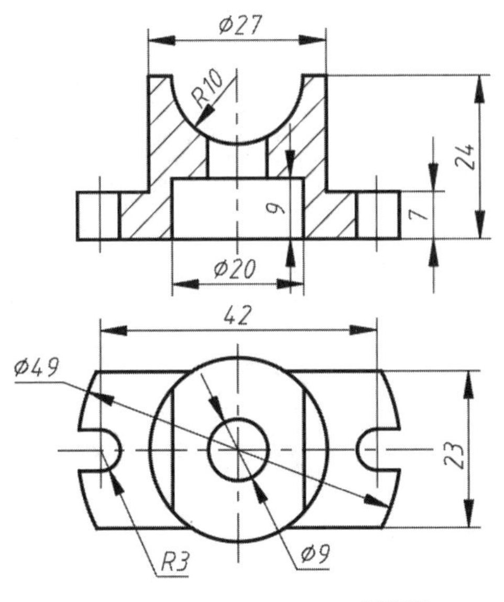

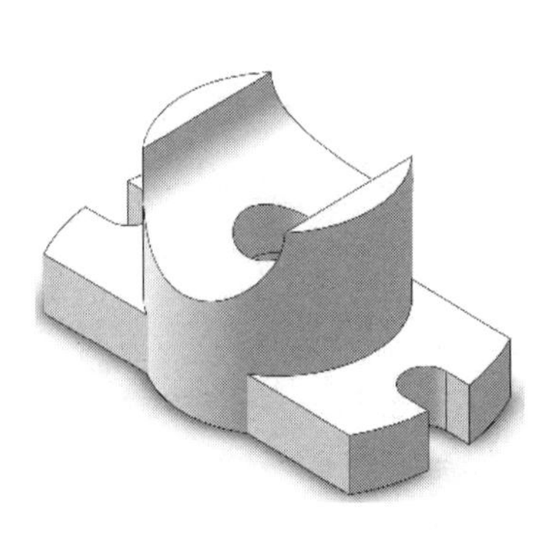

扫码看视频
课后练习 2

图 8-64　课后练习 2

（3）练习图形如图 8-65 所示。

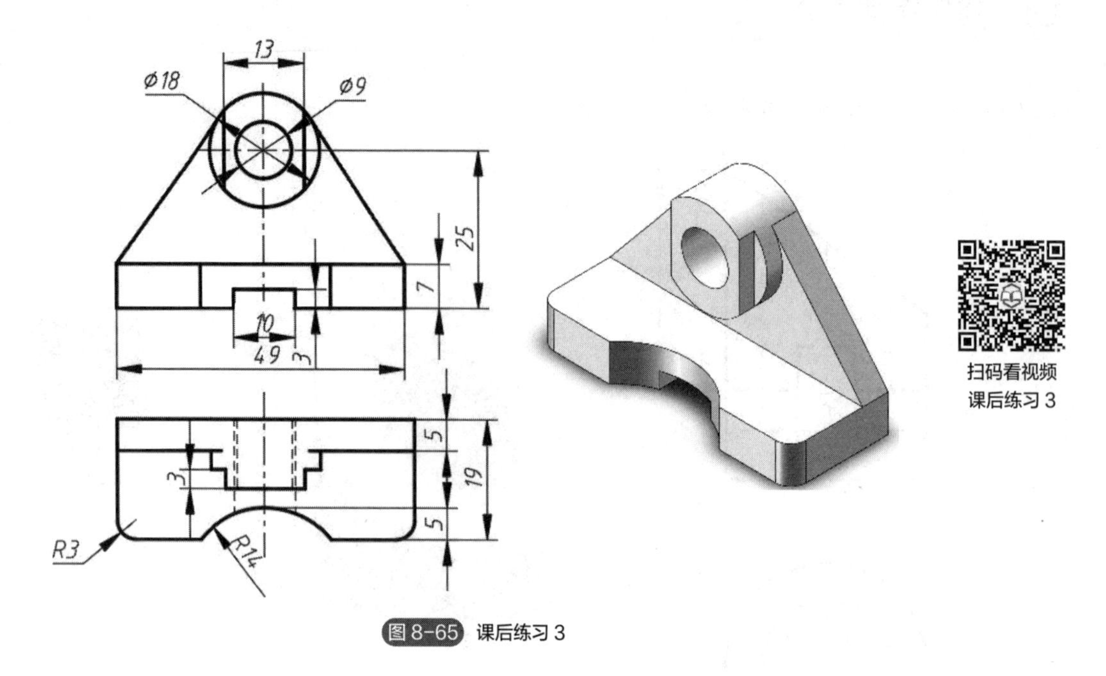

图 8-65 课后练习 3

第9章

复杂实体建模

本章思维导图

扫码获取本书配套资源

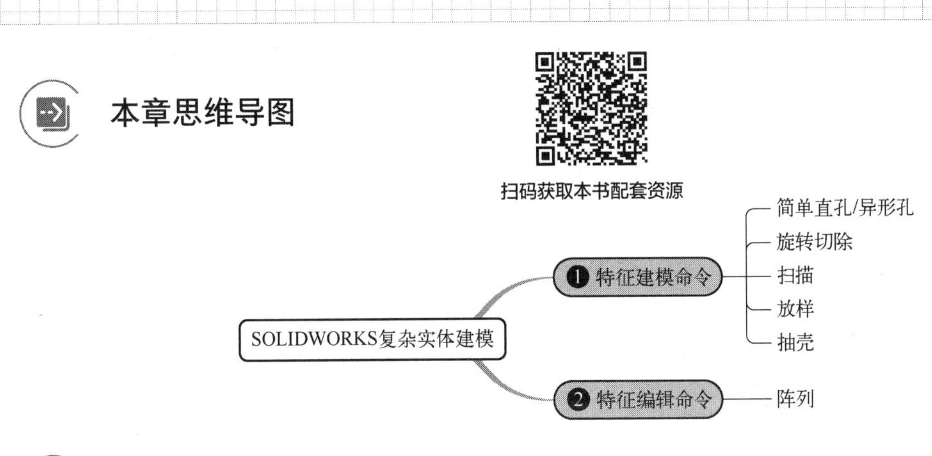

本章学习目标

（1）掌握 SOLIDWORKS 2022 特征建模的相关命令——旋转切除、阵列、扫描、放样、抽壳命令。

（2）掌握机械零件常见结构——各种类型孔的建模方法。

本章在第 8 章的基础上从具体案例出发，介绍复杂实体的建模方法及相关特征建模命令的使用。

9.1 复杂实体建模案例 1——孔特征和阵列特征应用

本节学习目标：

① 掌握特征建模命令——简单直孔/异形孔；

② 掌握特征编辑命令——阵列命令；

③ 提高复杂实体建模能力。

完成的图形如图 9-1 所示。

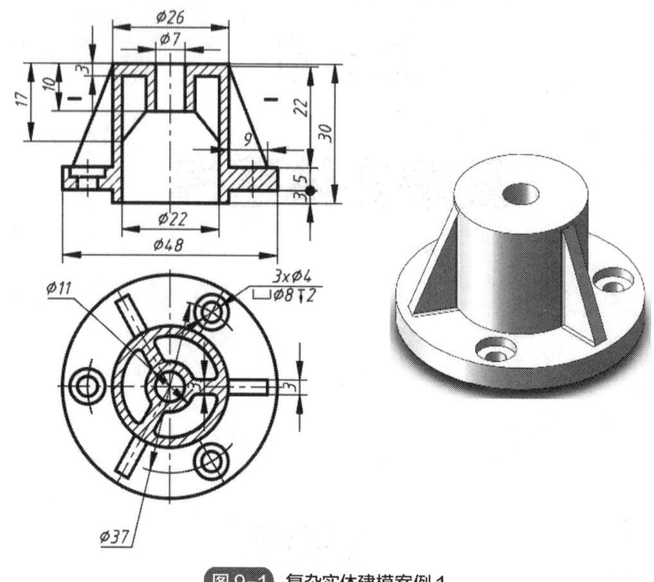

图 9-1 复杂实体建模案例 1

9.1.1 知识准备

(1)特征建模命令——简单直孔/异形孔

1)功能

生成各种类型的孔。软件提供了基本的圆柱孔、圆锥孔、螺纹孔以及由多种形式孔组合成的异形孔(图中为异型孔)建模方式。

2)命令的调用

- 简单直孔调用:菜单|插入|特征|简单直孔命令;
- 异型孔调用:特征面板|“异形孔向导”按钮。

3)命令的使用

孔是机械零件中一种重要的结构。虽然孔的结构可以通过“拉伸切除”或“旋转切除”命令来生成,但建模过程比较烦琐,影响建模效率。而一些孔的结构尺寸还需要查阅相关的机械标准才能获得。SOLIDWORKS 软件提供了孔的生成工具,尤其是应用“异形孔向导”可以生成机械零件中各种复杂类型的孔,是 SOLIDWORKS 零件建模中生成孔的重要工具。

① 简单直孔。用于创建一般的圆柱孔结构。在应用该命令时,先用鼠标选择打孔位置的基准面,然后会弹出“孔”属性管理器,如图 9-2 所示。现介绍一下常用的选项。

- “方向”选项:如图 9-3 所示,使用方式与拉伸命令的使用方式相同。
- “深度”选项:设置孔的深度。
- “孔直径”选项:设置孔的直径。

用上述方式建好的孔是没有定位尺寸的。如需要给孔定位,则进入孔的草图编辑,标注孔的定位尺寸就可以了。

② 异形孔。异形孔的建模方式与简单直孔相似,需要指定打孔的基准面,在弹出的“孔规

格”属性管理器（图 9-4）中设定参数，即可生成。现介绍一下常用的“孔类型”选项。

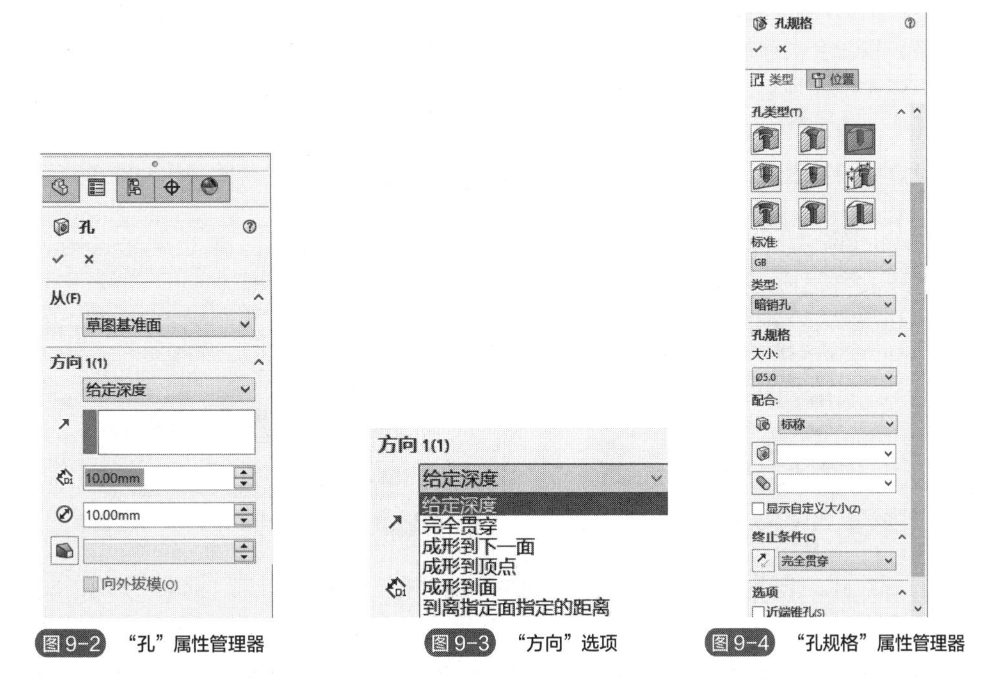

图 9-2　“孔”属性管理器　　图 9-3　“方向”选项　　图 9-4　“孔规格”属性管理器

“孔类型”选项用于选择所需的孔类型，不同类型孔其在管理器中对应的参数会不同，这里分别介绍常用的柱形沉头孔（图 9-5）和直螺纹孔（图 9-6）的设置参数。

图 9-5　“柱形沉头孔”属性管理器　　图 9-6　“直螺纹孔”属性管理器

a. 柱形沉头孔。选择“孔类型”选项中的“柱形沉头孔”按钮，从“标准”选项中选择与建模的孔连接的紧固件对应的是哪种标准，如 GB、ISO 等。在“类型”选项中选择与柱形沉头孔配合使用的螺栓或螺钉类型，如图 9-7 所示。在“孔规格-大小”选项中选择对应螺栓或螺钉的规格。系统会根据选择的螺栓或螺钉规格再根据标准确定对应孔的尺寸。如果孔不是标准规格或需要在标准规格基础上进行修改，则可勾选下面的“显示自定义大小”选项，系统会弹出“尺寸”选项组，在其中设置相关参数。在“终止条件”选项中设置孔的终止条件。

在设定好参数后，选择“位置”选项卡，来确定打孔的位置。具体操作与简单直孔相似。

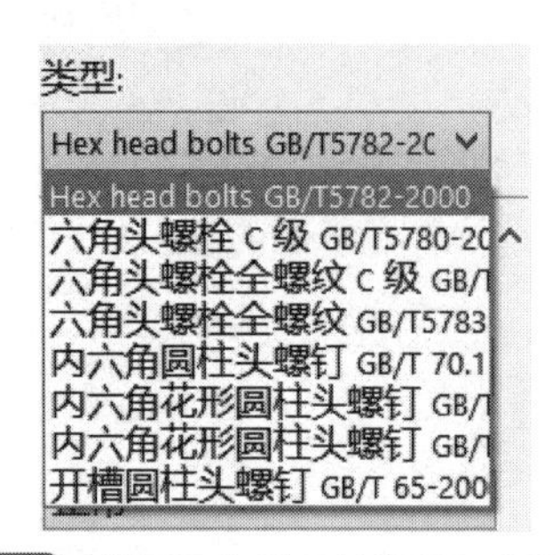

图 9-7 “柱形沉头孔”属性管理器-类型选项

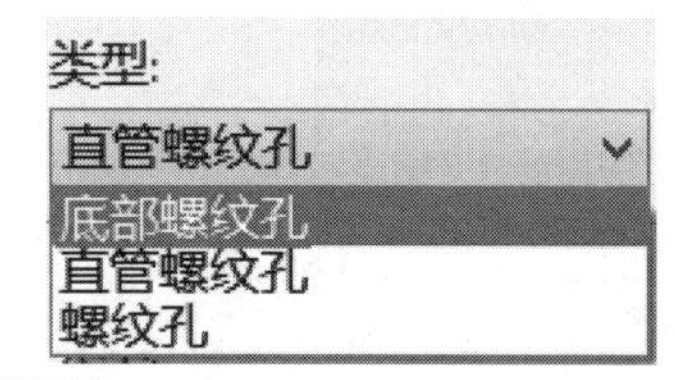

图 9-8 “直螺纹孔”属性管理器-类型选项

b. 直螺纹孔。选择“孔类型”选项中的“直螺纹孔”按钮，从“标准”选项中选择与建模的孔连接的紧固件对应的标准，如 GB、ISO 等。在“类型”选项中选择螺纹孔类型，如图 9-8 所示。在“孔规格-大小”选项中选择对应螺纹孔的规格。如果孔不是标准规格或需要在标准规格基础上进行修改，则可勾选下面的“显示自定义大小”选项，系统会弹出“尺寸”选项组，在其中设置相关参数。在“终止条件”选项中设置螺纹孔的深度。在“螺纹线”选项中设置螺纹的深度。在“选项”选项中设置生成螺纹的形式，一般采用装饰螺纹线（即默认选项）。

在设定好参数后，选择“位置”选项卡，来确定打孔的位置。具体操作与简单直孔相似。

（2）特征编辑命令——阵列

1）功能

将特征按线性、圆周或其他曲线进行有规律的复制。SOLIDWORKS 提供了多种阵列形式，这里着重介绍线性阵列和圆周阵列两种。

2）命令的调用

- 特征面板 | “线性阵列” /“圆周阵列” ；
- 菜单 | 插入 | 阵列/镜像。

3）命令的使用

① 线性阵列。线性阵列用于沿一个方向或两个相互垂直方向上对选定的特征进行成行成列的复制。与草图“线性阵列”命令相似。选择该命令后，会弹出“线性阵列”属性管理器，如图 9-9 所示，下面介绍常见选项。

- “阵列方向”选项：设置阵列方向，可以选择边线、直线、轴、尺寸、平面等。
- “间距”选项 ：设置阵列实例的间距值。
- “实例数”选项 ：设置阵列实例的数量。

② 圆周阵列。圆周阵列是指阵列特征绕着一个基准轴进行复制，通常用于圆周方向特征均

匀分布的情况。与草图“圆周阵列”命令相似。选择该命令后，会弹出“圆周阵列”属性管理器，如图9-10所示，下面介绍常见选项。

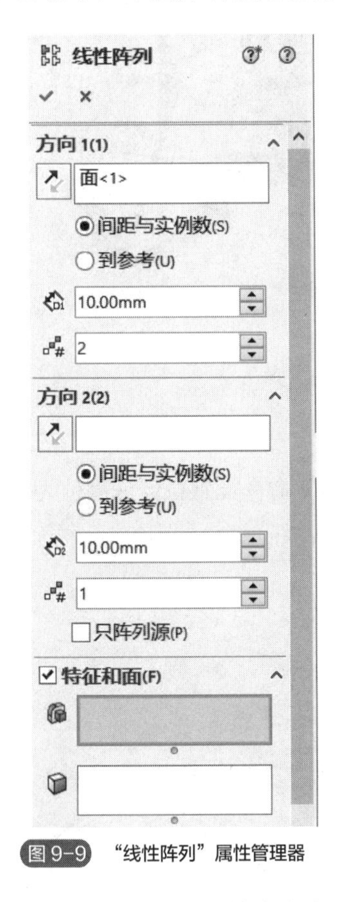

图9-9 “线性阵列”属性管理器

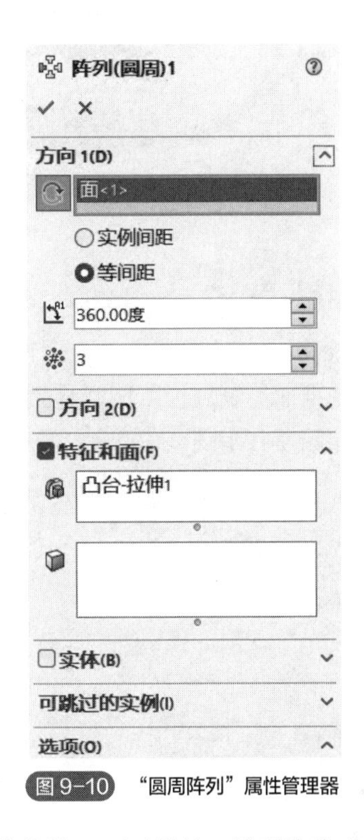

图9-10 “圆周阵列”属性管理器

- “阵列轴”选项：设置作为生成圆周阵列所围绕的轴，可以是轴、模型边线或角度尺寸。
- “等间距”选项：设置阵列均匀分布的角度，当选择该选项时可在“角度”选项中设置阵列分布的总角度，默认为360° 均匀分布。
- “实例间距”选项：设置阵列实例间的角度，当选择该选项时可在“角度”选项中设置相邻两个实例间的角度。
- “角度”选项：设置实例间的角度。
- “实例数”选项：设置阵列实例的数量。

9.1.2 上机练习

(1) 建模分析

图9-1所示模型立体可以看作由图9-11所示的五部分构成。第Ⅰ部分底板部分可由拉伸凸台/基体特征命令生成；第Ⅱ部分圆柱部分可由拉伸命令生成；第Ⅲ部分圆柱部分可由拉伸命令生成；第Ⅳ和第Ⅴ部分肋板可由筋特征命令生成。

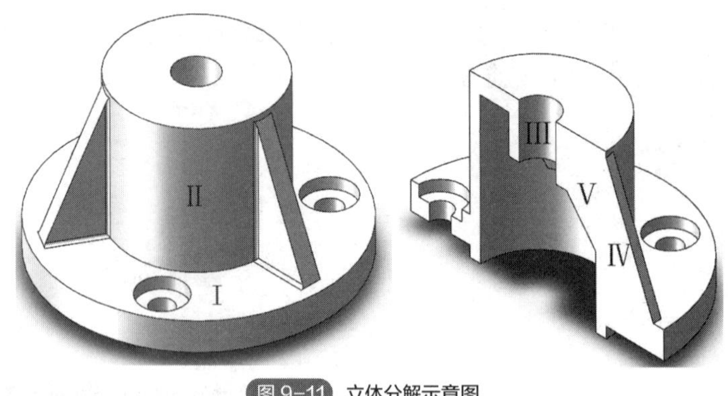

图 9-11 立体分解示意图

(2) 操作步骤

1）生成底板（第Ⅰ部分）

在上视基准面绘制底板草图，应用“拉伸凸台/基体”命令设置拉伸深度值为 5，生成底板基本形状，如图 9-12 所示。

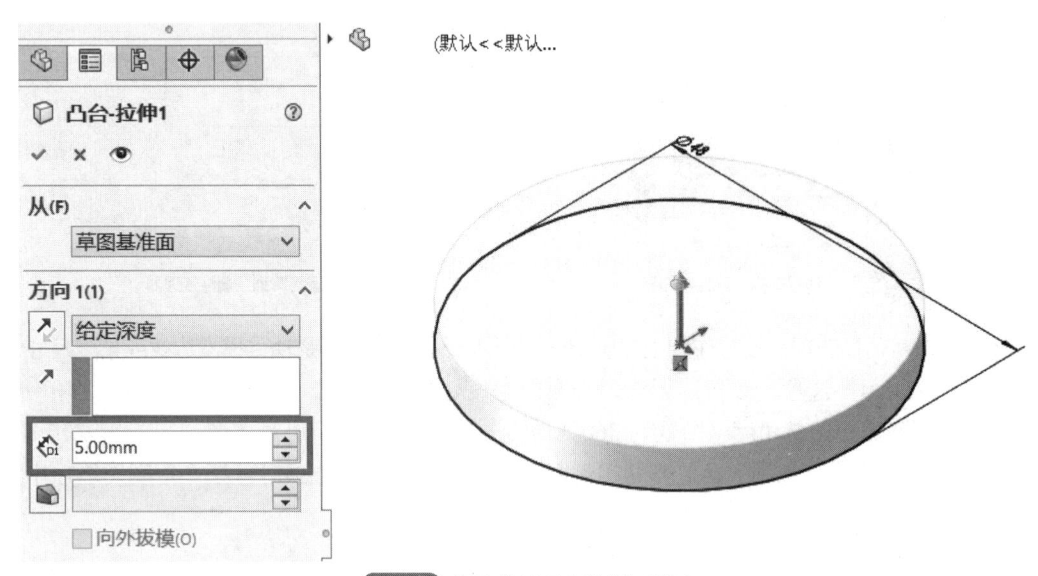

图 9-12 设置“拉伸凸台/基体”参数 1

2）生成第Ⅱ部分

① 先选择上视基准面，然后选择特征面板 | 参考几何体 | 基准面命令，打开“基准面”属性管理器。在管理器中设置距离上视基准面的距离为 27，建立辅助基准面，如图 9-13 所示。

② 在建立的辅助基准面上绘制直径为 26，标注尺寸并给出适当几何约束，应用“拉伸凸台/基体”命令设置拉伸深度值为 30，生成第Ⅱ部分的基本形状，如图 9-14 所示。

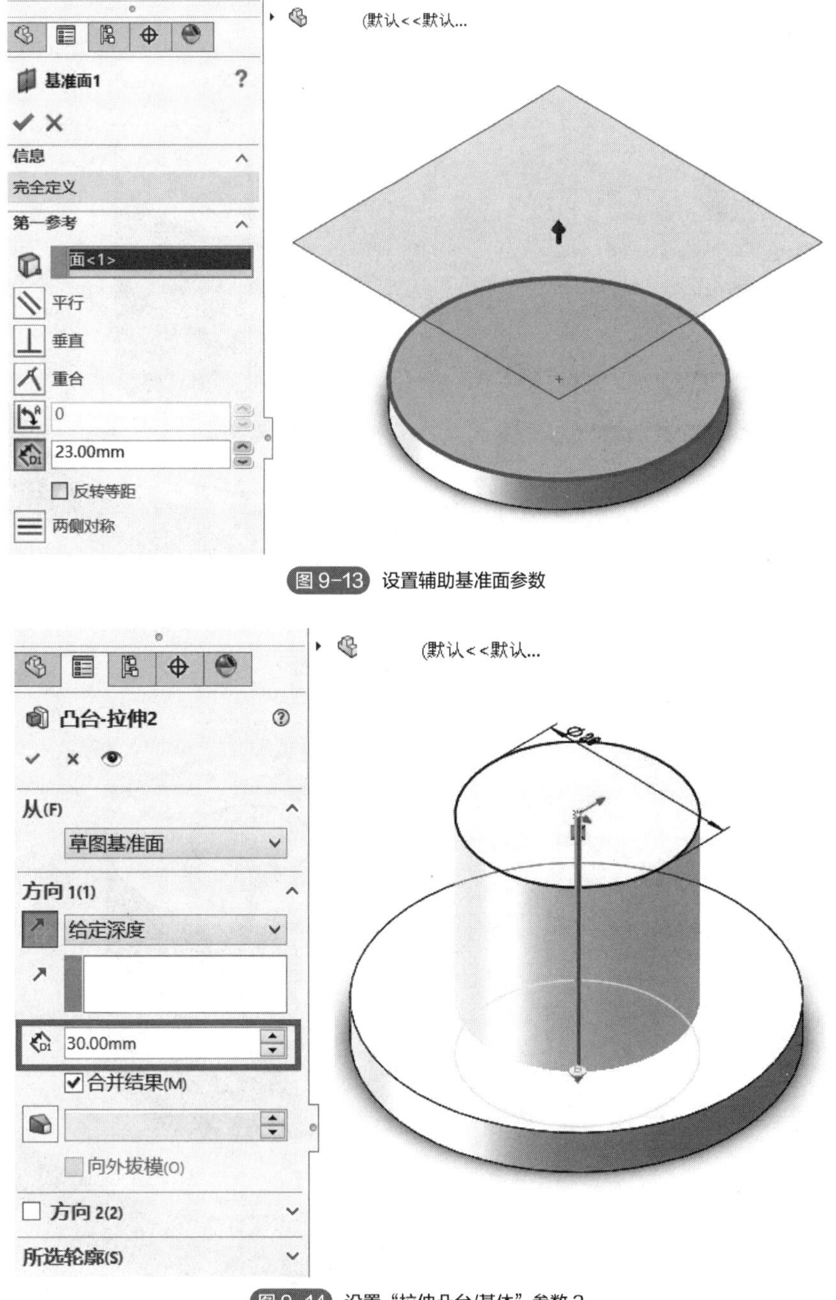

图 9-13　设置辅助基准面参数

图 9-14　设置“拉伸凸台/基体”参数 2

③ 选择上一步中生成实体的下表面，在该表面上绘制直径为 22 的圆，标注尺寸并给出适当几何约束，应用“拉伸切除”命令设置拉伸深度值为 27，生成第Ⅱ部分的孔，如图 9-15 所示。

3）生成第Ⅲ部分

① 选择第Ⅱ部分实体的上表面，在该表面上绘制直径为 11 的圆，标注尺寸并给出适当几何约束，应用“拉伸凸台/基体”命令设置拉伸深度值为 10，生成第Ⅲ部分的基本形状，如图 9-16 所示。

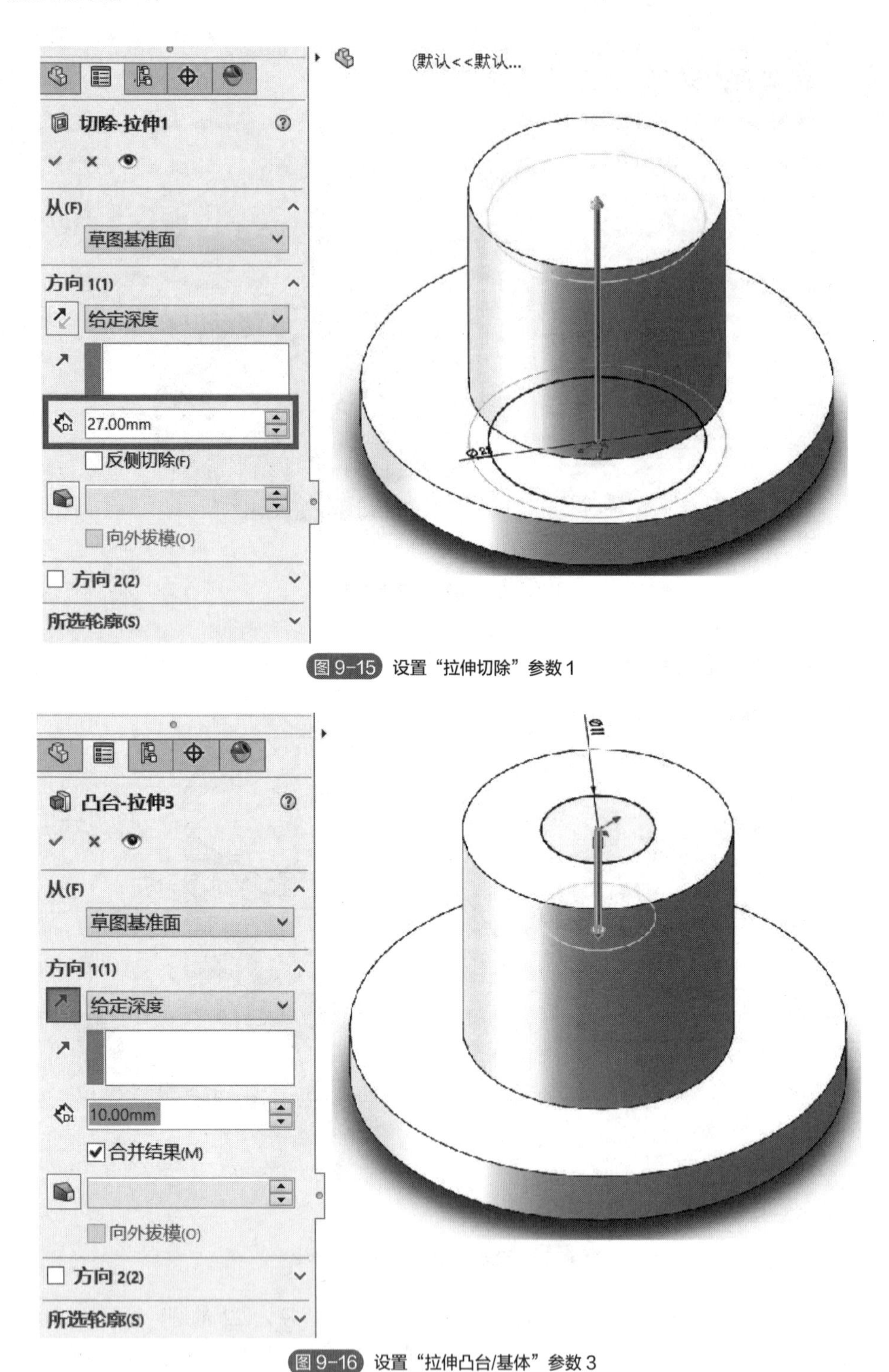

图 9-15 设置“拉伸切除”参数 1

图 9-16 设置“拉伸凸台/基体”参数 3

② 选择第Ⅱ部分实体的上表面，在该表面上绘制直径为 7 的圆，标注尺寸并给出适当几何约束，应用“拉伸切除”命令设置拉伸深度为完全贯穿，生成第Ⅲ部分的孔，如图 9-17 所示。

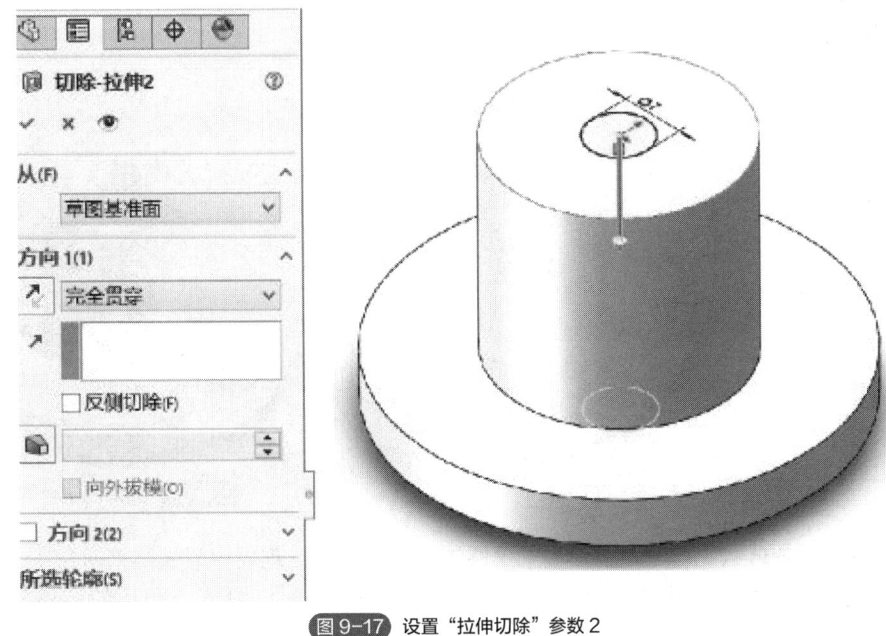

图 9-17　设置“拉伸切除”参数 2

4）生成底板（第 I 部分）的异形孔

① 选择第 I 部分上表面，绘制直径为 37 的圆，作为下一步生成异形孔定位的参考，如图 9-18 所示。

② 点击“异形孔向导”，在弹出的“孔类型”属性管理器中设置相关参数，如图 9-19 所示。

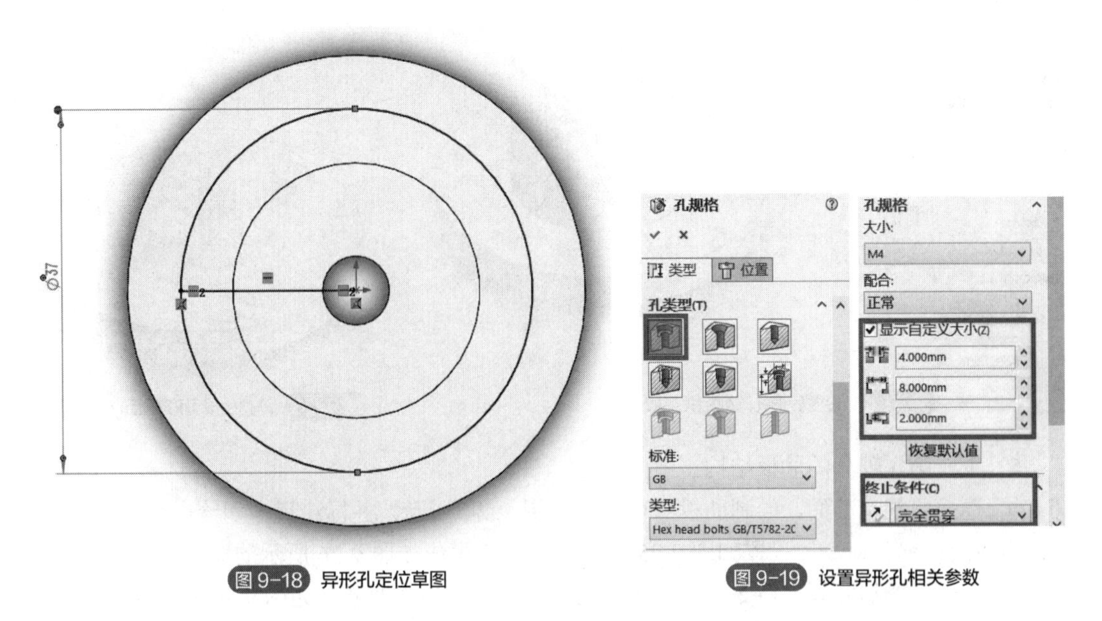

图 9-18　异形孔定位草图　　图 9-19　设置异形孔相关参数

③ 切换到“孔类型”属性管理器“位置”选项板，移动鼠标在底板上表面上找到①中绘制的直径为 37 的圆与 *X* 轴方向的交点作为异形孔的中心，点击鼠标左键，生成异形孔，如图 9-20 和图 9-21 所示。

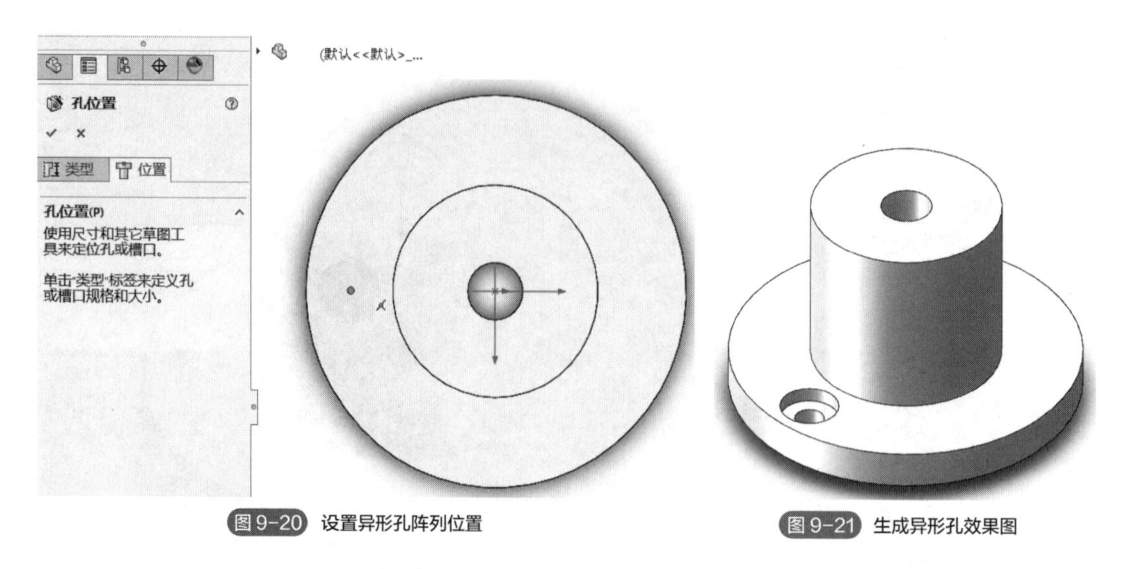

图 9-20 设置异形孔阵列位置　　图 9-21 生成异形孔效果图

④ 选择“圆周阵列”命令，在弹出的“圆周阵列”属性管理器中设置阵列对象为上一步中构造的异形孔，“阵列轴”为底板圆柱表面，其他参数如图 9-22 所示。生成的效果如图 9-23 所示。

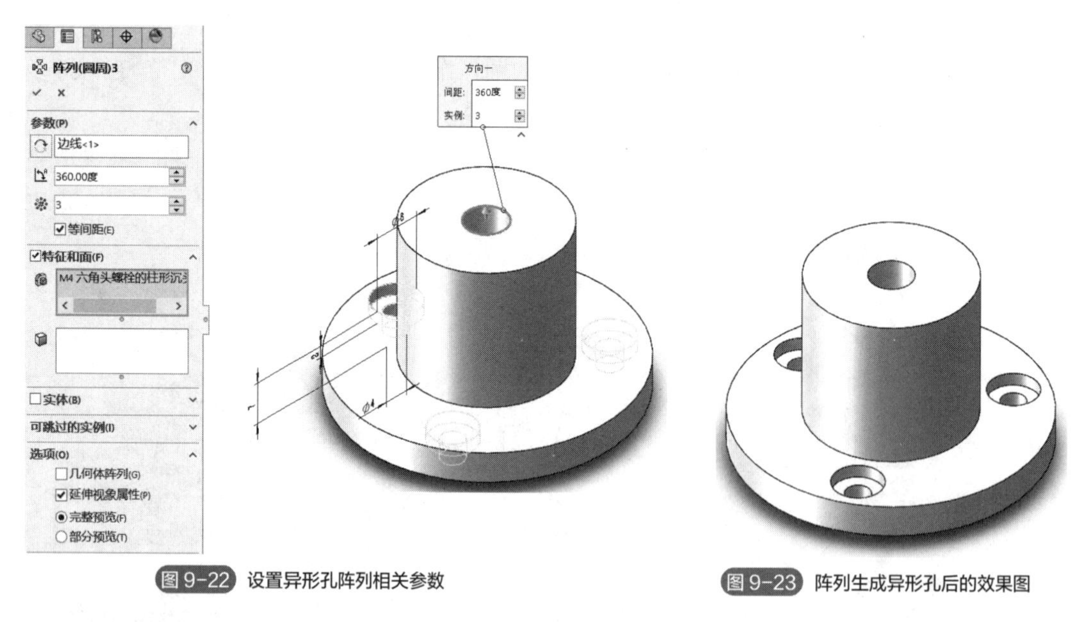

图 9-22 设置异形孔阵列相关参数　　图 9-23 阵列生成异形孔后的效果图

5）生成第Ⅳ部分的肋板结构

① 选择前视基准面，绘制肋板的草图，如图 9-24 所示，并标注尺寸和给出合适的几何约束。再应用“筋”命令，设置如图 9-25 所示的参数，生成如图 9-26 所示的肋板。

② 应用“圆周阵列”命令，生成其余的两个肋板，参数及效果如图 9-27 和图 9-28 所示。

6）生成第Ⅴ部分的肋板结构

与第Ⅳ部分的肋板结构生成方法类似，草图、参数设置和效果如图 9-29～图 9-31 所示。

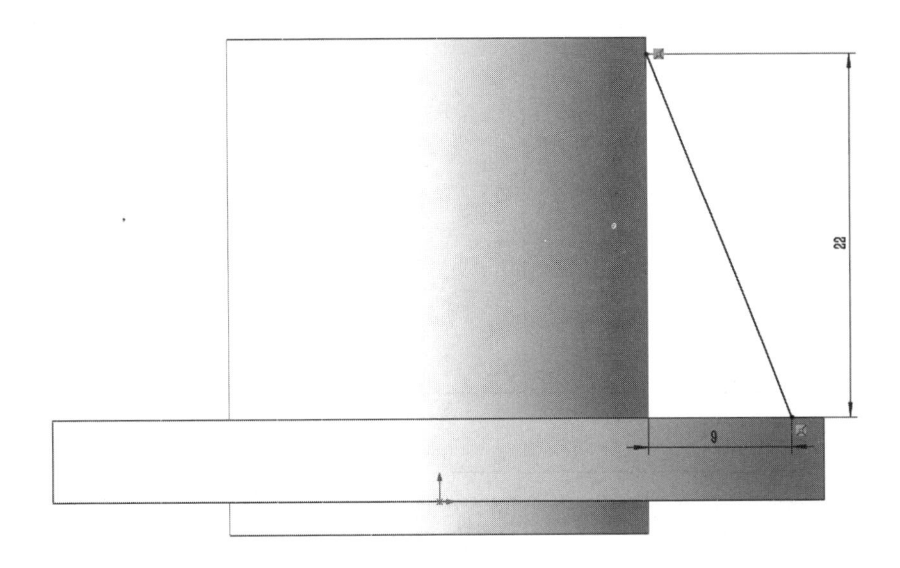

图 9-24　肋板草图 1

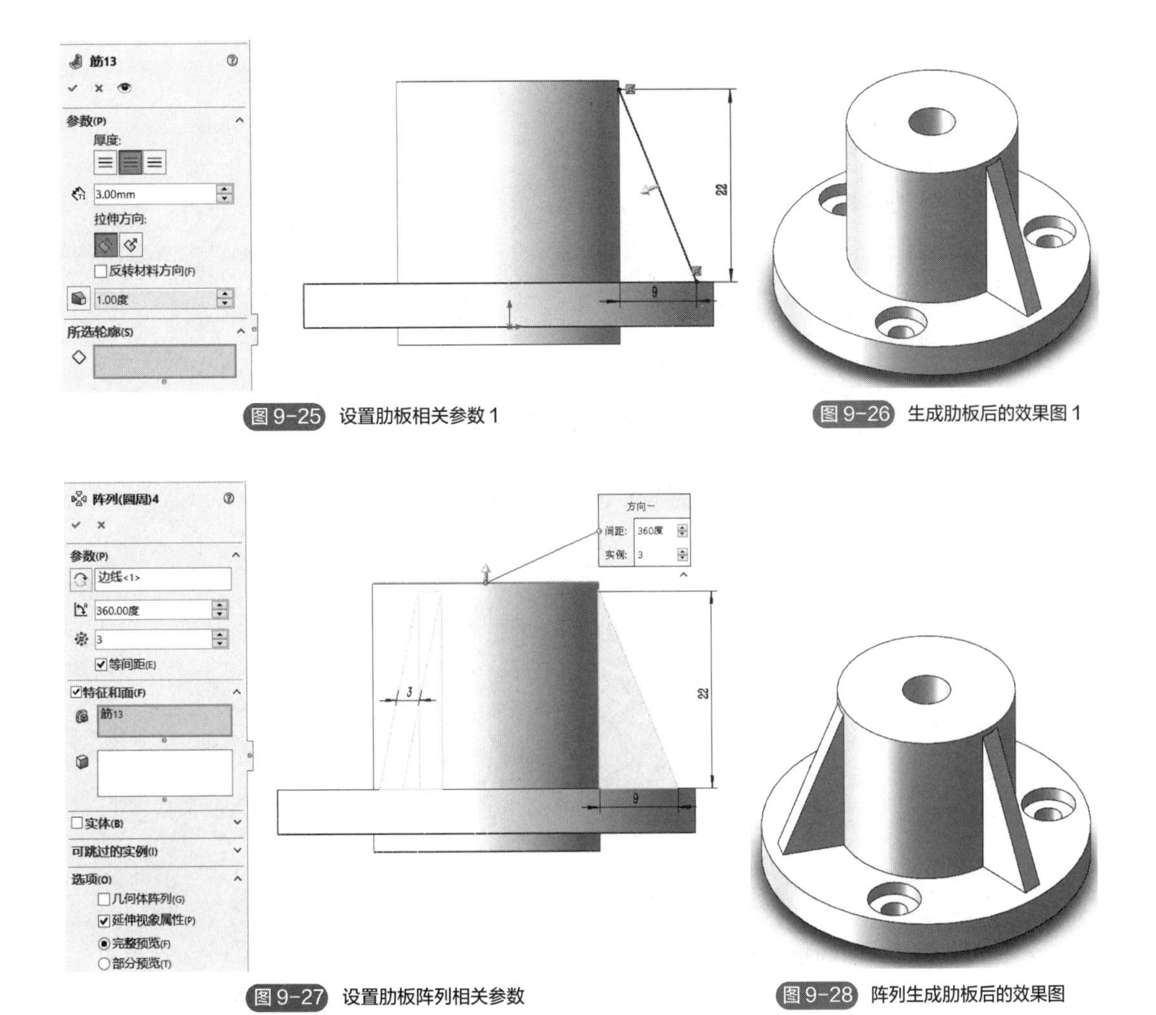

图 9-25　设置肋板相关参数 1

图 9-26　生成肋板后的效果图 1

图 9-27　设置肋板阵列相关参数

图 9-28　阵列生成肋板后的效果图

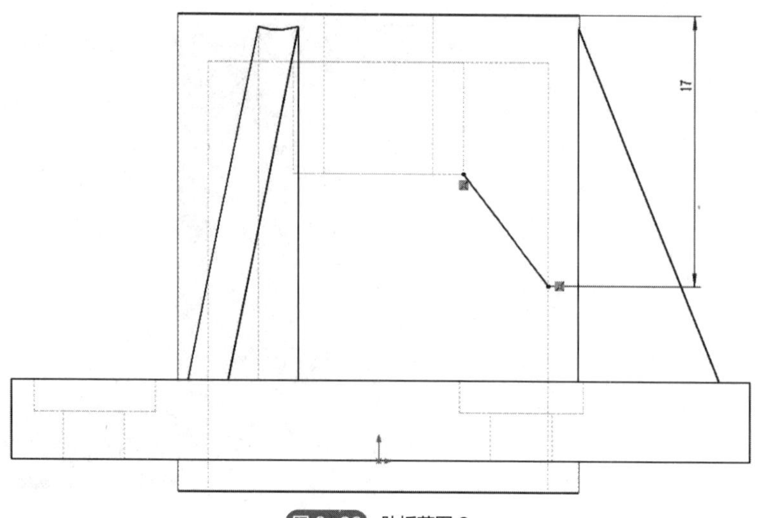

图 9-29 肋板草图 2

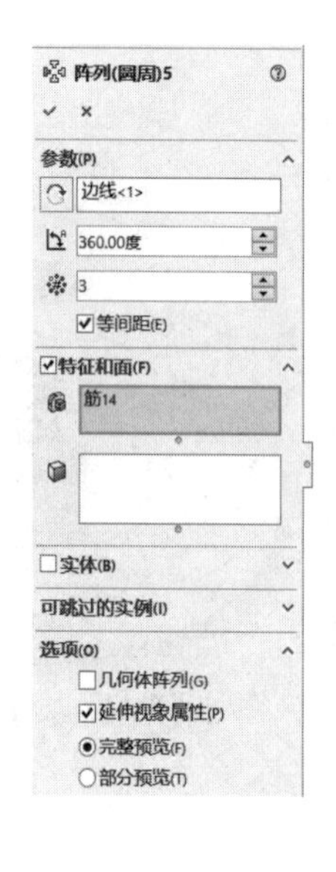

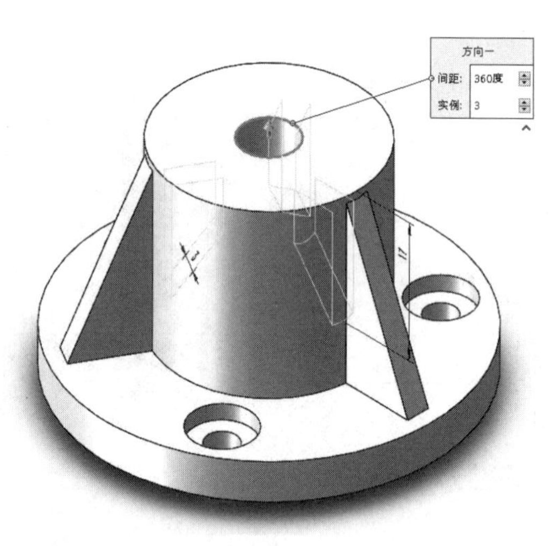

图 9-30 设置肋板相关参数 2

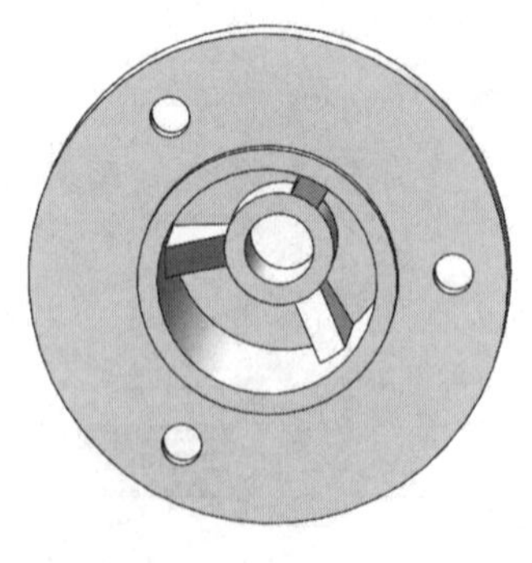

图 9-31 生成肋板后的效果图 2

7）生成每个部分的圆角结构

应用“圆角”特征命令，设置相关参数，用鼠标选择需要生成圆角的边线即可。设置的参

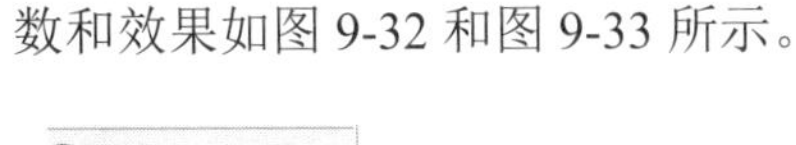

数和效果如图 9-32 和图 9-33 所示。

扫码看视频
复杂实体建模案例 1

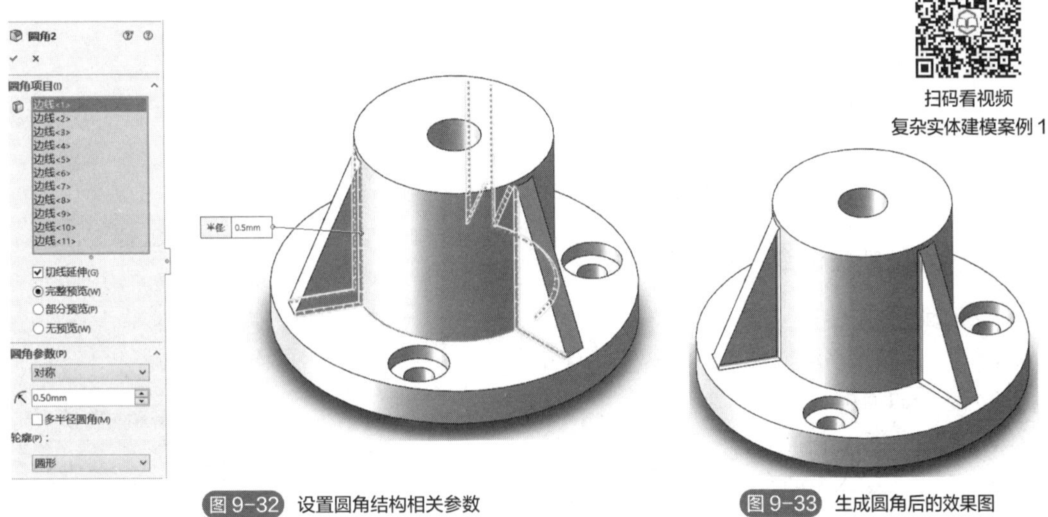

图 9-32　设置圆角结构相关参数

图 9-33　生成圆角后的效果图

9.2　复杂实体建模案例 2——旋转切除和扫描特征应用

本节学习目标：

① 掌握特征建模命令——旋转切除命令、扫描命令；

② 提高复杂草图绘图能力；

③ 提高复杂实体建模能力。

完成的图形如图 9-34 所示。

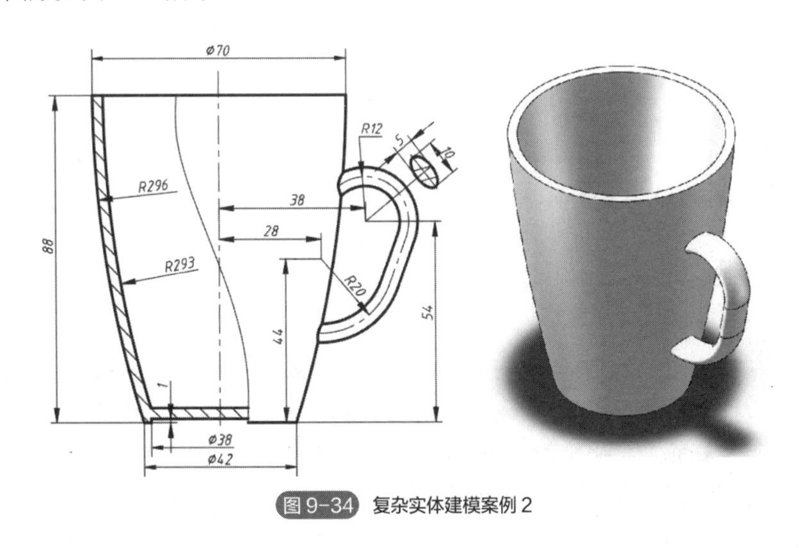

图 9-34　复杂实体建模案例 2

9.2.1　知识准备

（1）特征建模命令——旋转切除命令

1）功能

将草图绕指定的旋转中心选择一定的角度后所创建的去除材料的实体特征。

2）命令的调用

- 特征面板 | 旋转切除；
- 菜单 | 插入 | 旋转 | 切除。

3）命令的使用

使用与“旋转凸台/基体”命令类似。

(2) 特征建模命令——扫描命令

1）功能

沿着一条路径移动轮廓以生成基体、凸台。

2）命令的调用

- 特征面板 | 扫描；
- 菜单 | 插入 | 凸台/基体 | 扫描。

3）命令的使用

使用扫描命令前，首先要生成轮廓草图和路径草图。轮廓草图必须是封闭的，路径草图可以是封闭的也可以是不封闭的。现对“扫描”属性管理器（图 9-35）的常用选项进行介绍。

- “轮廓”选项：设置生成扫描的草图轮廓。
- “路径”选项：设置生成扫描的路径。
- “引导线”选项：设置生成扫描的引导线。

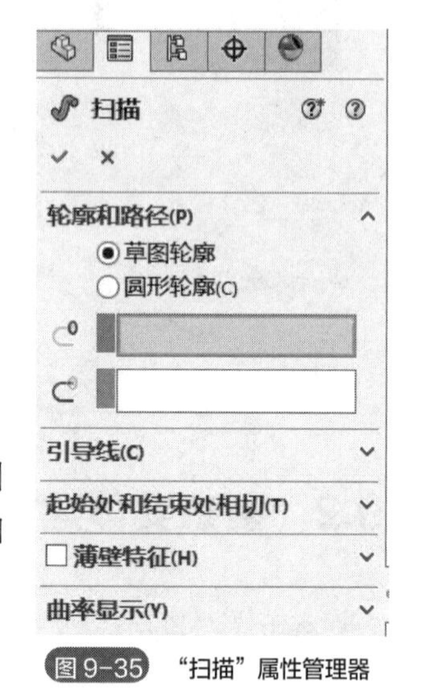

图 9-35 “扫描”属性管理器

9.2.2 上机练习

(1) 建模分析

图 9-34 所示模型立体可以看作由杯身和杯把两部分构成。杯身部分可由旋转凸台/基体、旋转切除、拉伸切除特征命令生成；杯把部分可由扫描命令生成。

(2) 操作步骤

① 生成杯身基本实体。

a. 选择前视基准面，绘制杯身的一半封闭轮廓线，标注尺寸并设置合适的几何约束，如图 9-36 所示。应用“旋转凸台/基体”命令生成杯身的基本实体，如图 9-37 所示。

b. 选择杯身下表面，绘制圆草图，标注尺寸并设置合适的几何约束。应用“拉伸切除”命令生成杯身底部的凹进部分，参数设置和效果如图 9-38 和图 9-39 所示。

② 生成杯把实体。

a. 选择前视基准面，绘制扫描生成杯把的路径草图，标注尺寸并设置合适的几何约束，如图 9-40 所示。

b. 创建一个基准面，该平面经过上一步绘制的草图曲线的起始点且与草图曲线垂直，如图 9-41 所示。

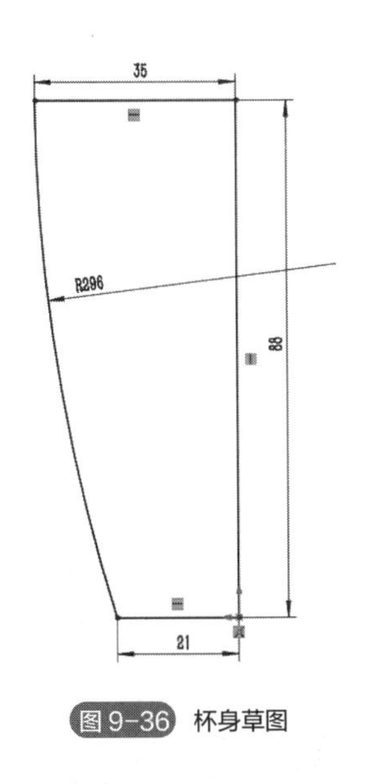

图 9-36　杯身草图

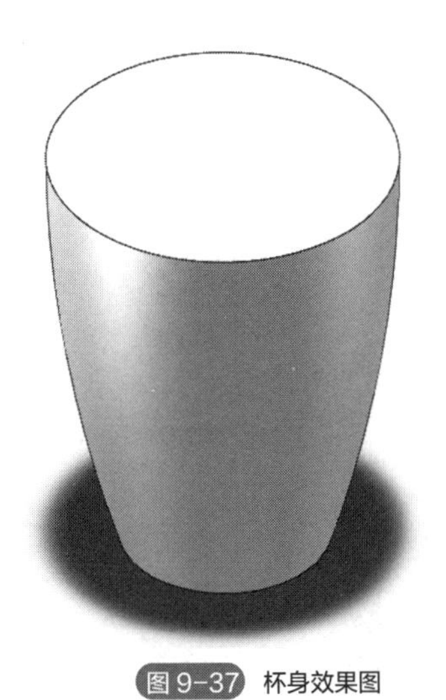

图 9-37　杯身效果图

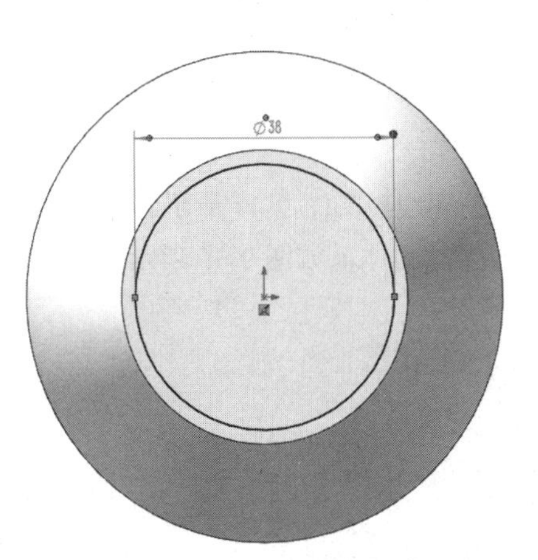

图 9-38　杯底凹进草图

图 9-39　杯底“拉伸切除”属性管理器参数设置

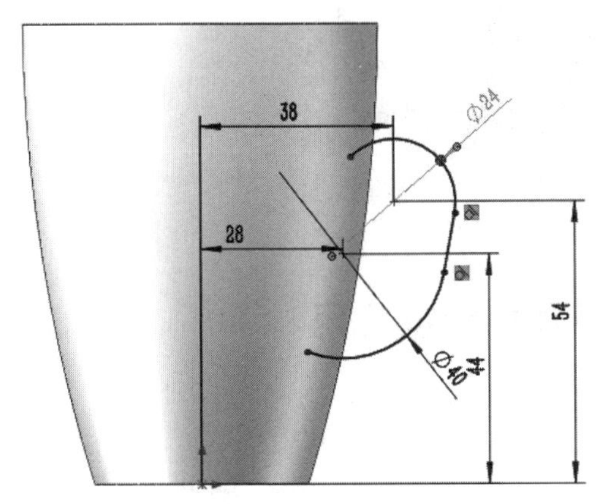

图 9-40　设置杯把路径草图

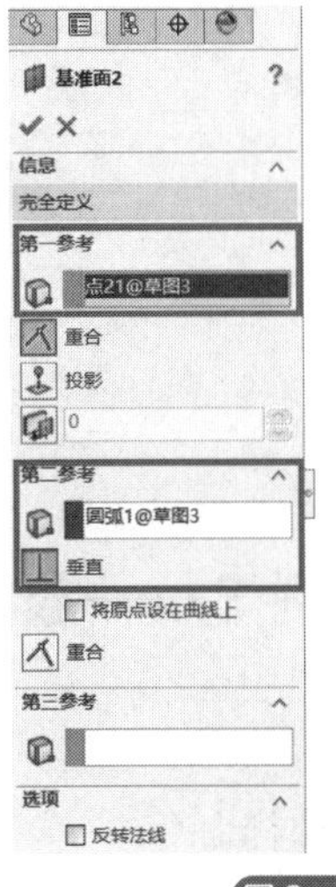

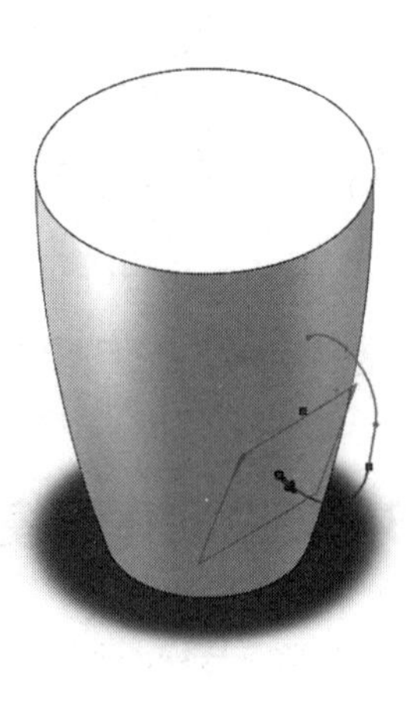

图 9-41　设置生成辅助基准面

c. 在上一步创建的基准面上，绘制杯把断面的形状草图，标注尺寸并设置合适的几何约束，如图 9-42 所示。

d. 点击“扫描”命令，在弹出的“扫描”属性管理器中设置相关参数，并生成杯把实体，如图 9-43 所示。

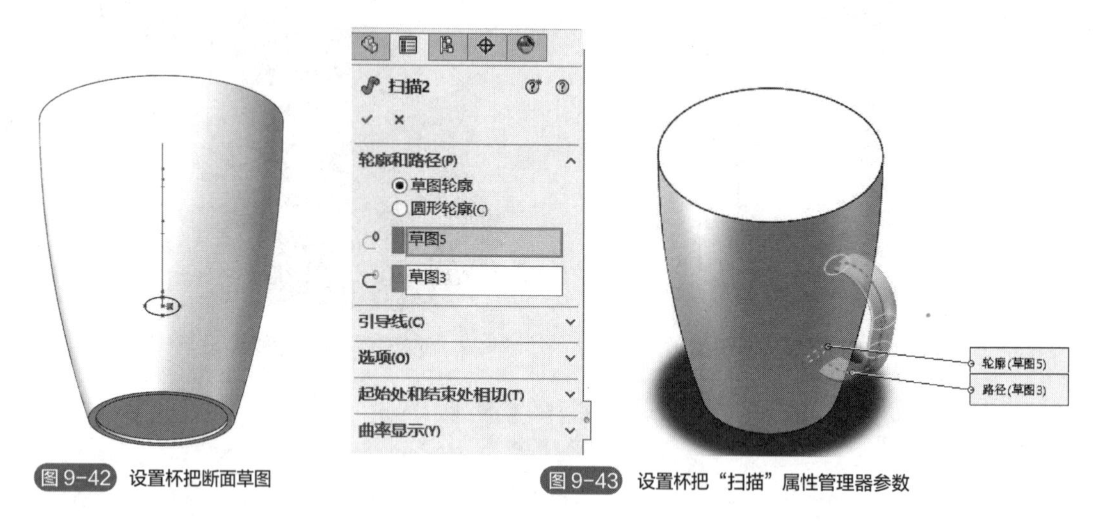

图 9-42 设置杯把断面草图

图 9-43 设置杯把“扫描”属性管理器参数

③ 切除杯身内部实体。

选择前视基准面，绘制杯身内空腔部分的一半封闭轮廓线，如图 9-44 所示。标注尺寸并设置合适的几何约束。应用“旋转切除”命令切除杯身内腔的实体，如图 9-45 所示。

图 9-44 杯身内腔草图

图 9-45 杯身内腔效果图

9.3 复杂实体建模案例 3——放样和抽壳特征应用

本节学习目标：

① 掌握特征建模命令——放样命令；

② 掌握特征建模命令——抽壳命令；

③ 提高复杂实体建模能力。

完成的图形如图 9-46 所示。

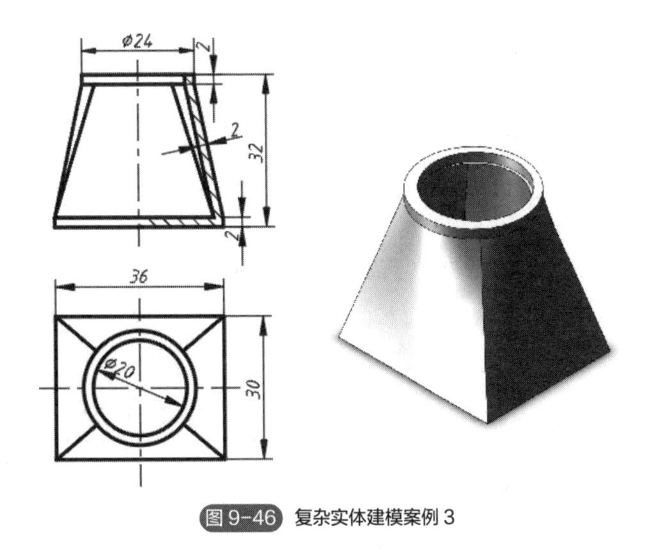

图 9-46　复杂实体建模案例 3

9.3.1　知识准备

（1）特征建模命令——放样

1）功能

放样是将一组多个不同的轮廓过渡连接而形成实体。

2）命令的调用

- 特征面板｜放样凸台/基体；
- 菜单｜插入｜凸台/基体｜放样。

3）命令的使用

"放样凸台/基体"命令与"扫描"命令类似，一般先绘制各个断面草图，然后点击"放样凸台/基体"命令，在弹出的"放样"属性管理器（图 9-47）中设定相关参数。现介绍常用选项的用法。

- "轮廓"选项：设置放样的断面草图轮廓、面或边线。
- "起始/结束约束"选项：应用约束以控制开始和结束轮廓的相切。

图 9-47　"放样"属性管理器

（2）特征建模命令——抽壳

1）功能

去除已有实体内部多余部分，形成内空实体特征。

2）命令的调用

- 特征面板｜抽壳；
- 菜单｜插入｜特征｜抽壳。

3）命令的使用

“抽壳”命令对于生成等壁厚的实体是一个很高效的命令，如上例中杯体的生成。应用“抽壳”命令还能生成不等壁厚的实体。在选择“抽壳”命令后，会弹出“抽壳”属性管理器（图 9-48），设置相关参数。现介绍一下常用选项。

- “厚度”选项 ：设置壁厚。
- “移除的面”选项：设置抽壳参考平面，抽壳操作从这个面开始，该面将被抽空。
- “多厚度设定”选项：设置与“厚度”选项不同的厚度值。

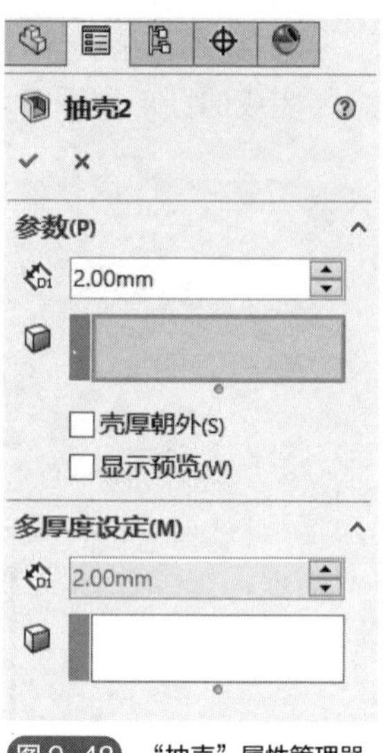

图 9-48 “抽壳”属性管理器

9.3.2 上机练习

（1）建模分析

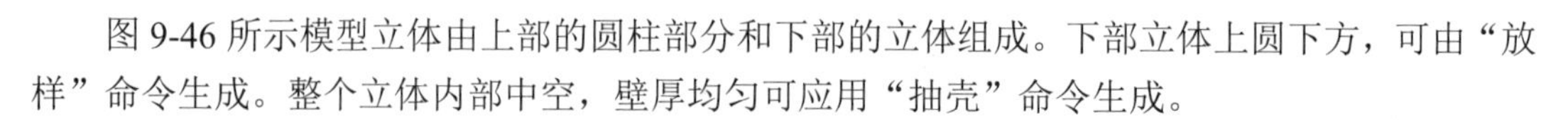

图 9-46 所示模型立体由上部的圆柱部分和下部的立体组成。下部立体上圆下方，可由“放样”命令生成。整个立体内部中空，壁厚均匀可应用“抽壳”命令生成。

（2）操作步骤

① 生成下部立体上圆下方的实体。

a. 选择上视基准面，绘制立体底面的矩形草图，标注尺寸并设置合适的几何约束，如图 9-49 所示。

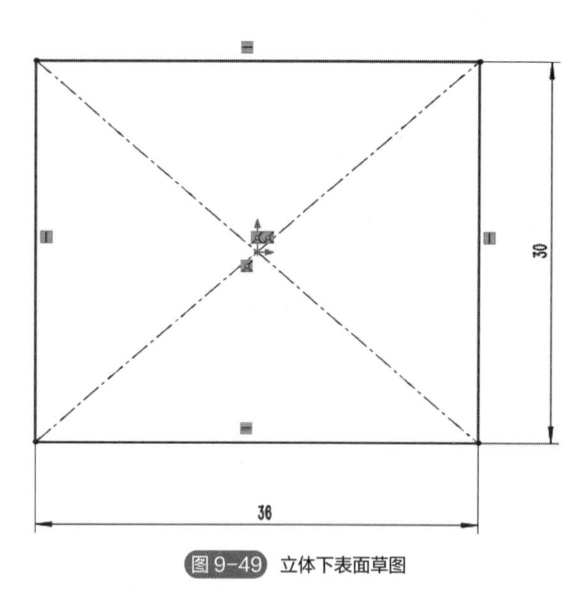

图 9-49 立体下表面草图

b. 创建辅助基准面，如图 9-50 所示。

c. 在上一步创建的辅助基准面上绘制立体上表面的圆形草图，标注尺寸并设置合适的几何约束，如图 9-51 所示。

d. 选择“放样”命令，在弹出的“放样”属性管理器中设置轮廓，如图 9-52 所示。生成的立体效果如图 9-53 所示。

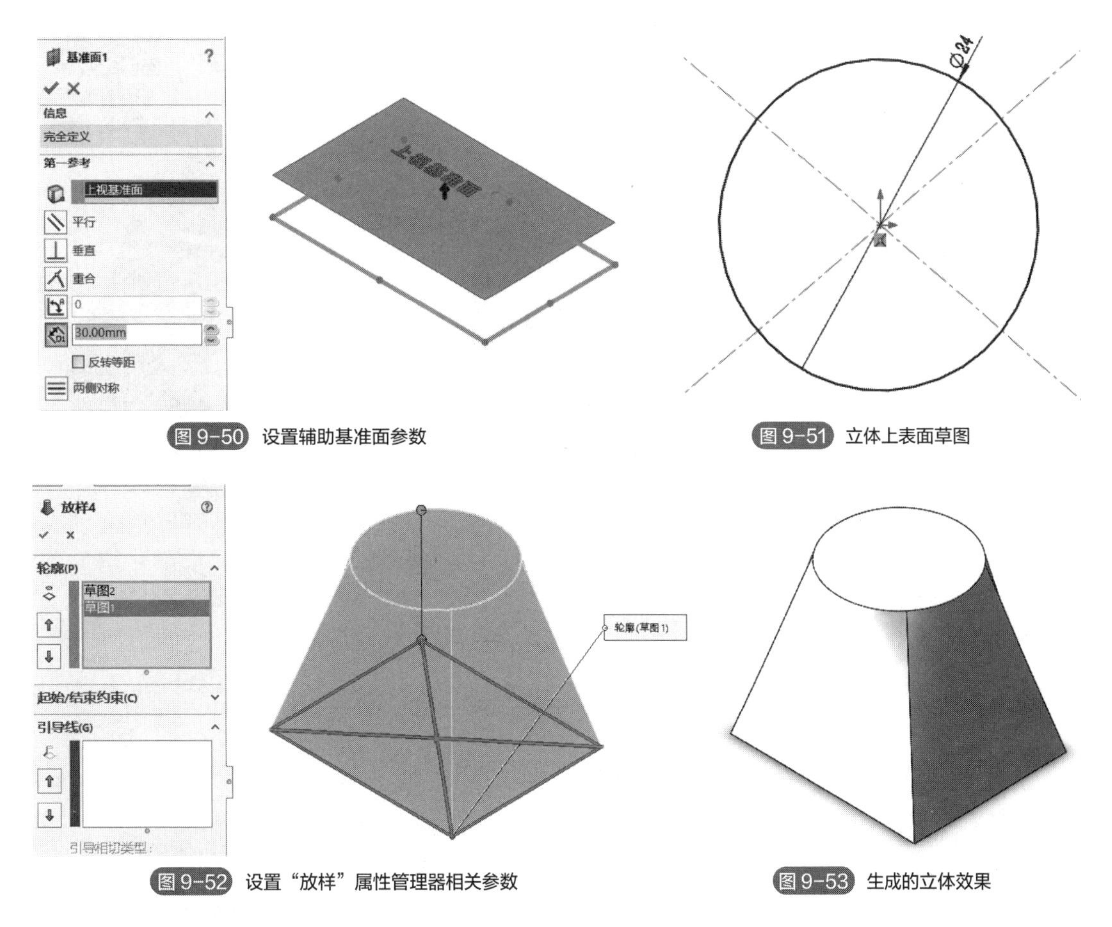

图 9-50 设置辅助基准面参数

图 9-51 立体上表面草图

图 9-52 设置“放样”属性管理器相关参数

图 9-53 生成的立体效果

② 生成上部圆柱体。选择步骤①中生成的立体上表面作为绘图基准面，绘制草图并设置相关参数，如图 9-54 所示。应用“拉伸凸台/基体”命令生成圆柱体部分，如图 9-55 所示。

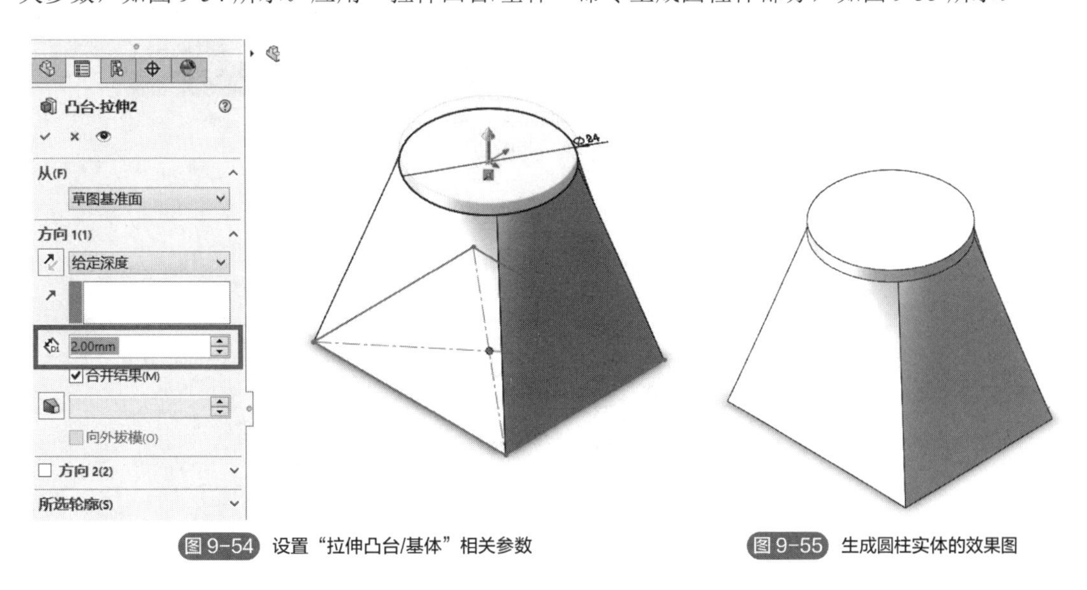

图 9-54 设置“拉伸凸台/基体”相关参数

图 9-55 生成圆柱实体的效果图

③ 抽壳。应用“抽壳”命令，在弹出的“抽壳”属性管理器中设置相关参数，如图 9-56 所示。完成整个模型的创建，效果如图 9-57 所示。

扫码看视频
复杂实体建模案例 3

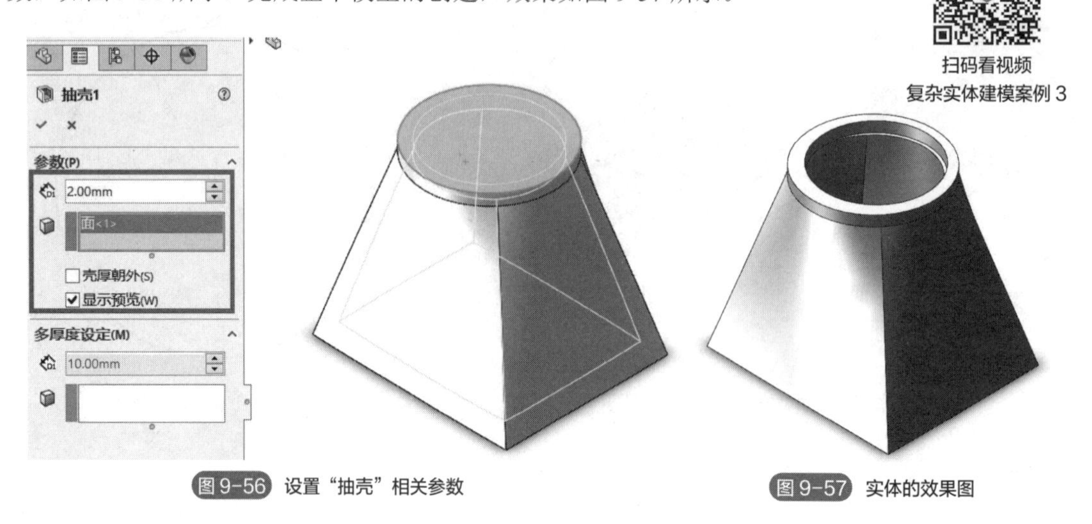

图 9-56 设置“抽壳”相关参数

图 9-57 实体的效果图

课后练习

（1）练习图形如图 9-58 所示。

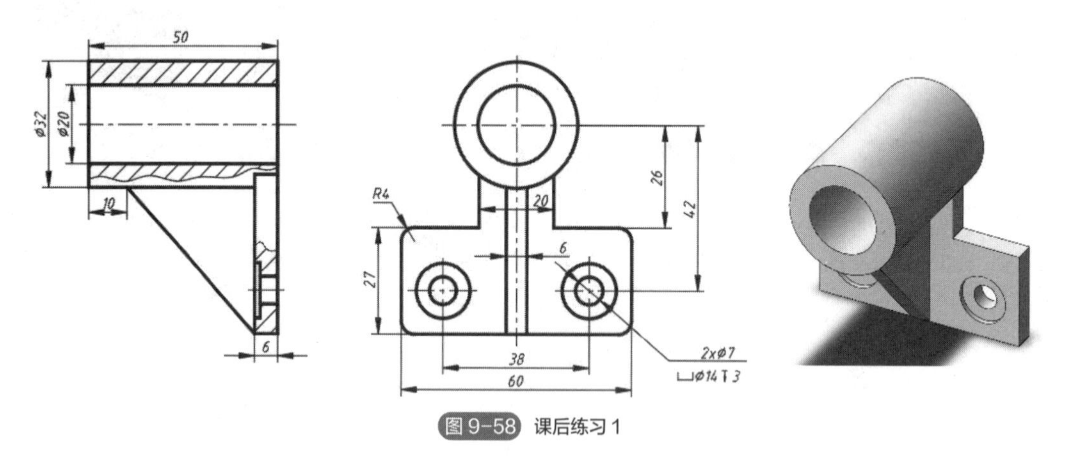

图 9-58 课后练习 1

（2）练习图形如图 9-59 所示。

弹簧参数：	总圈数	5 圈
	节距	15mm
	中径	35mm
	簧丝直径	5mm
	旋向	右旋

图 9-59 课后练习 2

提示：

① 点击“特征”面板|“异形孔向导”|“螺纹线”(图中为“异型孔向导”)，如图 9-60 所示。应用“螺纹线”命令，设置参数生成扫描用螺旋线，如图 9-61 所示。

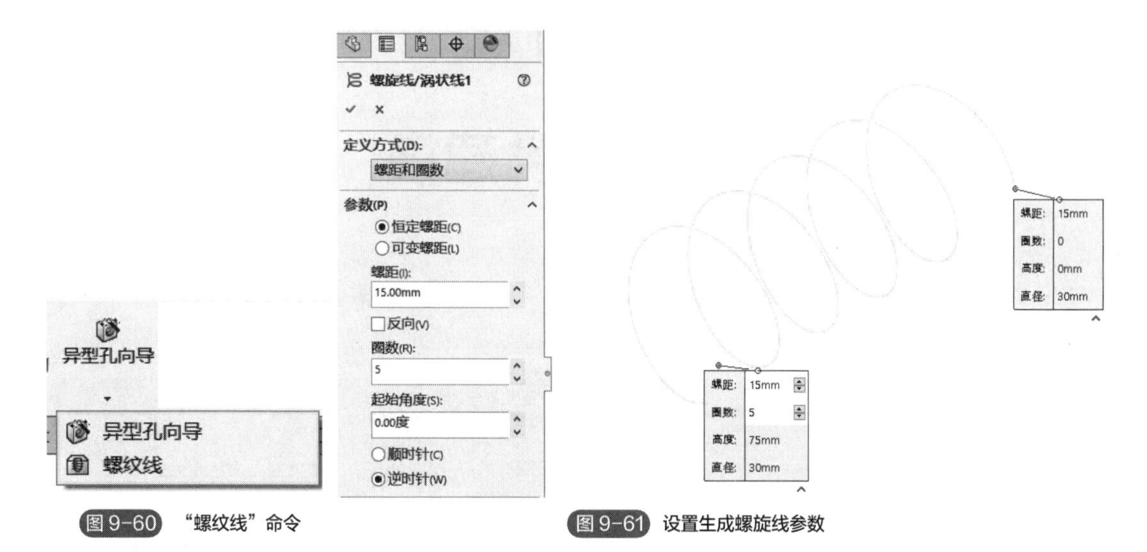

图 9-60 “螺纹线”命令

图 9-61 设置生成螺旋线参数

② 应用“扫描”命令，设置参数生成弹簧，如图 9-62 所示。

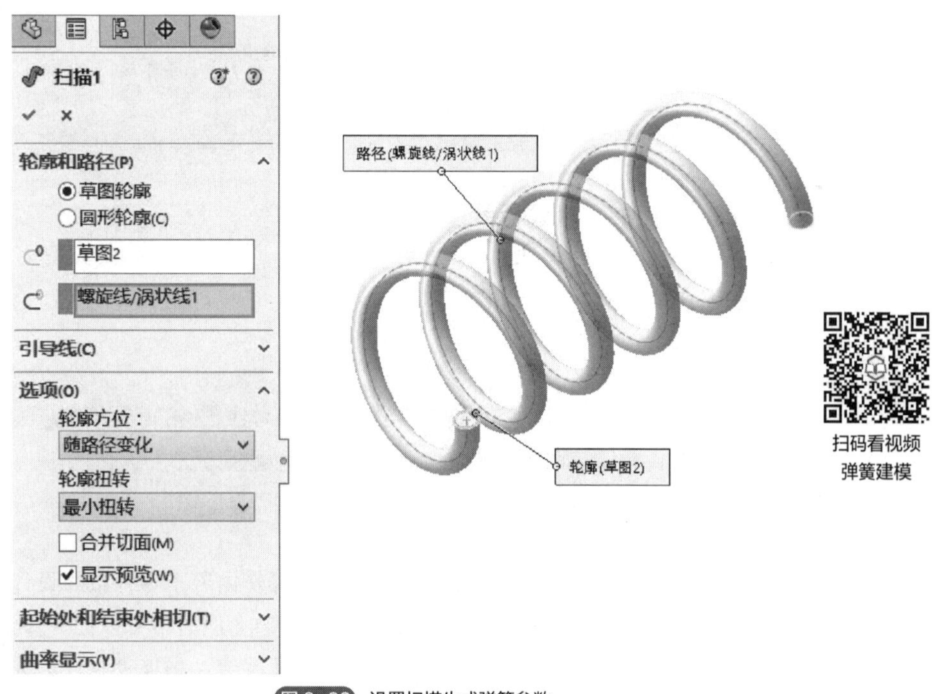

图 9-62 设置扫描生成弹簧参数

扫码看视频
弹簧建模

第 10 章

典型零件建模

本章思维导图

扫码获取本书配套资源

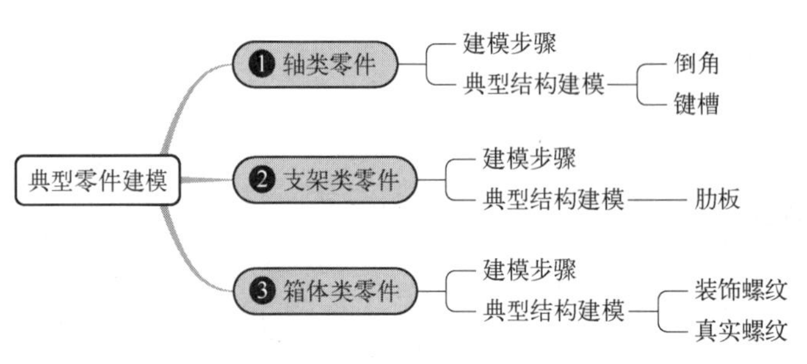

本章学习目标

（1）掌握典型机械零件——轴类零件、支架类零件和箱体类零件的常用建模方法和步骤。

（2）掌握机械零件常见结构——螺纹、键槽、倒角的建模方法。

（3）灵活运用前面几章所学内容，快速准确完成典型零件建模。

零件是组成机器或部件的最小单元，各种机器或部件都是由若干零件按照设计的安装关系和装配要求装配起来形成的。虽然零件的结构和形状各种各样，但通常可以把零件分为轴套类、盘盖类、支架类和箱体类四大类零件。本章选择了轴类、支架类、箱体类零件的案例来说明各类零件的整体建模思路和方法。

10.1 轴类零件建模案例

本案例图形如图 10-1 所示。

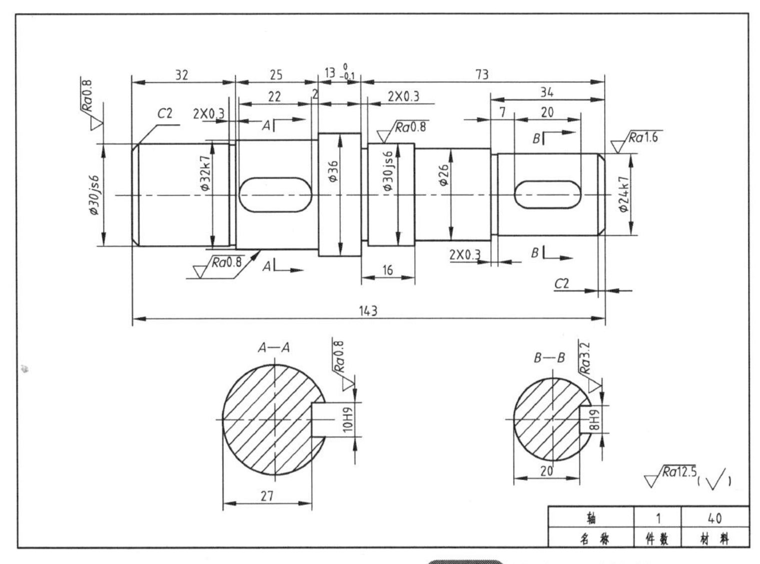

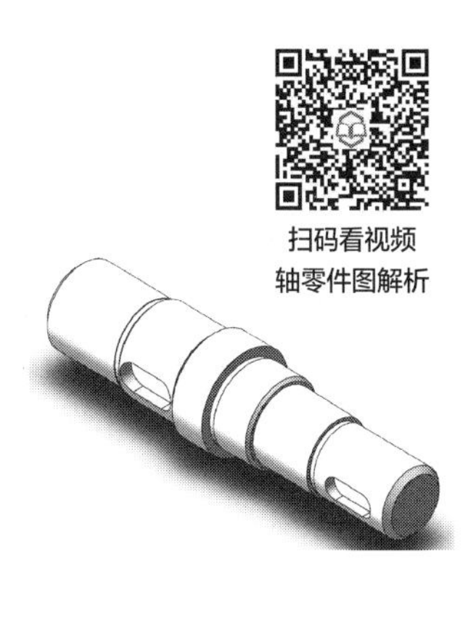

图 10-1　轴类零件建模案例

10.1.1　知识准备

1）倒角命令的功能

在两个面之间沿公共边构造倒角结构。

2）倒角命令的调用

- 特征面板｜倒角；
- 菜单｜插入｜特征｜倒角。

3）倒角命令的使用

点击“倒角”命令后，会弹出“倒角”属性管理器，如图 10-2 所示。现介绍一下常用选项。

① 倒角类型

- “角度距离”选项：设置倒角距离和角度生成倒角。
- “距离距离”选项：设置每个倒角面上的倒角距离值生成倒角。

② 要倒角化的项目：选择要进行倒角的对象，可以是边线、面等。

③ 倒角参数

- 倒角距离：设置倒角距离。
- 倒角角度：设置倒角角度。

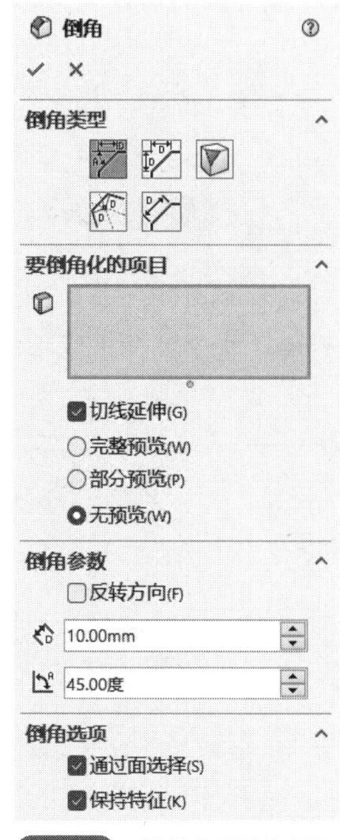

图 10-2　“倒角”属性管理器

10.1.2　上机练习

（1）建模分析

对于轴类零件的建模通常有两种方法，一种是绘制平行于轴向的截面形状，通过“旋转凸台/基体”生成；另一种是运用“拉伸凸台/基体”命令拉伸生成每一个轴段。在实际建模时可以根据建模零件的实际设计需求，以方便编辑相关参数为判断依据来选择生成方法。

（2）绘图步骤

① 轴整体形状的生成。

a. 选择右视基准面，绘制轴左端部分的草图，如图 10-3 所示。应用“拉伸凸台/基体”命令拉伸生成轴段 1，如图 10-4 所示。

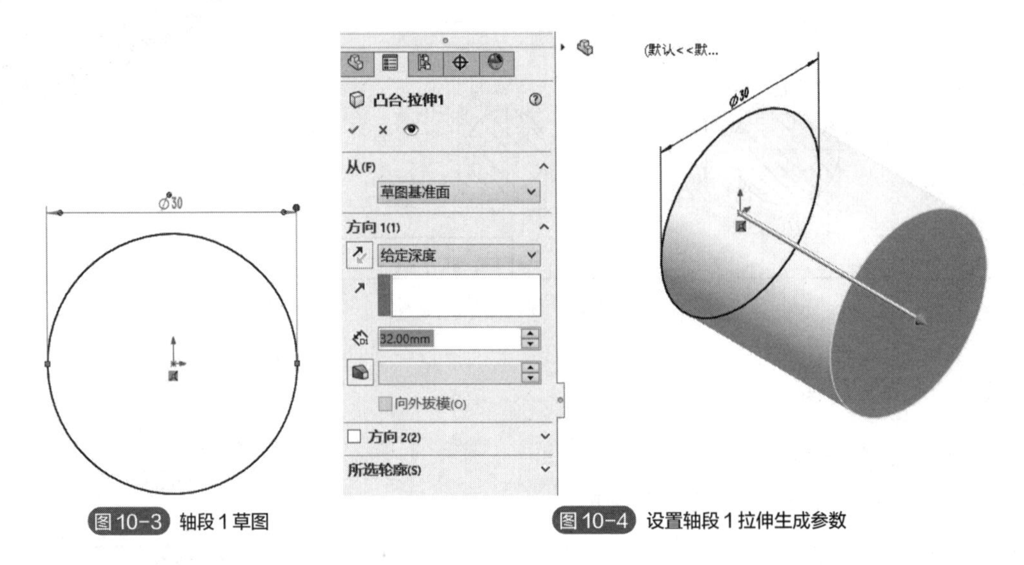

图 10-3 轴段 1 草图

图 10-4 设置轴段 1 拉伸生成参数

b. 选择上一步生成的轴段 1 右端面，绘制轴段 2 的草图，如图 10-5 所示。应用“拉伸凸台/基体”命令拉伸生成轴段 2，如图 10-6 所示。

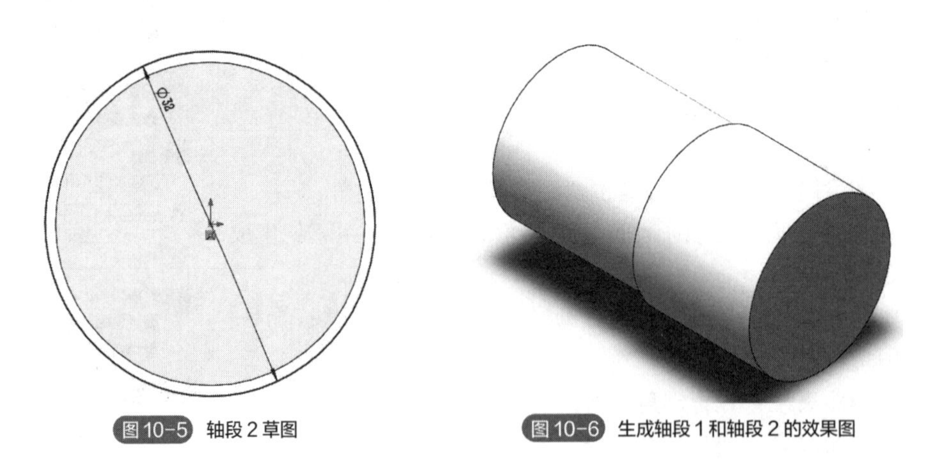

图 10-5 轴段 2 草图

图 10-6 生成轴段 1 和轴段 2 的效果图

c. 采用同样方法，绘制其余轴段草图，应用“拉伸凸台/基体”命令拉伸生成其他轴段，轴段基本形体就构建好了，如图 10-7 所示。

② 倒角结构生成。应用“倒角”命令，在弹出的属性管理器中设置相关参数，点击构建倒角轴段的边线，生成倒角结构，如图 10-8 所示。

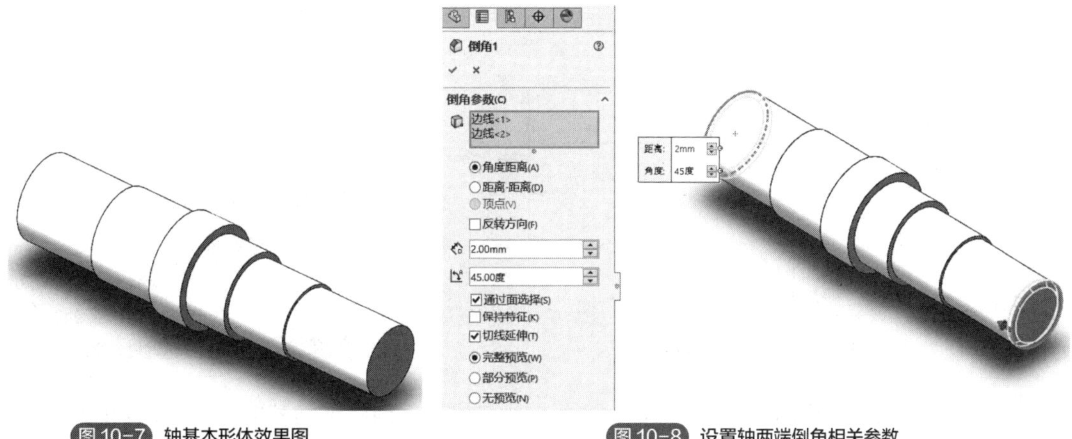

图 10-7　轴基本形体效果图

图 10-8　设置轴两端倒角相关参数

③ 砂轮越程槽结构。选择前视基准面，绘制越程槽的草图，注意要绘制旋转中心线，标注尺寸和设置合适的几何约束，如图 10-9 所示。应用“旋转切除”命令，采用默认值，生成轴左侧越程槽结构，如图 10-10 所示。用类似方法，生成轴右侧越程槽结构，如图 10-11 和图 10-12 所示。

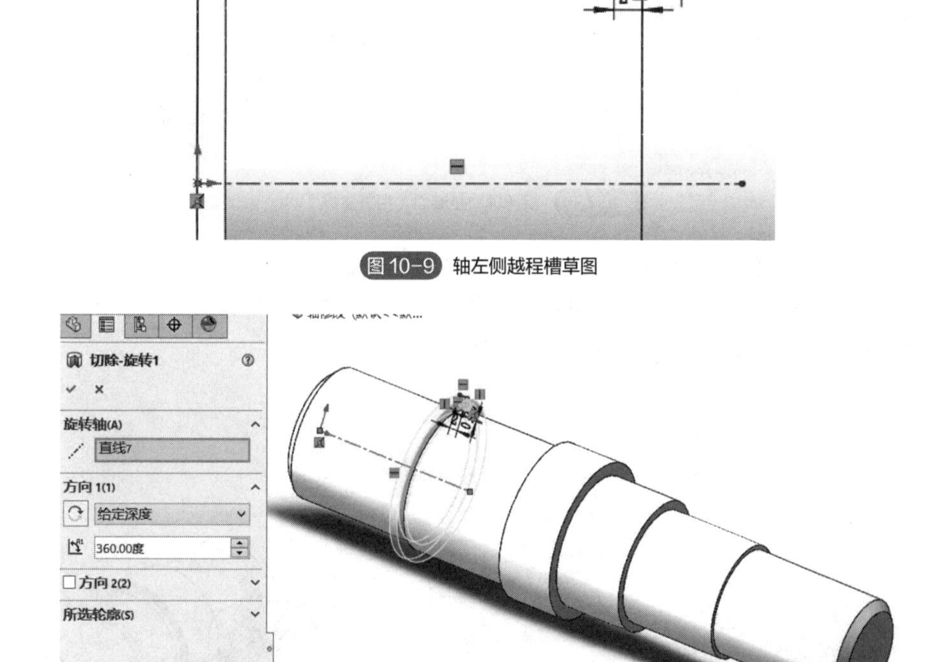

图 10-9　轴左侧越程槽草图

图 10-10　设置轴左侧越程槽旋转切除相关参数

④ 生成键槽部分结构。

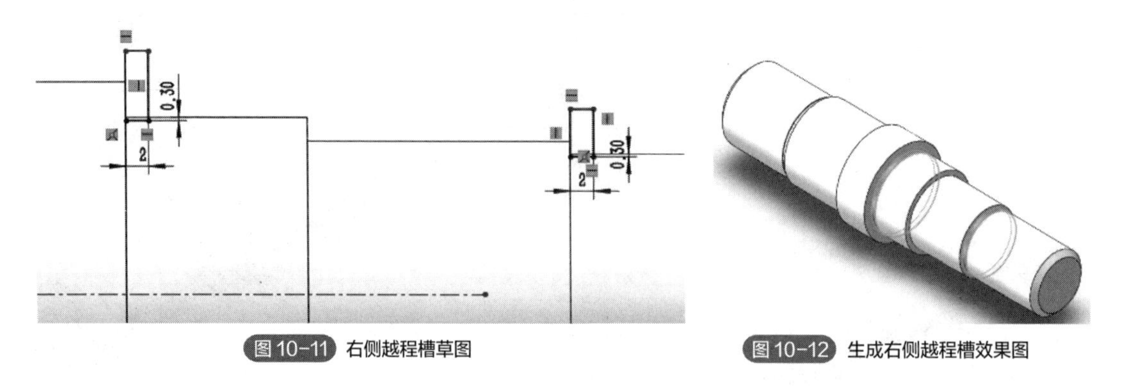

图 10-11 右侧越程槽草图　　图 10-12 生成右侧越程槽效果图

a. 生成绘制键槽图形的辅助基准面。选择前视基准面，创建辅助基准面 1，设置相关参数，如图 10-13 所示。

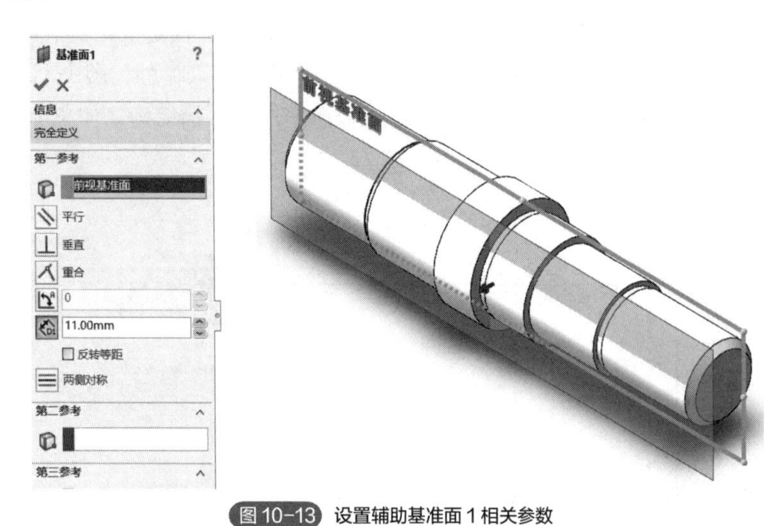

图 10-13 设置辅助基准面 1 相关参数

b. 在该基准面上绘制键槽图形，拉伸切除生成轴左侧键槽。选择上一步创建的辅助基准面 1，绘制轴左侧键槽草图，标注尺寸和设置合适的几何约束，如图 10-14 所示。应用“拉伸切除”命令，设置相关参数，生成轴左侧键槽结构，如图 10-15 所示。

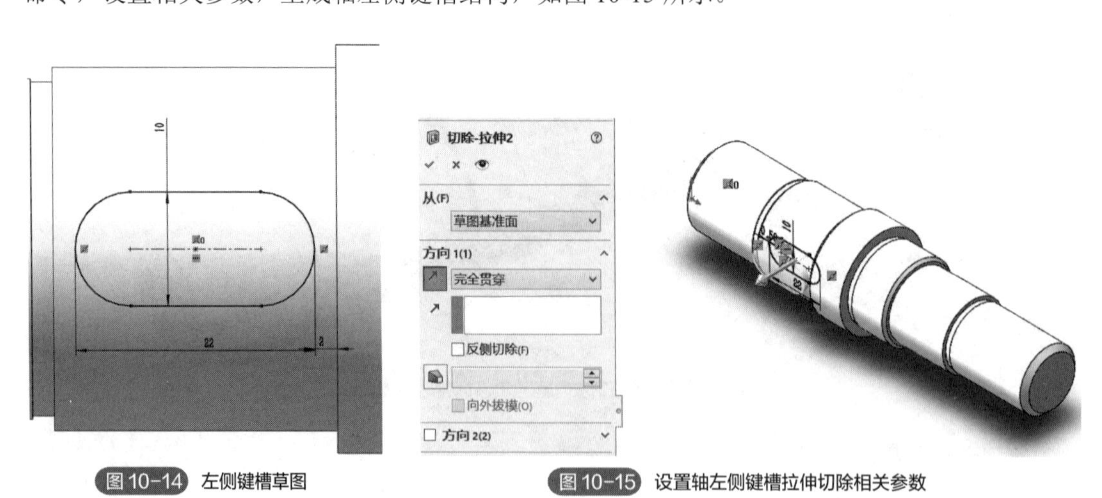

图 10-14 左侧键槽草图　　图 10-15 设置轴左侧键槽拉伸切除相关参数

c. 参照步骤 a 和 b 生成轴右侧的键槽，辅助基准面 2 设置、键槽草图及拉伸切除参数设置如图 10-16～图 10-18 所示，生成效果如图 10-19 所示。

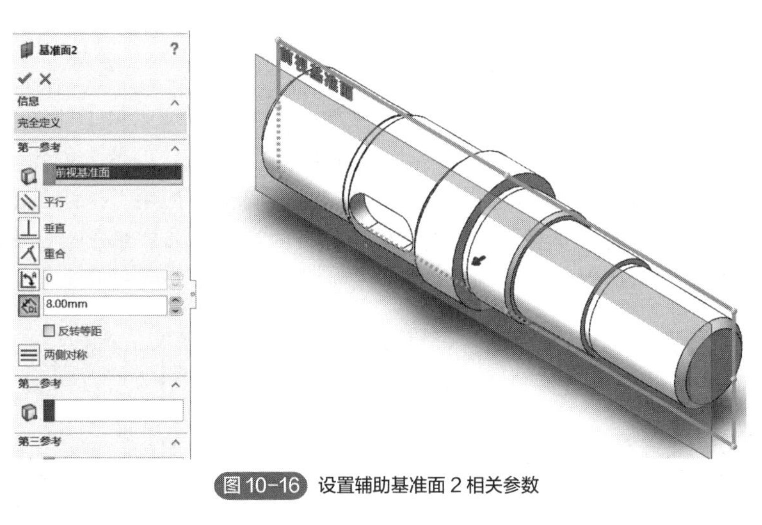

图 10-16　设置辅助基准面 2 相关参数

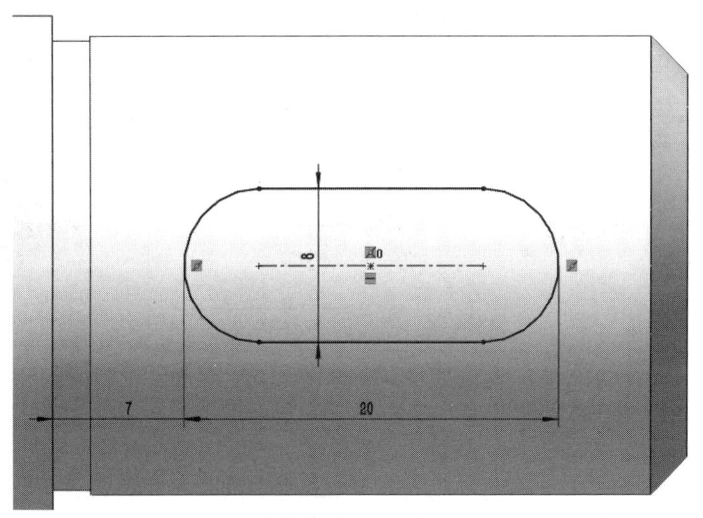

图 10-17　右侧键槽草图

扫码看视频
轴建模

切除-拉伸3
从(F)
草图基准面
方向 1(1)
给定深度
34.00mm
反侧切除(F)
向外拔模(O)
方向 2(2)
所选轮廓(S)

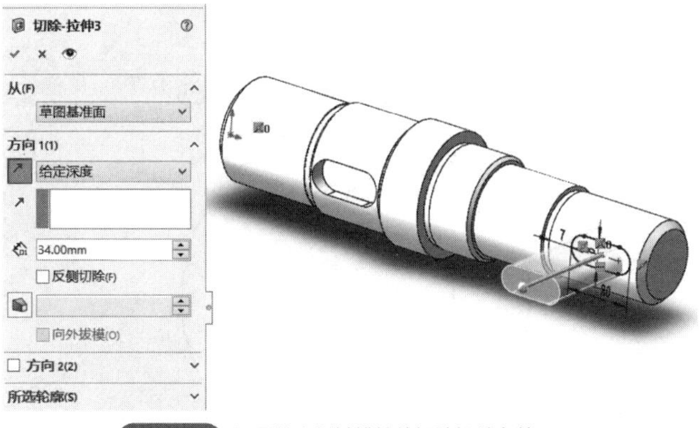

图 10-18　设置轴右侧键槽拉伸切除相关参数

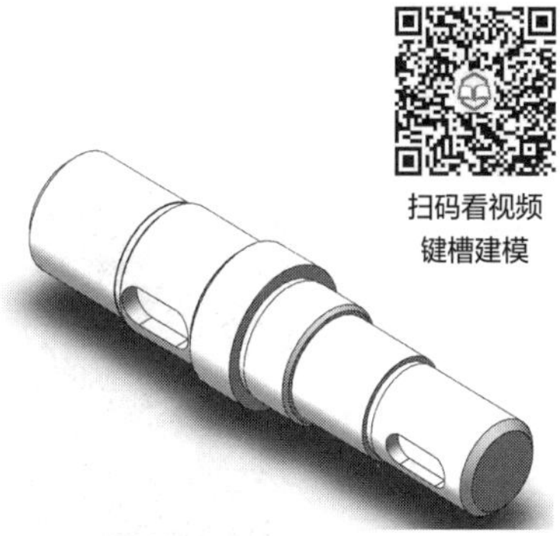

扫码看视频
键槽建模

图 10-19　轴建模效果图

10.2 支架类零件建模案例

（1）建模分析

图 10-20 所示模型立体可看作由如图 10-21 所示的五部分组成。第Ⅰ部分可通过“拉伸凸台/基体”命令生成；第Ⅱ部分可应用“拉伸凸台/基体”命令生成，但要先创建一个与前视基准面垂直且与上视基准面呈 45° 角的辅助基准面；第Ⅲ、Ⅳ部分可应用“拉伸凸台/基体”命令生成，但也要先创建一个辅助基准面才能绘制拉伸所需要的草图；第Ⅴ部分应用“筋”命令生成。最后应用“倒角”命令生成立体各个部分的倒角结构。

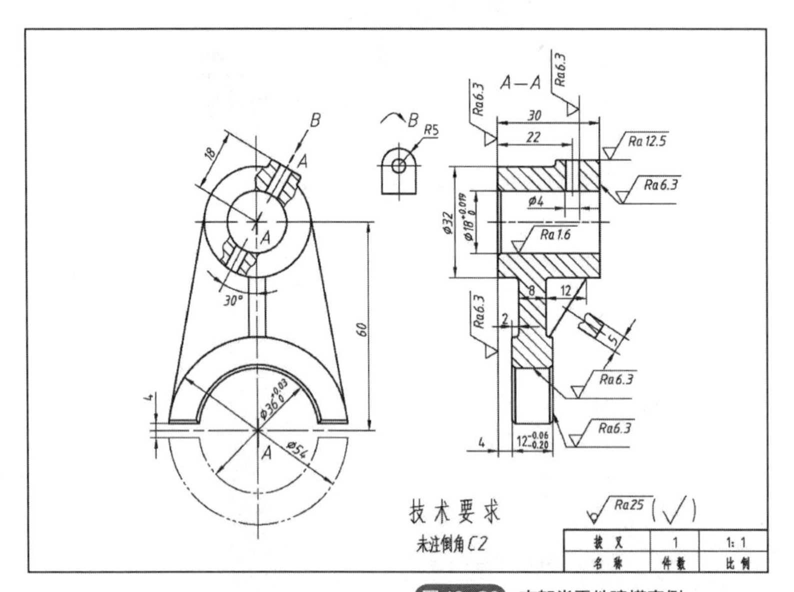

图 10-20 支架类零件建模案例

（2）操作步骤

① 生成第Ⅰ部分实体。

a. 选择前视基准面，绘制草图，标注尺寸并设置合适的几何约束，如图 10-22 所示。

b. 应用“拉伸凸台/基体”命令拉伸生成圆柱部分，如图 10-23 所示。

图 10-21 拔叉分解示意图

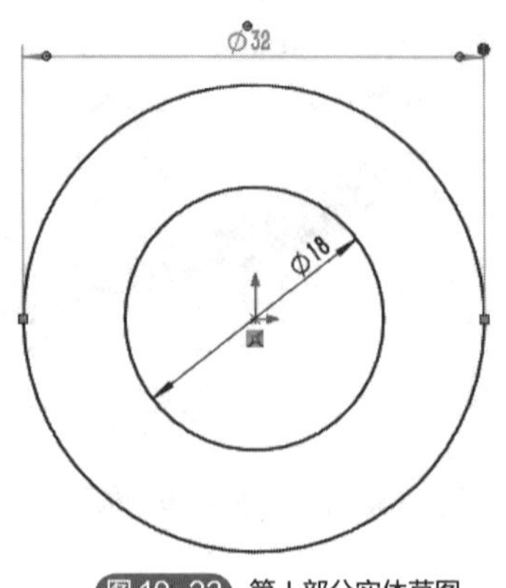

图 10-22 第Ⅰ部分实体草图

② 生成第Ⅱ部分实体。

a. 选择“特征”面板丨参考几何体丨基准轴命令，在弹出的“基准轴”属性管理器中设置相关参数，选取直径为18的孔的轴线作为基准轴线，如图10-24所示。

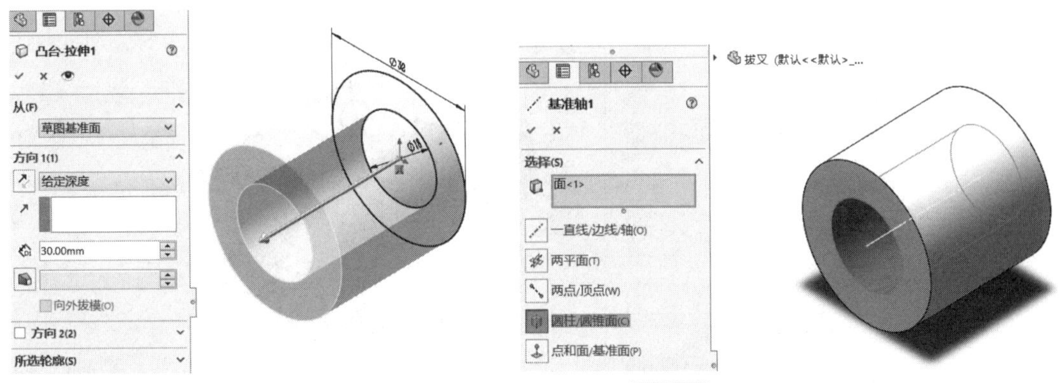

图10-23 设置第Ⅰ部分实体拉伸相关参数

图10-24 设置基准轴相关选项

b. 选择“特征”面板丨参考几何体丨基准面命令，在弹出的“基准面”属性管理器中设置相关参数，生成通过基准轴并与上视基准面呈30°角的基准面1，如图10-25所示。

c. 采用上一步同样的方法，生成平行于基准面1距离为18的基准面2，如图10-26所示。

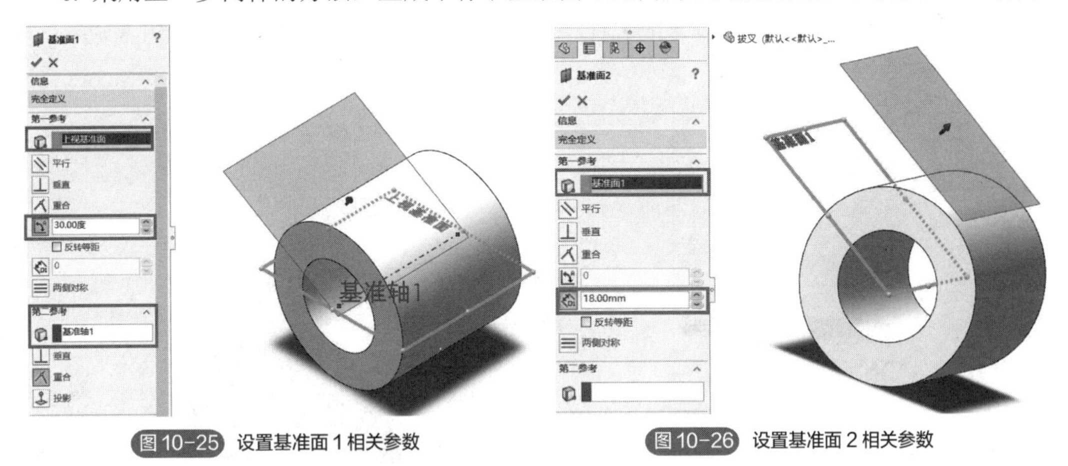

图10-25 设置基准面1相关参数

图10-26 设置基准面2相关参数

d. 选择基准面2，在该平面上绘制如图10-27所示的草图，标注尺寸并设置合适的几何关系。应用“拉伸凸台/基体”命令生成实体Ⅱ部分的基本形状，相关参数设置如图10-28所示。

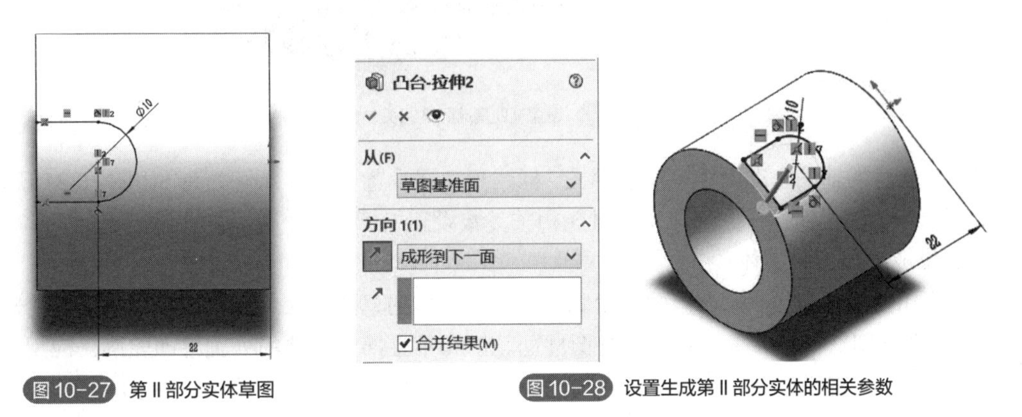

图10-27 第Ⅱ部分实体草图

图10-28 设置生成第Ⅱ部分实体的相关参数

e. 选择上一步生成的实体上表面，在该平面上绘制切除孔的草图，标注尺寸。应用“拉伸切除”命令生成实体Ⅱ孔的结构，相关参数设置如图 10-29 所示。

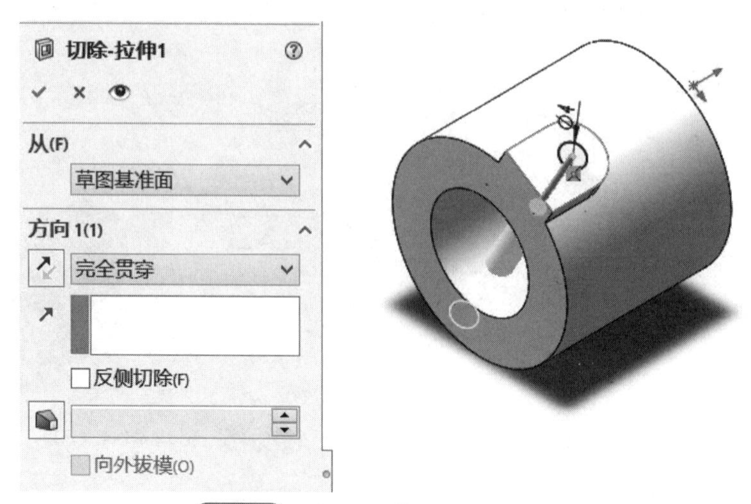

图 10-29 设置生成第Ⅱ部分实体孔的相关参数

③ 生成第Ⅲ部分实体。

a. 选择前视基准面，创建与该面平行，距离为 10 的辅助基准面 3，设置相关参数，如图 10-30 所示。

图 10-30 设置辅助基准面 3 相关参数

b. 在创建的辅助基准面 3 上绘制草图，标注尺寸并设置合适的几何关系，如图 10-31 所示。应用“拉伸凸台/基体”命令生成实体Ⅲ，相关参数设置如图 10-32 所示。

④ 生成第Ⅳ部分实体。

a. 选择辅助基准面 3，在该面上绘制第Ⅳ部分实体的草图。应用“草图”面板上的“转换实体引用”分别获得第Ⅱ部分实体的外圆柱面轮廓和第Ⅲ部分实体的外圆柱面轮廓。应用“草图”面板上的“直线”命令，定义直线与圆柱轮廓线“相切”几何关系，如图 10-33 所示。

b. 应用“拉伸凸台/基体”命令生成实体Ⅳ，相关参数设置如图 10-34 所示。

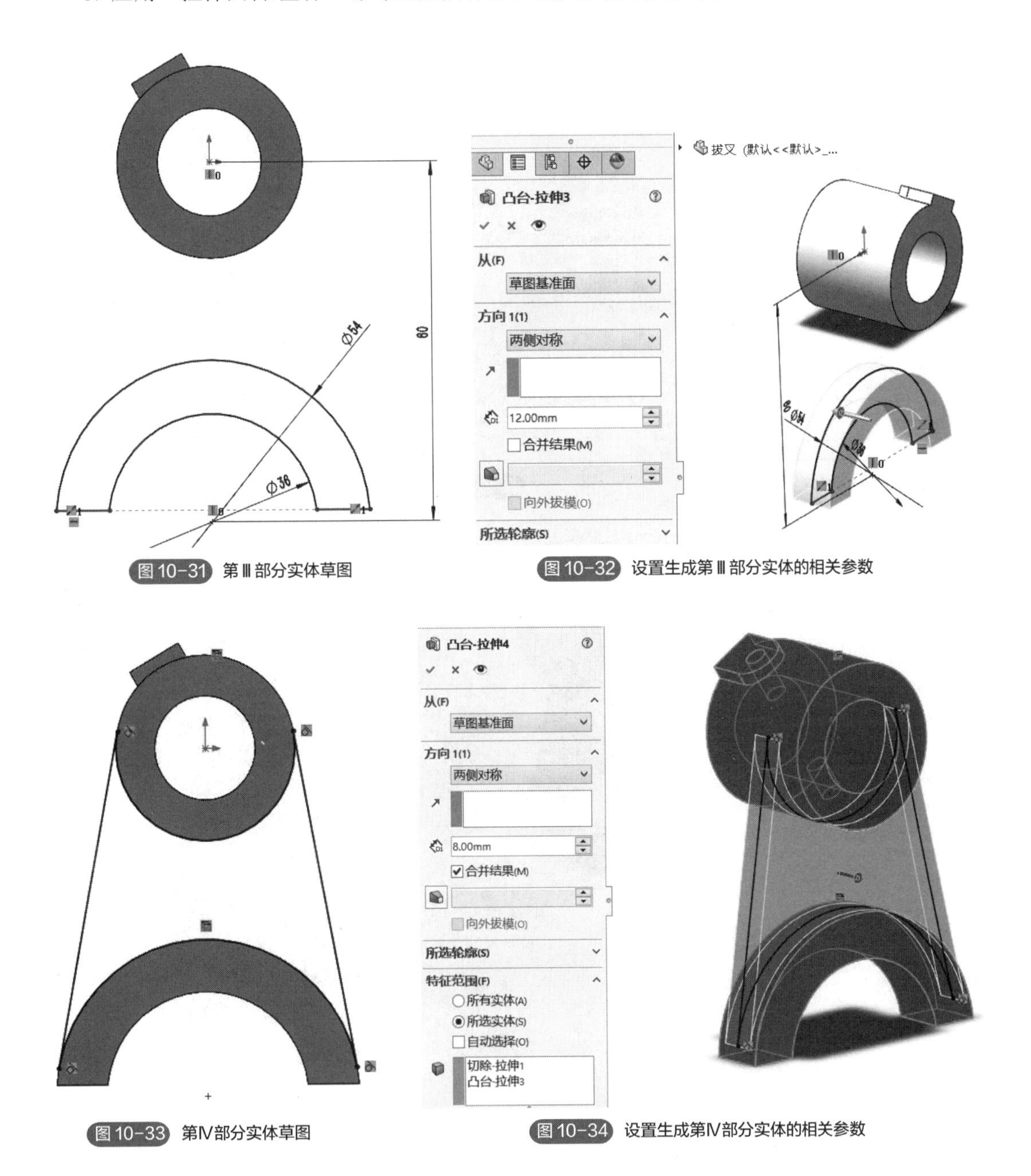

图 10-31 第Ⅲ部分实体草图

图 10-32 设置生成第Ⅲ部分实体的相关参数

图 10-33 第Ⅳ部分实体草图

图 10-34 设置生成第Ⅳ部分实体的相关参数

⑤ 生成第Ⅴ部分实体。选择右视基准面，在该面上绘制第Ⅴ部分实体——肋板的草图，选择“特征”面板上“筋”命令设置相关参数生成肋板结构，如图 10-35 和图 10-36 所示。

⑥ 生成整个实体的倒角结构。选择“特征”面板上“倒角”命令，设置相关参数（图 10-37），生成整个实体的倒角结构，如图 10-38 所示。

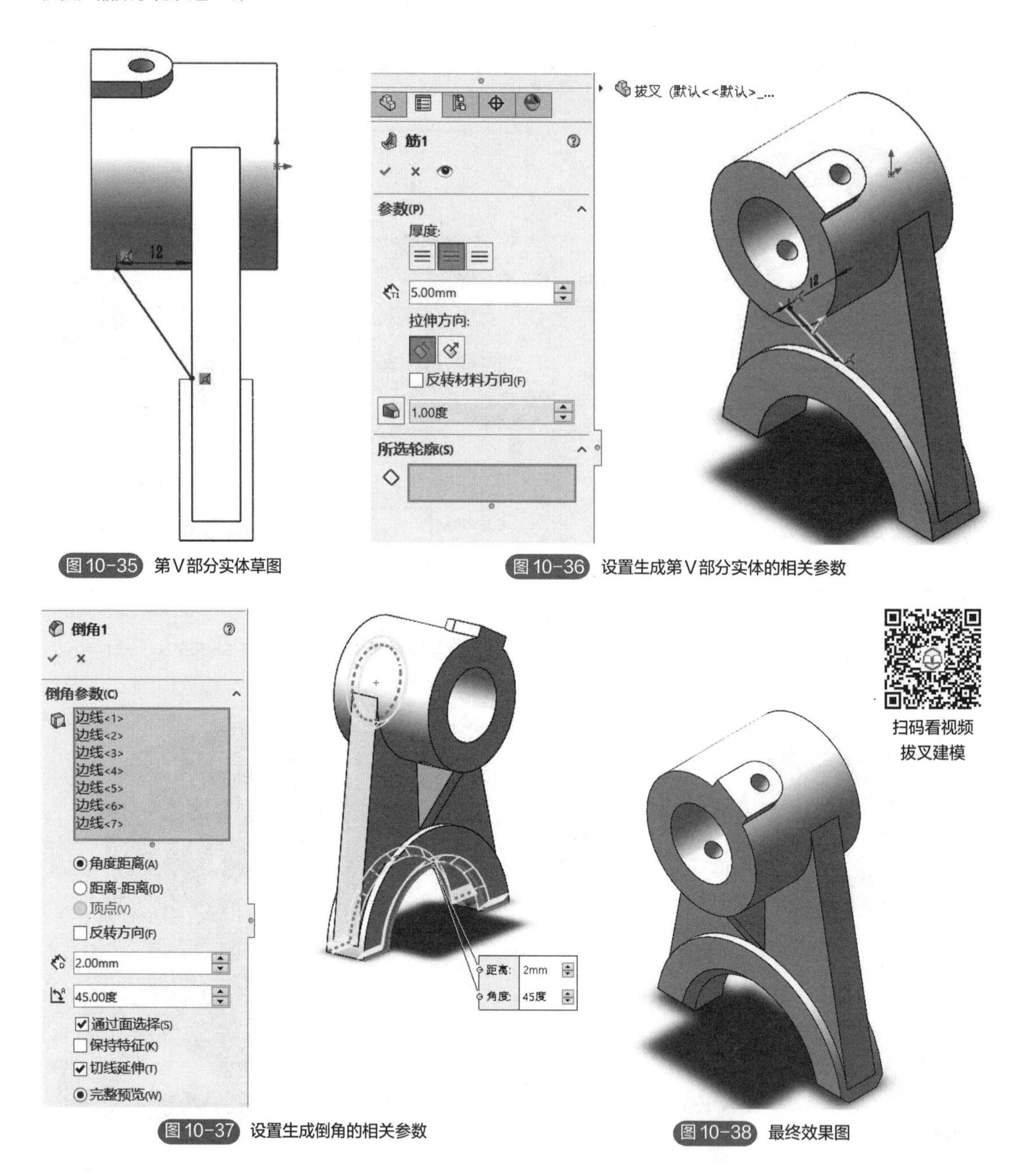

图 10-35 第Ⅴ部分实体草图

图 10-36 设置生成第Ⅴ部分实体的相关参数

图 10-37 设置生成倒角的相关参数

图 10-38 最终效果图

10.3 箱体类零件建模案例

本案例图形如图 10-39 所示。

10.3.1 知识准备

螺纹结构是机械零件中常见的结构，SOLIDWORKS 提供了多种生成螺纹结构的方法，现简单总结一下。

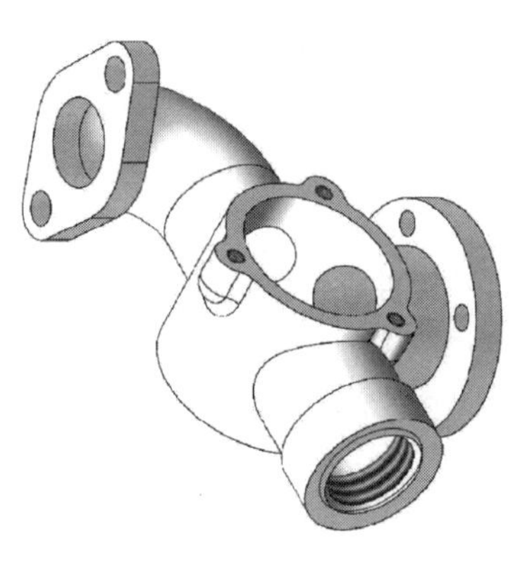

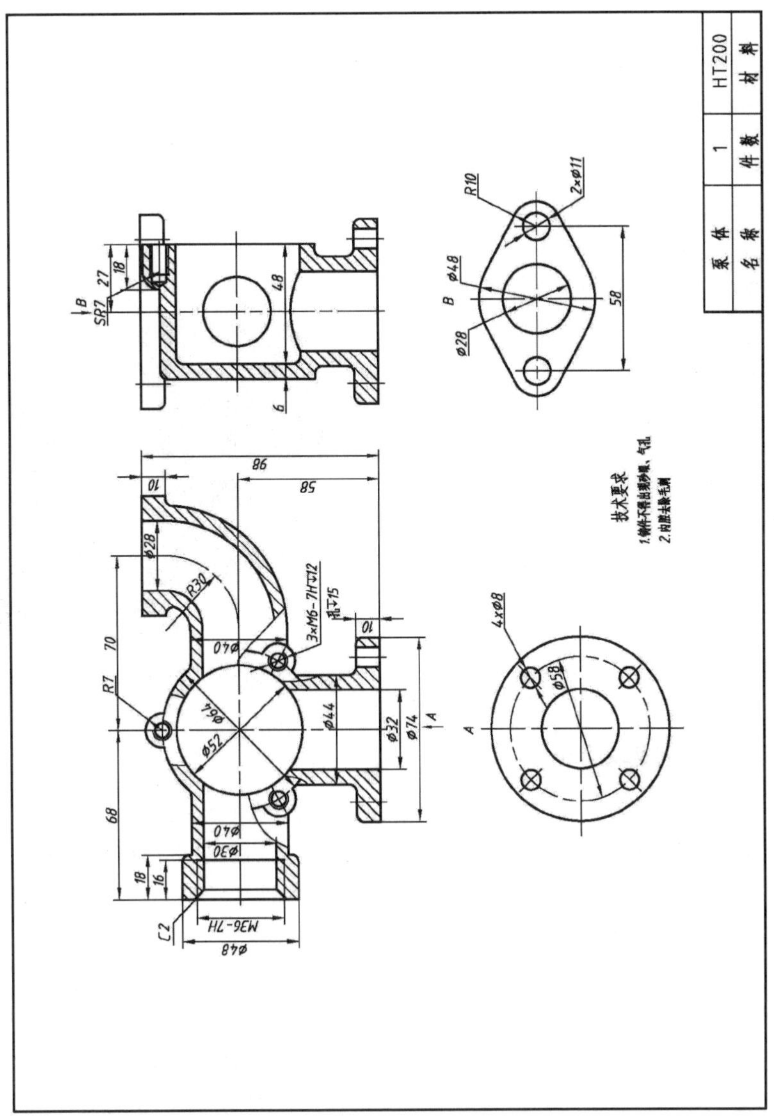

图 10-39　箱体类零件建模案例

（1）生成装饰性螺纹

对于符合国标要求的标准螺纹，通常可采用系统提供的“装饰性螺纹线”命令生成。所生成的装饰性螺纹线不是单独生成的实体，而只显示螺纹的外观。采用这种建模方法的优点是占用系统资源较少，转化工程图时螺纹的画法符合国标要求，比较方便快捷。但不能用于后续螺纹强度的计算和分析。

单击菜单 | 插入 | 注解 | 装饰性螺纹线，会弹出如图 10-40 所示的“装饰性螺纹线”属性管理器。在其中指定生成装饰螺纹线的圆柱边线，确定生成螺纹的标准、类型、规格和深度等参数，生成装饰性螺纹的效果如图 10-41 所示。

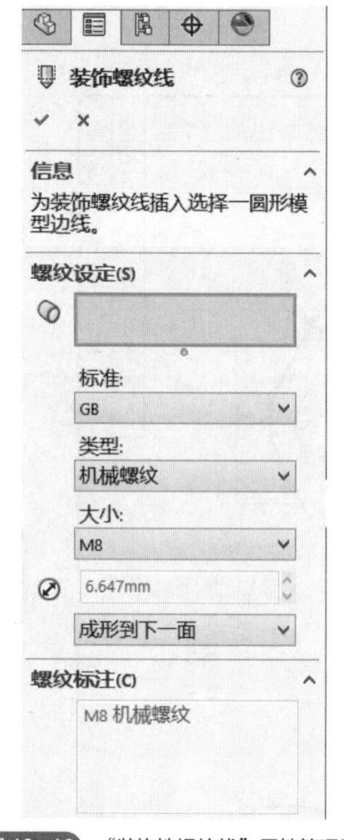

图 10-40 “装饰性螺纹线”属性管理器图

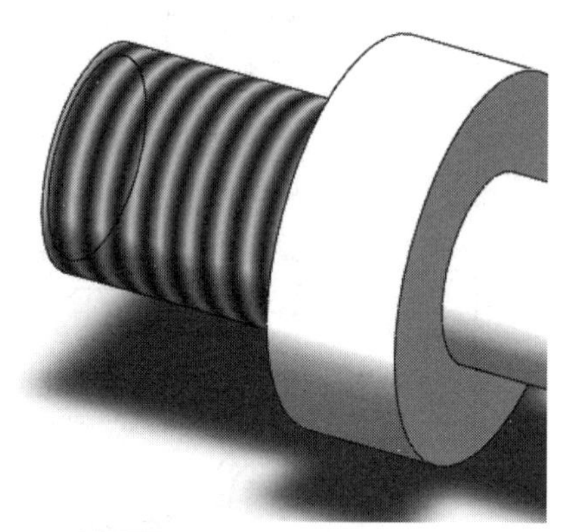

图 10-41 “装饰性螺纹线”效果图

（2）生成真实的螺纹特征

对于不符合国标要求的非标准螺纹，则不能用“装饰性螺纹线”命令生成，只能用系统提供的建模命令生成。相对于装饰性螺纹线而言，生成真实的螺纹特征在转化工程图时其表达的形式是不符合国标关于螺纹简化画法要求的，需要进行编程处理。但生成的真实螺纹特征是可以用于后续螺纹强度的计算和分析的。

方法一

应用“异形孔向导”中的“螺纹线”命令生成。该命令既可以生成螺纹孔（内螺纹），也可以生成外螺纹。在使用“螺纹线”命令前要先生成圆柱孔或圆柱实体，作为生成螺纹线的基础。

在点击“螺纹线”命令后，会弹出“螺纹线”属性管理器（图 10-42），现把常用选项介绍一下。

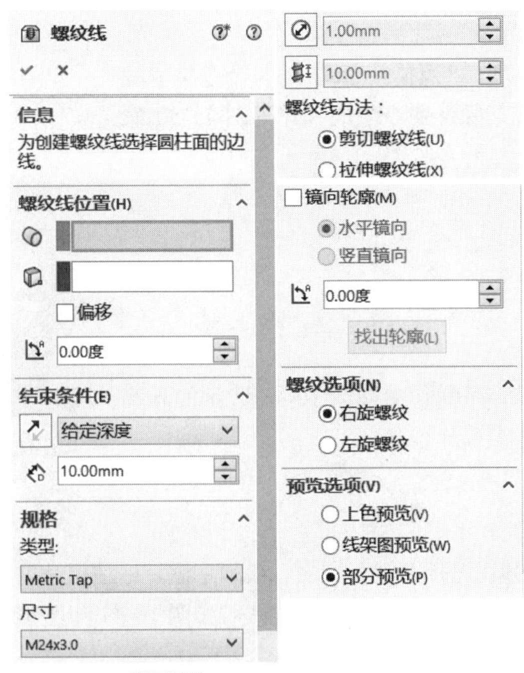

图 10-42 “螺纹线”属性管理器

①“螺纹线位置”选项组。

- “圆柱体边线”选项：用于设置生成螺纹线的圆柱体边线。
- “可选起始位置”选项：用于设置螺纹线的起点，如顶点、边线、平面等。
- “偏移”选项：用于设置螺纹线的起始位置相对于设定的“圆柱体边线”偏移距离。
- “开始角度”选项：用于设置螺纹线的起始角度，默认相对 X 轴角度。

②“结束条件”选项组：用于确定螺纹的长度。有三个选项：

- “给定深度”选项：设置螺纹的长度数值。
- “圈数”选项：设置螺纹的圈数。
- “依选择而定”选项：需要选择参考对象以定义深度。

③“规格”选项组：用于设置螺纹的类型和尺寸。

- “类型”选项：设置螺纹为“英制”“公制”等。
- “尺寸”选项：设置螺纹的具体规格。
- “螺纹线方法”选项：设置螺纹生成的方式是“剪切”方式还是“拉伸”方式。选择哪种方式生成，主要取决于所选择的“圆柱体边线”是孔还是圆柱实体，以及孔或实体的直径值对应的是螺纹的大径值还是小径值。
- “镜像轮廓”选项：调整螺纹的方向。

④“螺纹选项”：设置螺纹的细节参数。

- “右旋螺纹”“左旋螺纹”选项：设置螺纹的旋向。
- “多个起点”选项：用于设置螺纹线数。
- “根据开始面修剪”选项：设置螺纹生成的起始位置。一般需要设置偏移距离，将生成螺纹的起始位置相对螺纹生成的起始面偏移一段距离。

方法二

应用特征面板|“曲线”|“螺旋线/涡状线”命令生成螺旋线，然后应用“扫描切除”命令生成（详见图 11-50 螺旋杆效果图）。

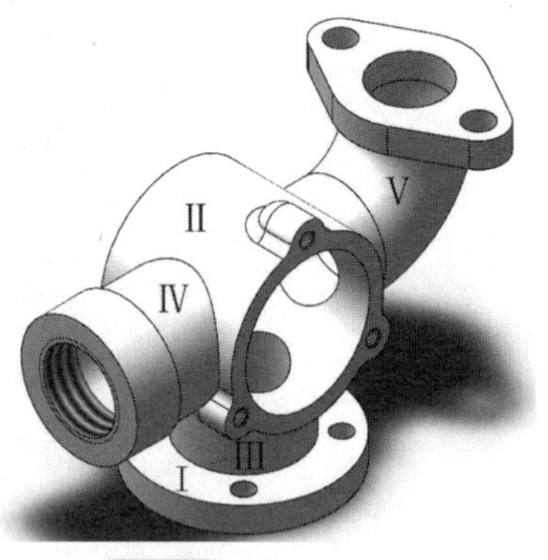

图 10-43 泵体分解示意图

10.3.2 上机练习

（1）建模分析

图 10-39 所示模型立体可看作由如图 10-43 所示的五部分组成。具体建模过程详见操作步骤。

（2）操作步骤

① 生成第 I 部分实体。选择上视基准面，绘制草图，标注尺寸并设置合适的几何约束。应用“拉伸凸台/基体”命令拉伸生成第 I 部分实体，如图 10-44 和图 10-45 所示。

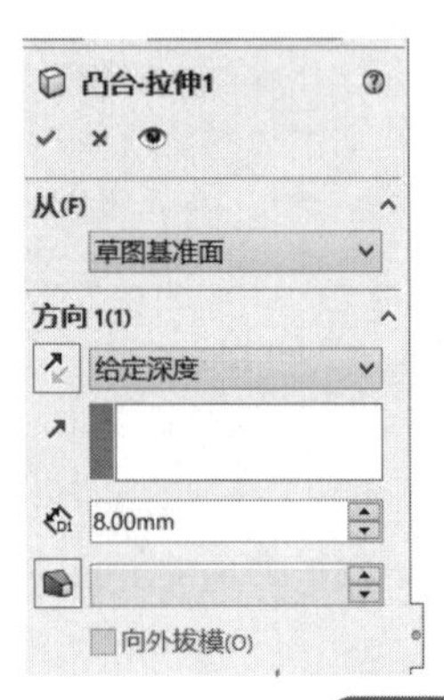

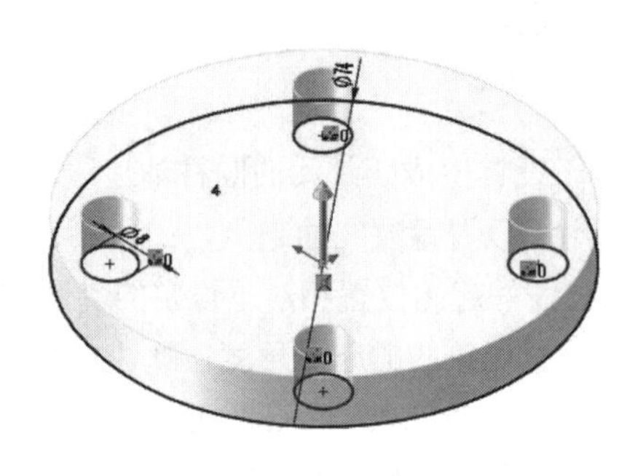
图 10-44 设置拉伸生成实体 I 的相关参数

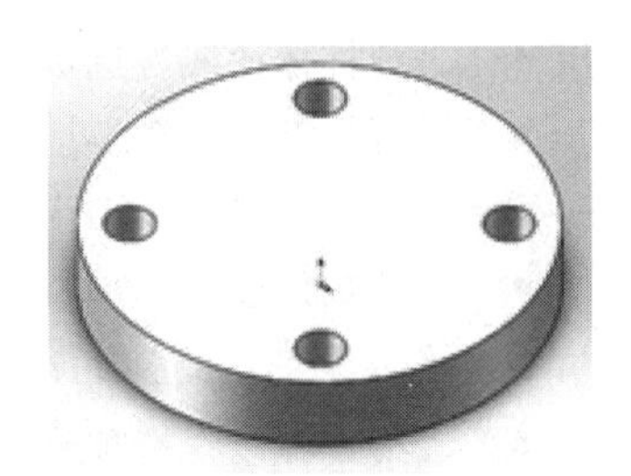
图 10-45 实体 I 效果图

② 生成第 II 部分实体。

a. 创建辅助基准面 1，绘制草图及标注尺寸，拉伸生成圆柱实体，如图 10-46 和图 10-47 所示。

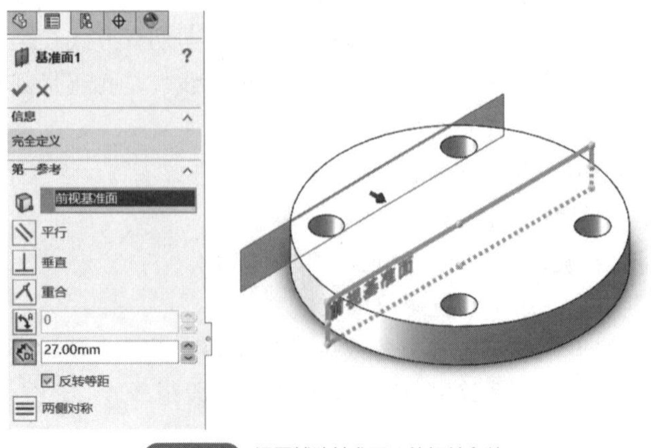

图 10-46 设置辅助基准面 1 的相关参数

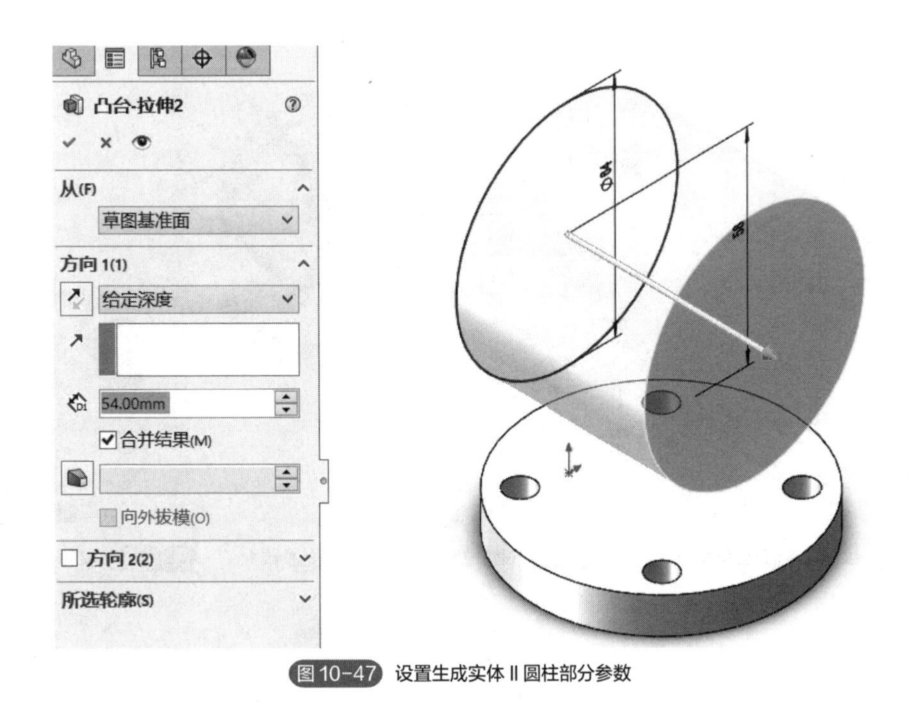

图 10-47 设置生成实体 II 圆柱部分参数

b. 选择上一步中生成的圆柱前面的平面，在该面上绘制草图及标注尺寸，拉伸切除生成圆柱孔，如图 10-48 和图 10-49 所示。

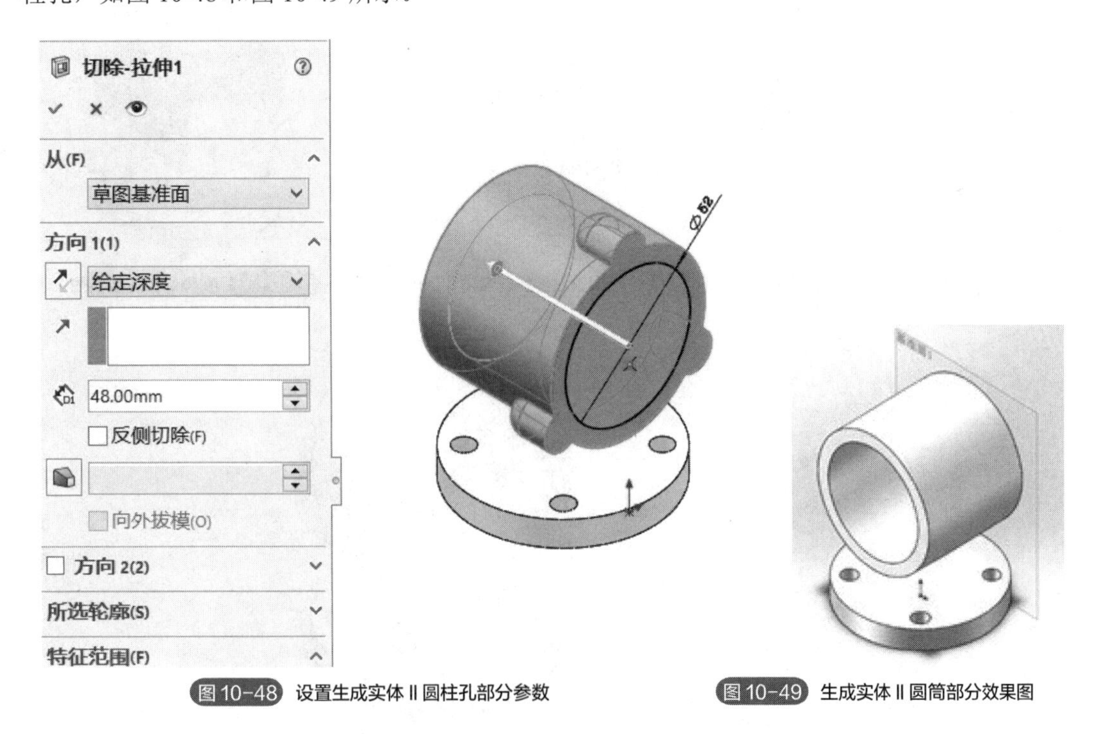

图 10-48 设置生成实体 II 圆柱孔部分参数

图 10-49 生成实体 II 圆筒部分效果图

c. 绘制草图，拉伸生成实体Ⅱ部分结构，如图 10-50～图 10-52 所示。

d. 选择右视基准面，绘制草图，旋转生成实体Ⅱ部分结构，如图 10-53～图 10-55 所示。

e. 应用“圆周阵列”命令，复制上一步生成的实体，相关参数设置如图 10-56 所示。

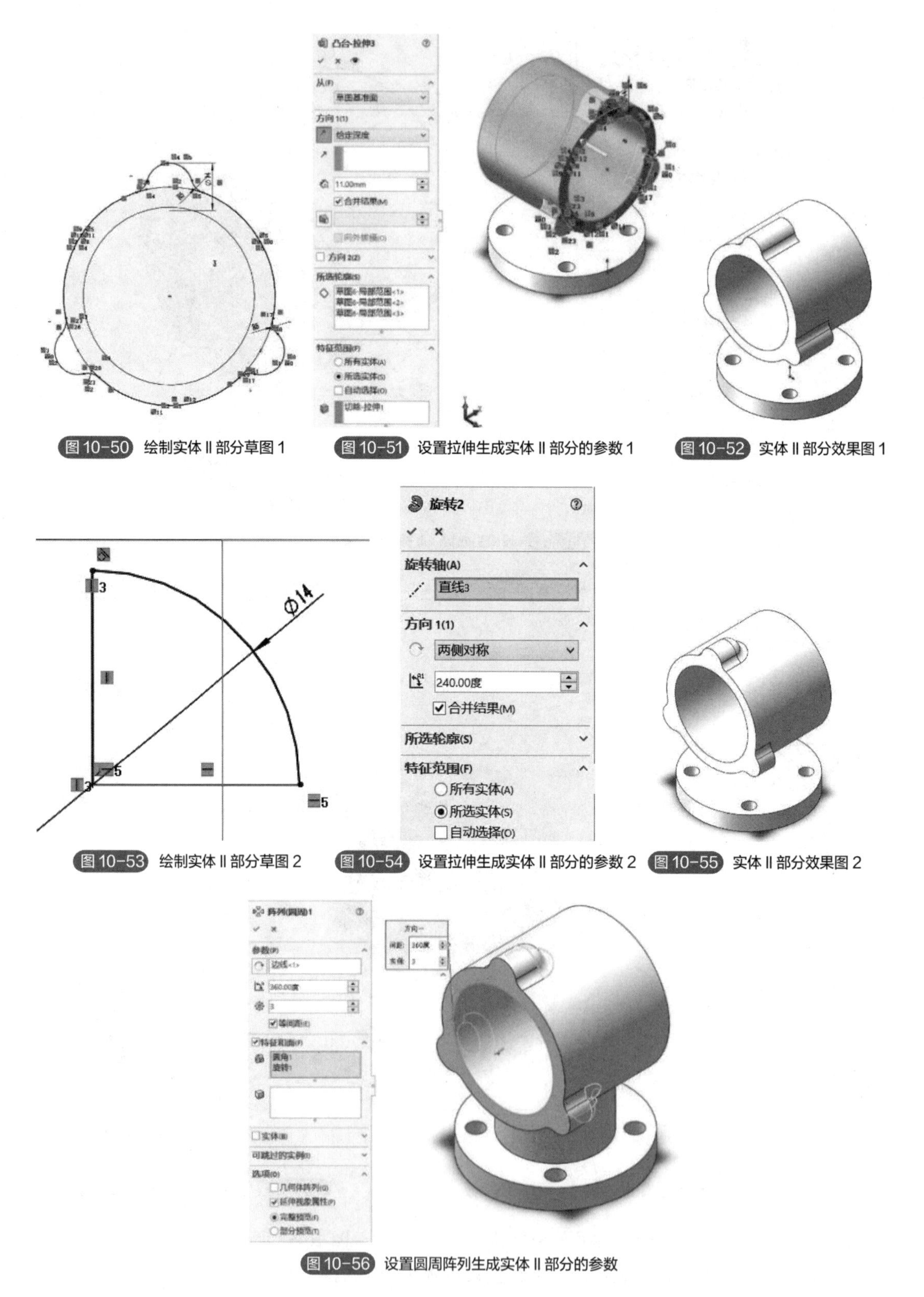

图 10-50 绘制实体 Ⅱ 部分草图 1

图 10-51 设置拉伸生成实体 Ⅱ 部分的参数 1

图 10-52 实体 Ⅱ 部分效果图 1

图 10-53 绘制实体 Ⅱ 部分草图 2

图 10-54 设置拉伸生成实体 Ⅱ 部分的参数 2

图 10-55 实体 Ⅱ 部分效果图 2

图 10-56 设置圆周阵列生成实体 Ⅱ 部分的参数

f. 使用“异形孔向导”命令生成三个螺纹孔，如图 10-57 和图 10-58 所示。

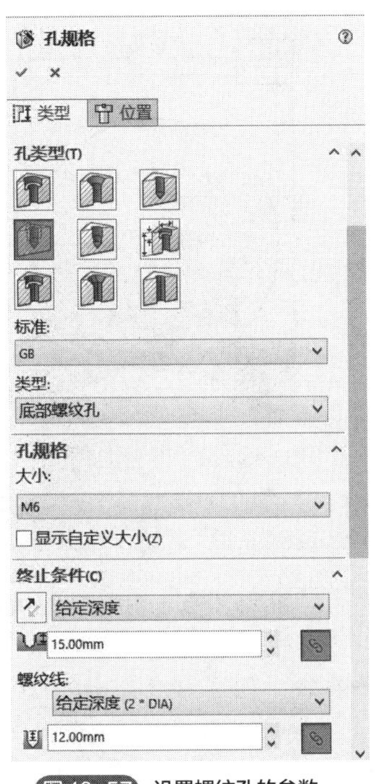

图 10-57　设置螺纹孔的参数

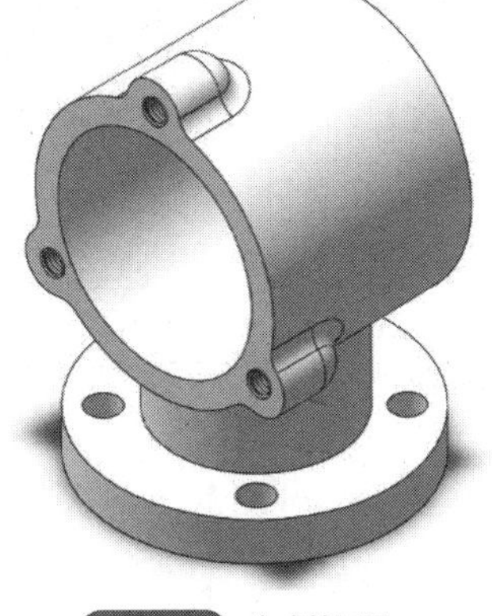

图 10-58　生成效果图

③ 生成第Ⅲ部分实体。

a. 选择实体Ⅰ上表面，绘制草图，拉伸生成实体Ⅲ，如图 10-59 所示。

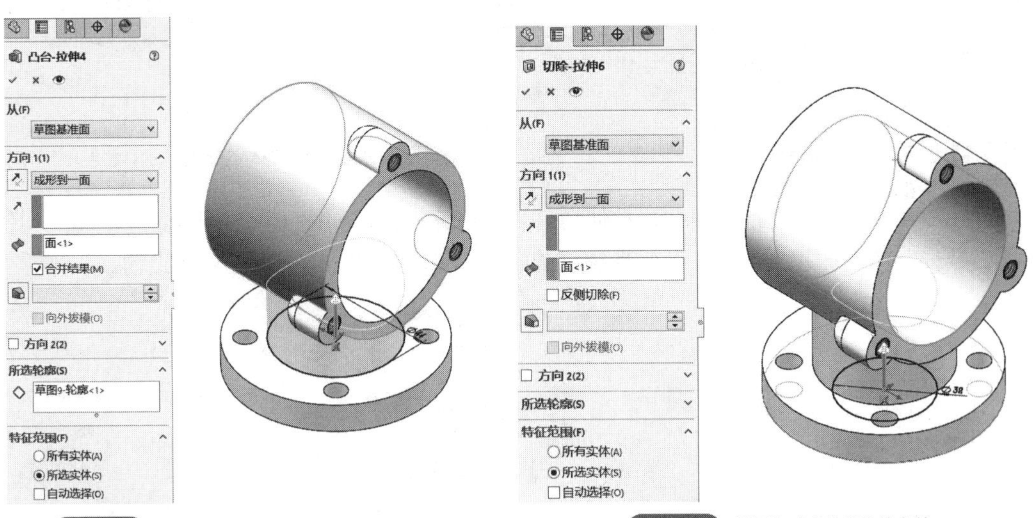

图 10-59　设置拉伸生成实体Ⅲ部分的参数　　图 10-60　设置生成实体Ⅲ孔的参数

b. 选择实体Ⅰ下表面，绘制草图，拉伸切除生成实体，如图 10-60 所示。

④ 生成第Ⅳ部分实体。

a. 建立辅助基准面 2，绘制草图，拉伸生成立体，如图 10-61～图 10-63 所示。

b. 选择上一步中生成实体的右侧平面，绘制草图并标注尺寸，拉伸生成实体如图 10-64 所示。

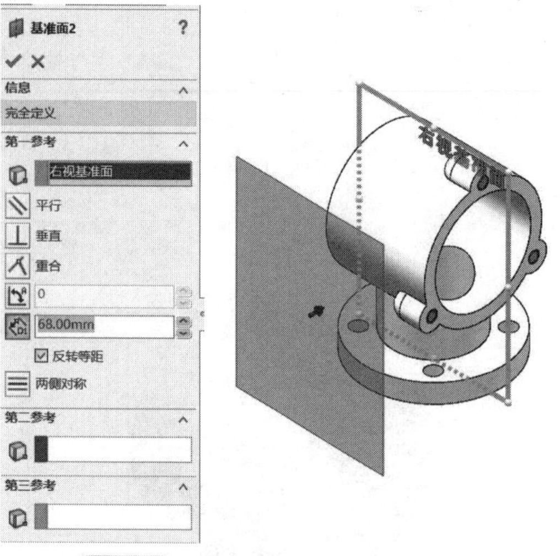

图10-61 设置辅助基准面2的相关参数

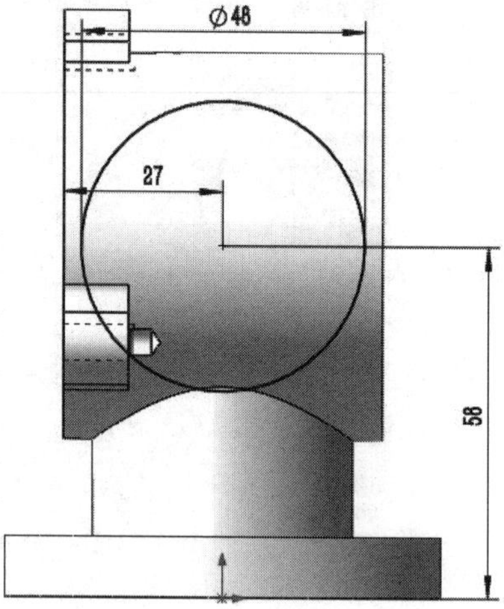

图10-62 绘制实体Ⅳ部分结构草图

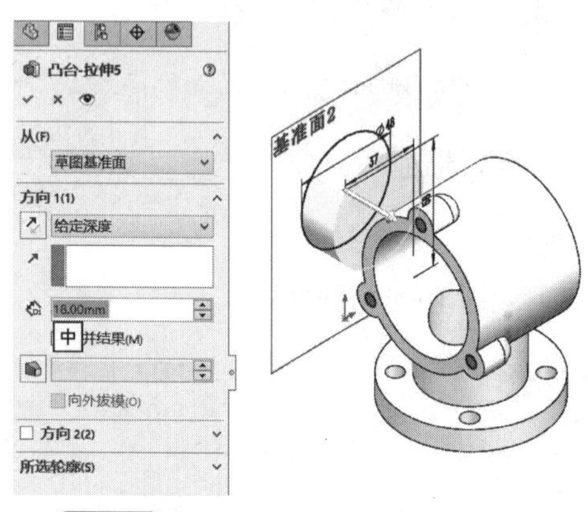

图10-63 设置拉伸生成实体Ⅳ部分结构的参数1

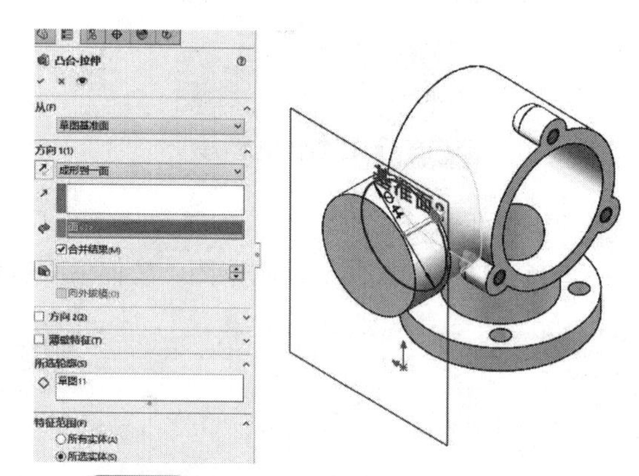

图10-64 设置拉伸生成实体Ⅳ部分结构的参数2

c. 在辅助基准面2上绘制草图，拉伸切除生成内部的孔，如图10-65所示。

d. 选择菜单｜插入｜注解｜装饰性螺纹线命令，生成如图10-66所示螺纹结构。

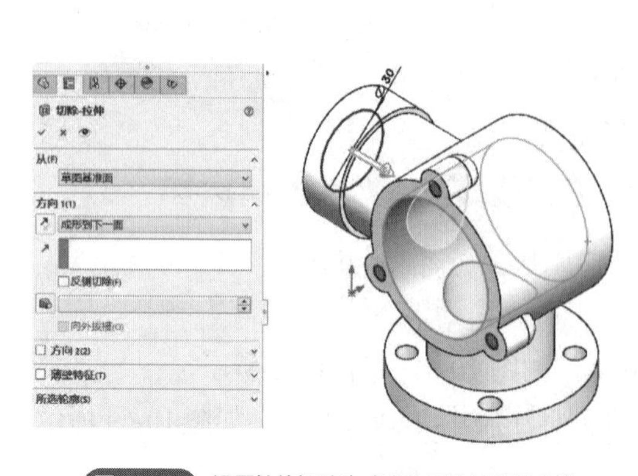

图10-65 设置拉伸切除生成实体Ⅳ孔结构的参数

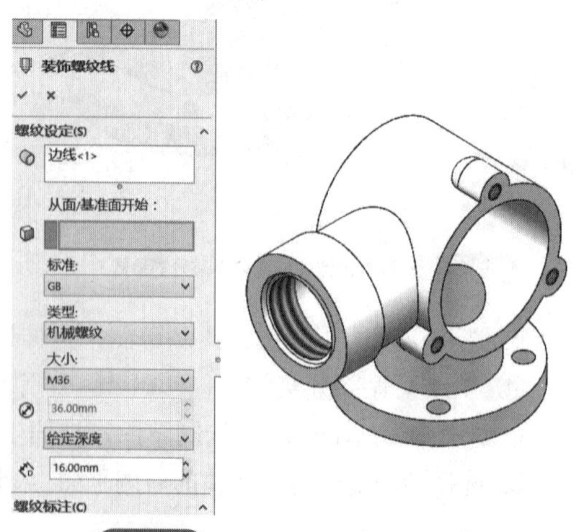

图10-66 设置实体Ⅳ螺纹孔结构的参数

⑤ 生成第Ⅴ部分实体。

a. 建立辅助基准面 3，在该平面上绘制草图，拉伸生成实体Ⅴ部分结构，如图 10-67～图 10-69 所示。

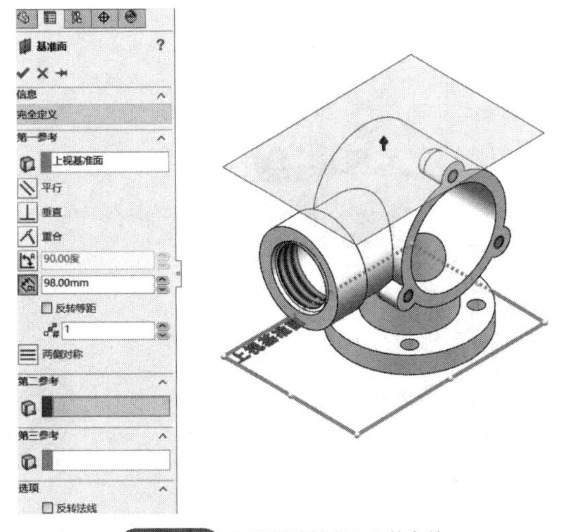

图 10-67 设置辅助基准面 3 的参数

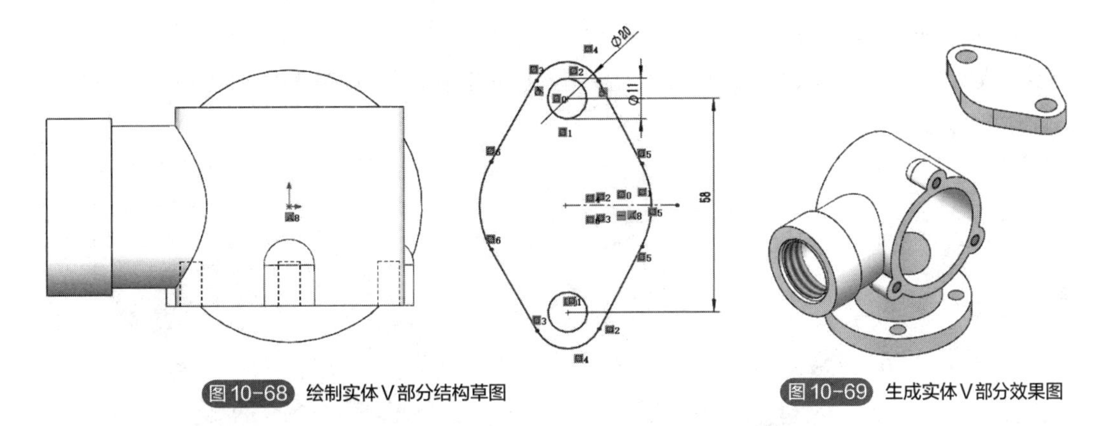

图 10-68 绘制实体Ⅴ部分结构草图

图 10-69 生成实体Ⅴ部分效果图

b. 选择如图 10-70 所示平面作为绘图平面，绘制直径为 40 的圆作为草图。选择前视基准面，绘制如图 10-71 所示草图。

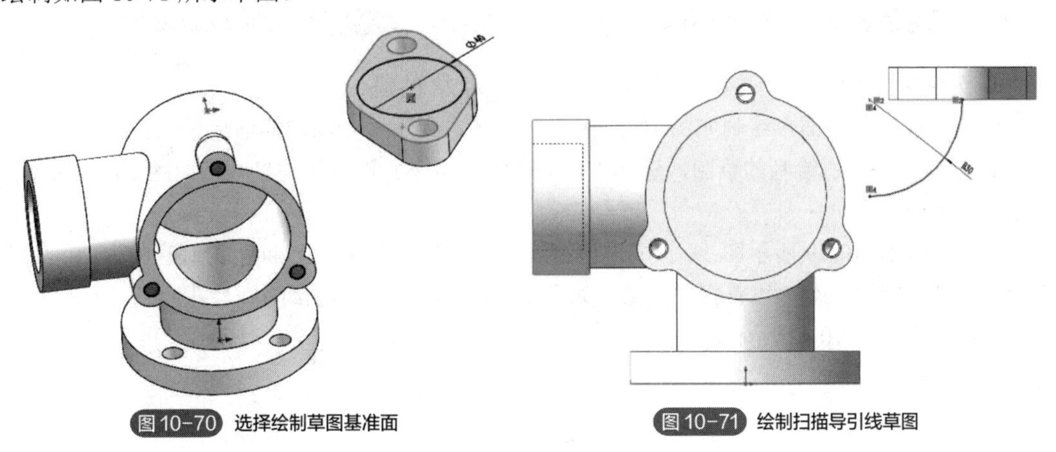

图 10-70 选择绘制草图基准面

图 10-71 绘制扫描导引线草图

c. 选择上一步所绘制的两个草图，选择“扫描”生成实体，如图 10-72 和图 10-73 所示。

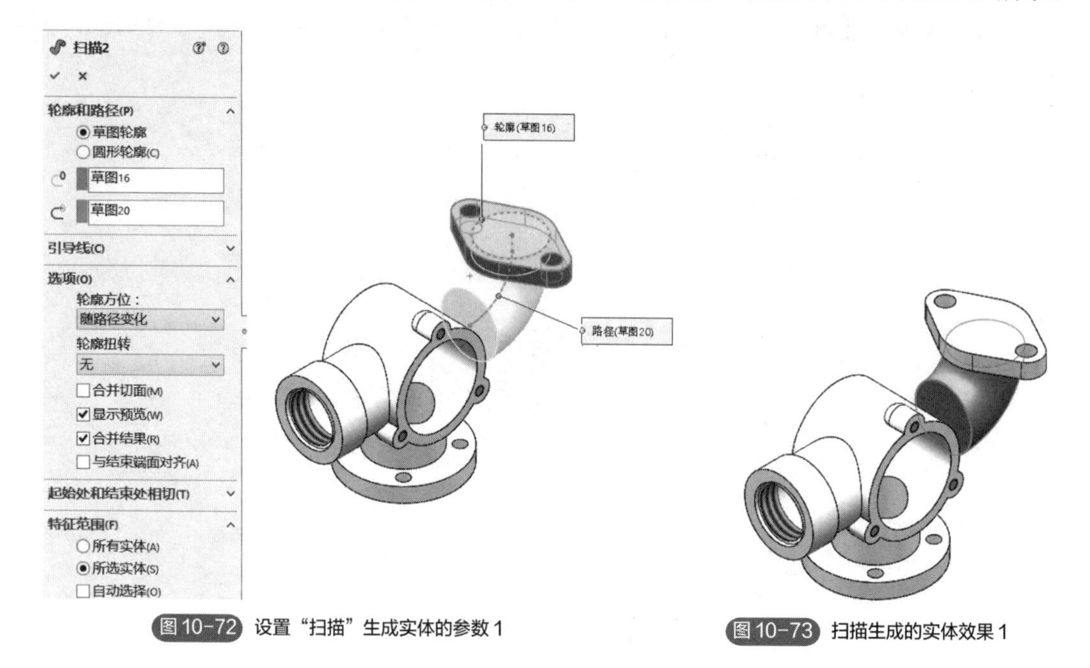

图 10-72 设置“扫描”生成实体的参数 1

图 10-73 扫描生成的实体效果 1

d. 选择上一步生成实体的左侧平面，应用“草图”面板上的“转换实体引用”分别获得上一步生成实体的圆柱面轮廓，并将其作为草图，拉伸生成如图 10-74 和图 10-75 所示的实体。

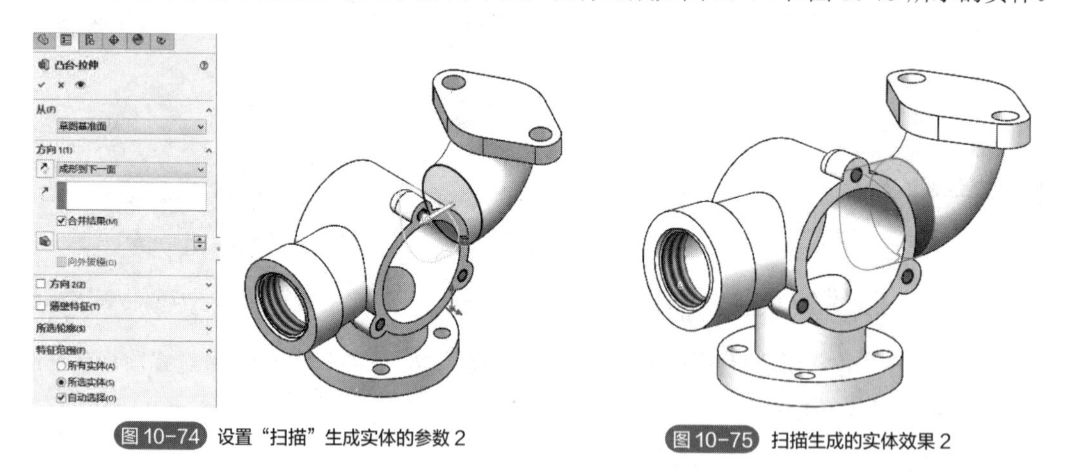

图 10-74 设置“扫描”生成实体的参数 2

图 10-75 扫描生成的实体效果 2

e. 选择如图 10-76 所示的涂色平面，绘制直径为 28 的圆。

f. 选择前视基准面，绘制如图 10-77 所示的草图，为下一步的扫描切除做准备。

g. 选择上两步所绘制的草图，选择“扫描切除”命令并设置相关参数，如图 10-78 所示，生成弯管内部的孔。

h. 选择如图 10-79 所示图线，生成过该图线的辅助基准面 4。在该面上绘制直径为 28 的圆。选择“拉伸切除”命令，设置相关参数，如图 10-80 所示，生成内部的圆柱孔。

最终效果如图 10-81 所示。

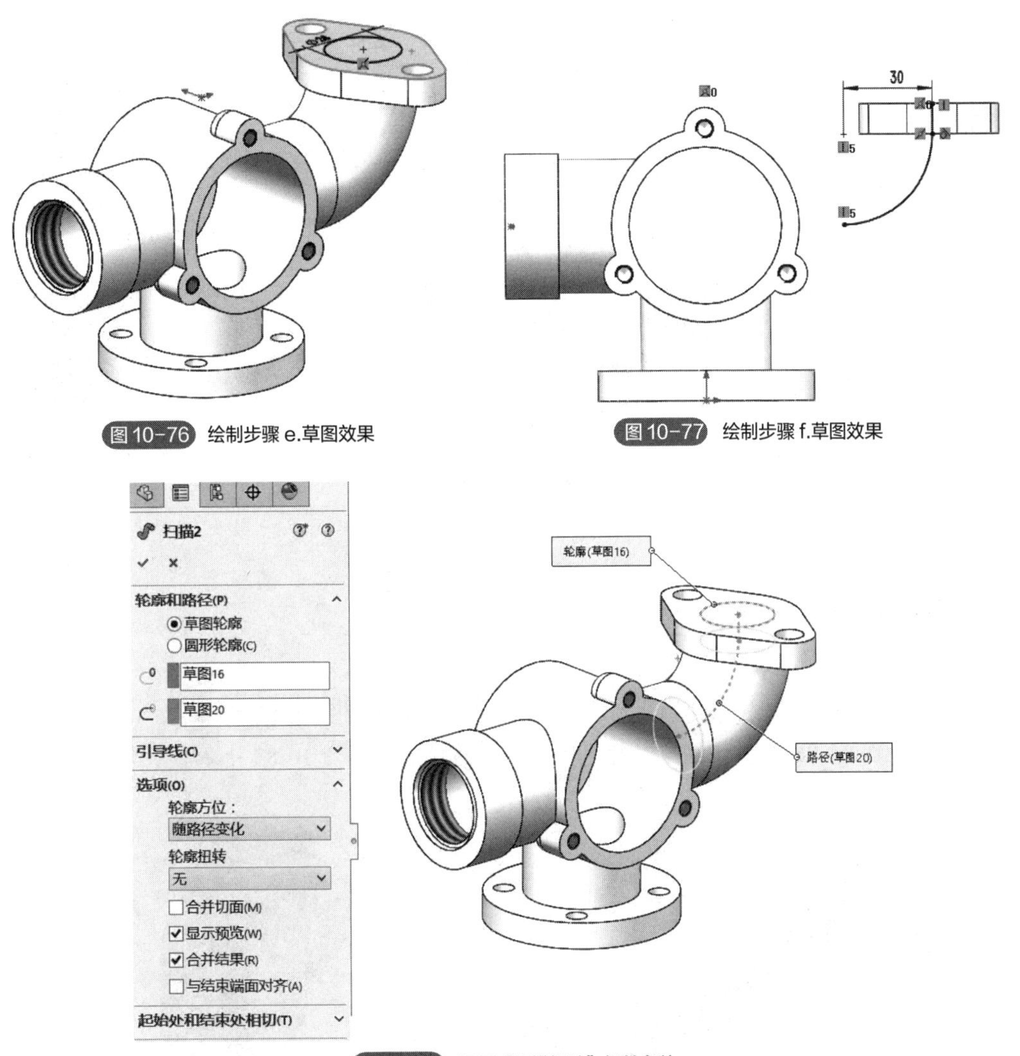

图 10-76　绘制步骤 e.草图效果

图 10-77　绘制步骤 f.草图效果

图 10-78　设置“扫描切除”相关参数

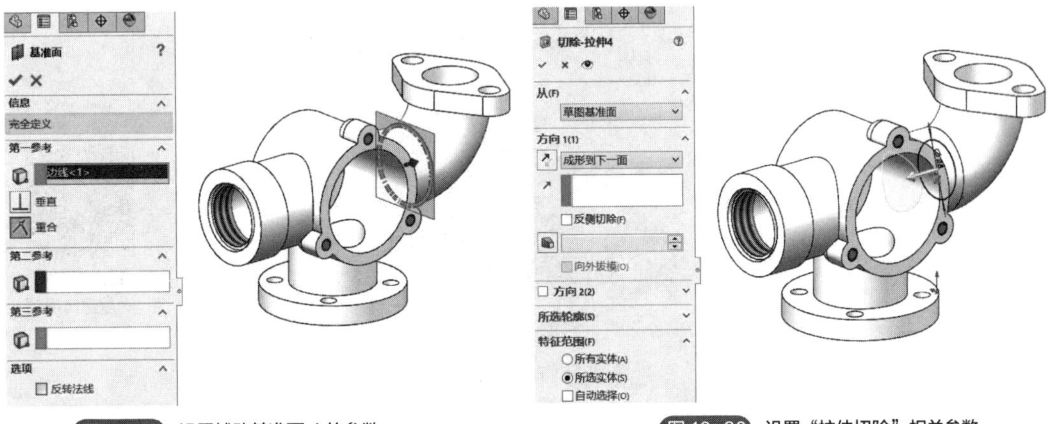

图 10-79　设置辅助基准面 4 的参数

图 10-80　设置“拉伸切除”相关参数

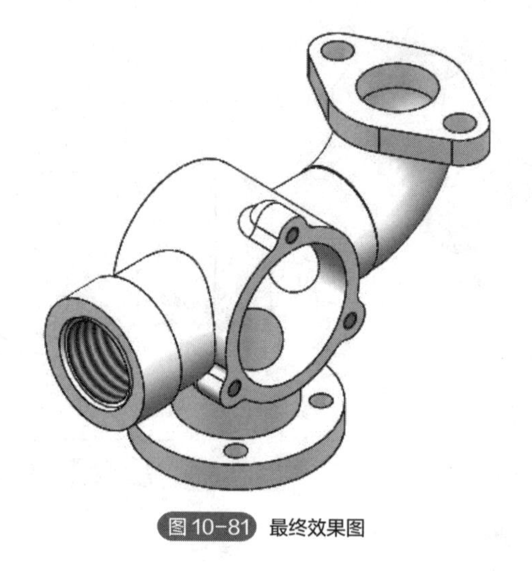

图10-81 最终效果图

扫码看视频
造型案例-泵体Ⅰ-Ⅲ部分

扫码看视频
造型案例-泵体Ⅳ-Ⅴ部分

课后练习

（1）根据图 10-85 主轴零件图进行建模练习，建模效果如图 10-82 所示。
（2）根据图 10-86 泵盖零件图进行建模练习，建模效果如图 10-83 所示。

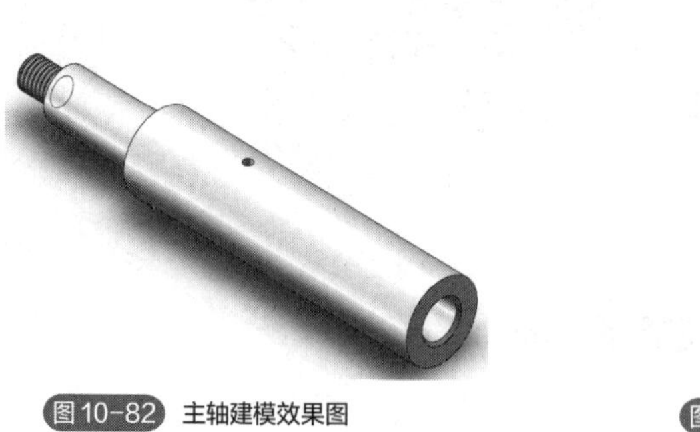

图10-82 主轴建模效果图

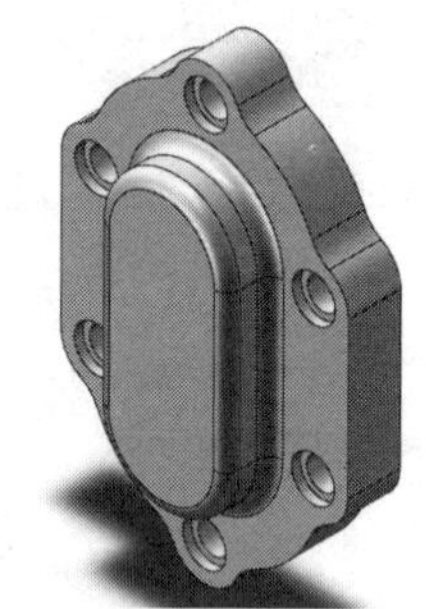

图10-83 泵盖建模效果图

（3）根据图 10-87 阀盖零件图进行建模练习，建模效果如图 10-84 所示。

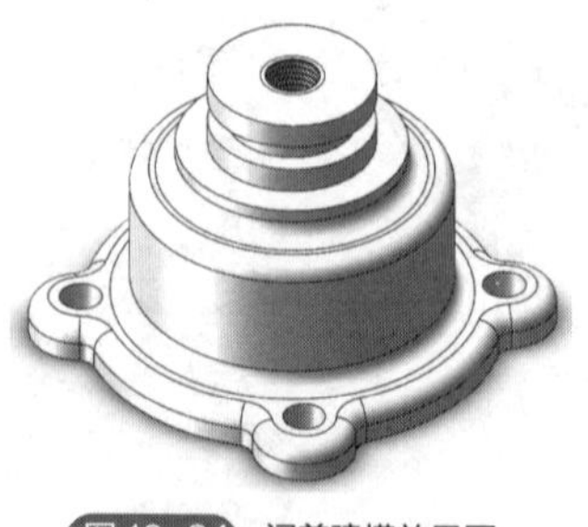

图10-84 阀盖建模效果图

扫码看视频
阀盖建模视频

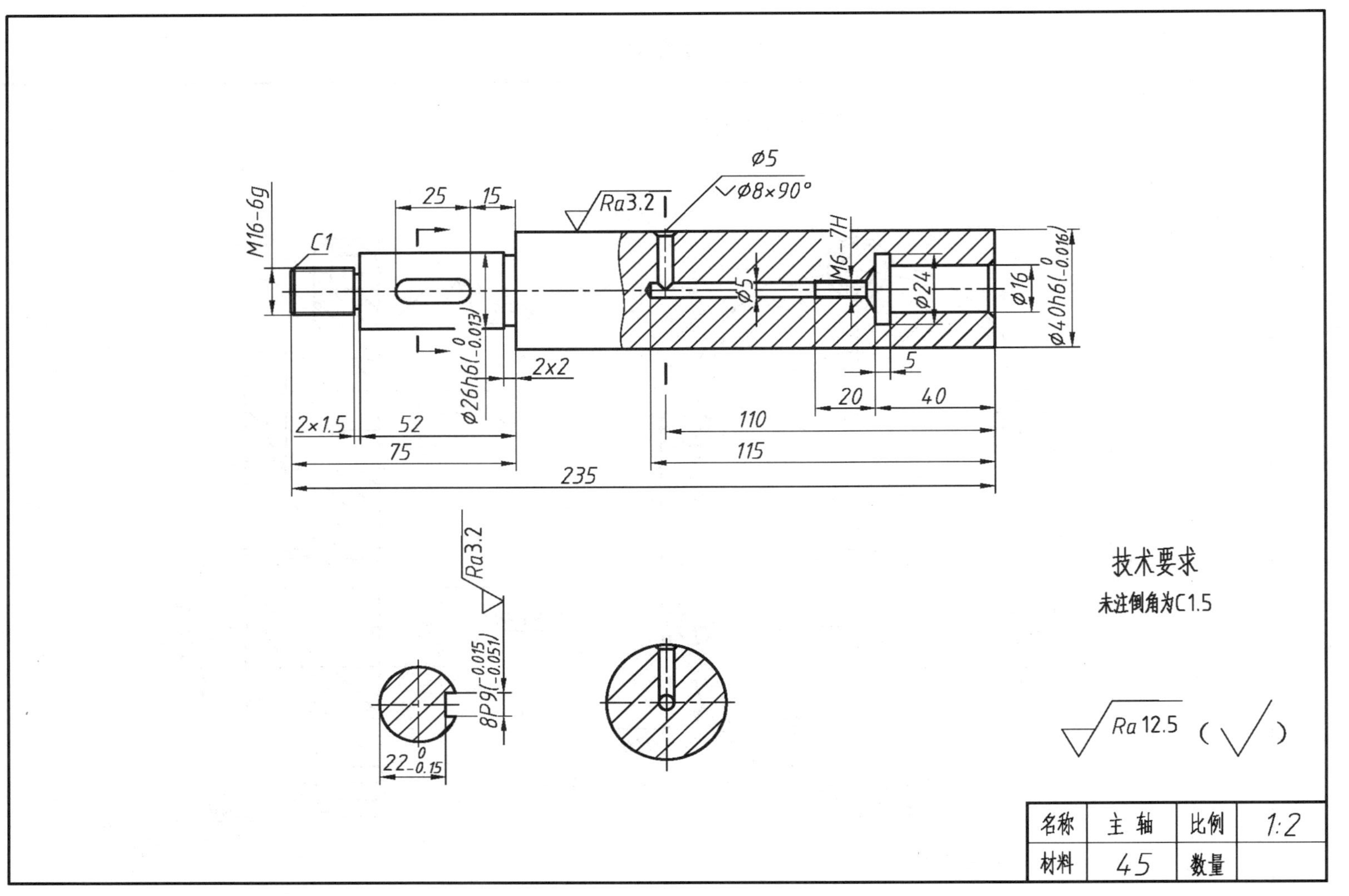
M16-6g
C1
25
15
Ra3.2
Ø5
Ø8×90°
M6-7H
Ø5
Ø24
Ø16
Ø40h6(0 -0.016)
Ø26h6(0 -0.013)
2x2
5
20
40
2×1.5
52
110
75
115
235
Ra3.2
8P9(-0.015 -0.051)
22 0 -0.15
技术要求
未注倒角为C1.5
Ra 12.5 (√)
名称
主 轴
比例
1:2
材料
45
数量

图 10-85　主轴零件图

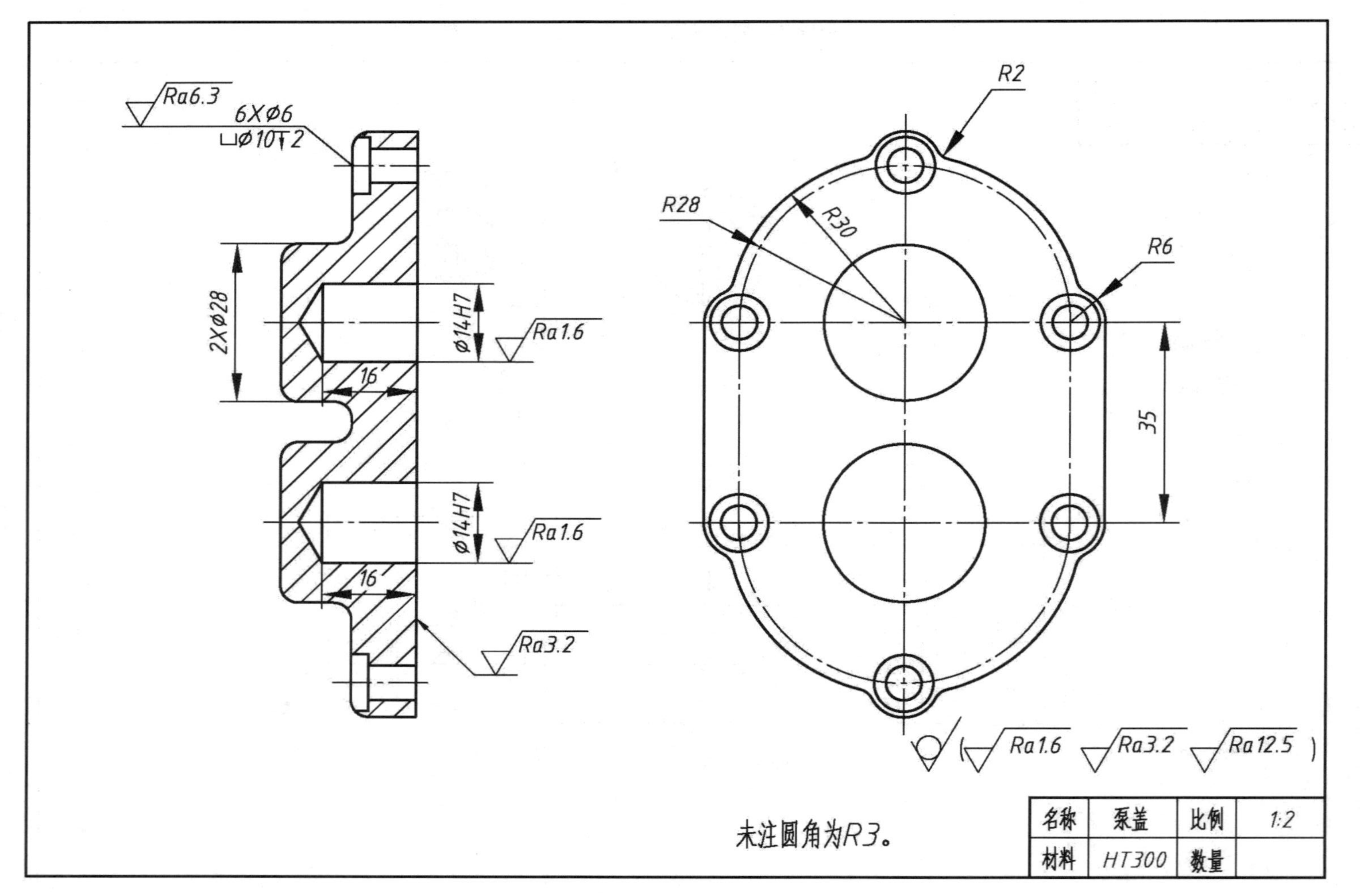
Ra6.3
6Xφ6
⌴φ10↧2
2Xφ28
φ14H7
Ra1.6
16
φ14H7
Ra1.6
16
Ra3.2
R2
R28
R30
R6
35
Ra1.6
Ra3.2
Ra12.5
未注圆角为R3。
名称
泵盖
比例
1:2
材料
HT300
数量

图10-86 泵盖零件图

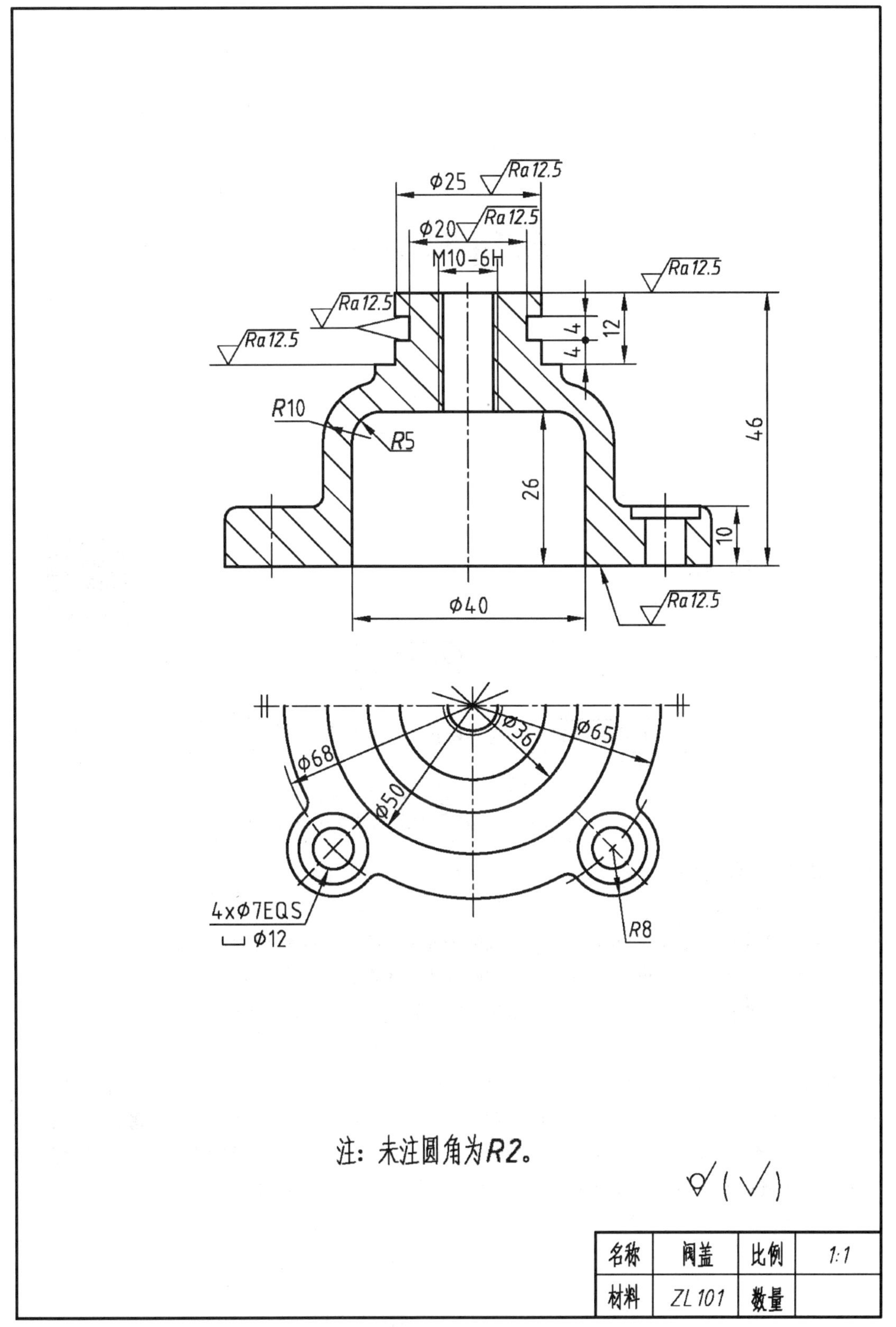
φ25
Ra 12.5
φ20
Ra 12.5
M10-6H
Ra 12.5
Ra 12.5
Ra 12.5
4
4
12
46
R10
R5
26
10
φ40
Ra 12.5
φ36
φ65
φ68
φ50
4xφ7EQS
⌴ φ12
R8
注：未注圆角为R2。
名称
阀盖
比例
1:1
材料
ZL101
数量

图 10-87　阀盖零件图

第11章

装配体设计

本章思维导图

扫码获取本书配套资源

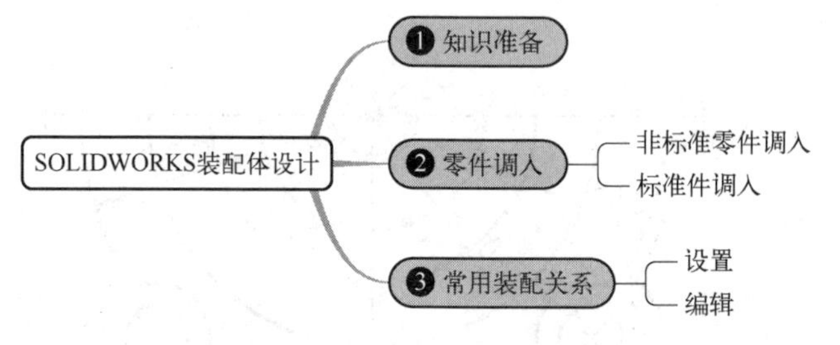

本章学习目标

（1）掌握 SOLIDWORKS 2022 软件生成装配体的基本步骤和操作方法。

（2）掌握 SOLIDWORKS 2022 软件生成爆炸视图和动画的方法。

（3）掌握确定零件间装配关系、利用 Toolbox 工具调入标准件的方法。

机器或部件都是由零件按照一定的装配关系和连接关系组装在一起而形成的。SOLIDWORKS 软件提供了装配体设计的功能，可以在装配环境中对构建的零件进行虚拟装配，并在此基础上进行干涉检查、装配体统计、生成爆炸视图和动画等。本章通过旋塞阀装配案例来介绍 SOLIDWORKS 软件提供的装配体设计的基本知识和常用操作。

11.1　知识准备

11.1.1　装配设计界面

软件提供了两种进入装配设计环境的方法：

① 在新建文件时，在弹出的“新建 SOLIDWORKS 文件”对话框中选择“装配体”选项，新建一个装配体文件，并进入装配设计环境，如图 11-1 所示。装配设计环境的界面形式与 SOLIDWORKS 零件设计界面类似，具有菜单栏、工具面板、设计树、控制区和零部件显示区。在界面的左侧控制区里列出了组成装配体的所有零部件。在设计树的最下端有配合列表，包括所有零部件之间的配合关系，如图 11-2 所示。

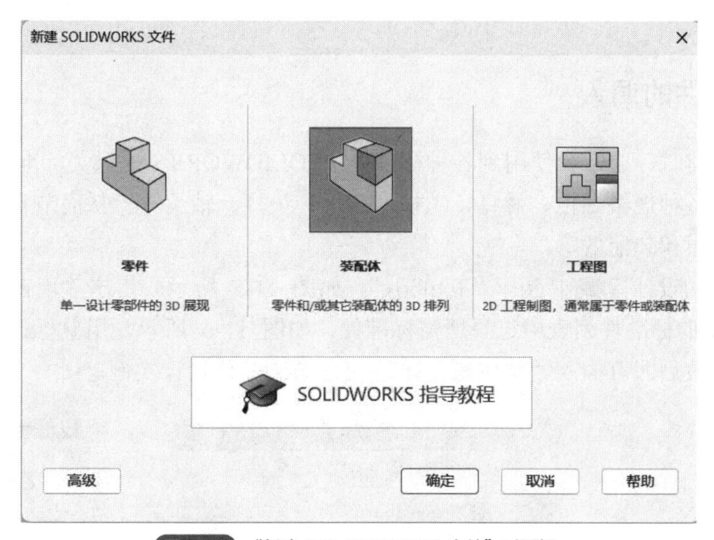

图 11-1　“新建 SOLIDWORKS 文件”对话框

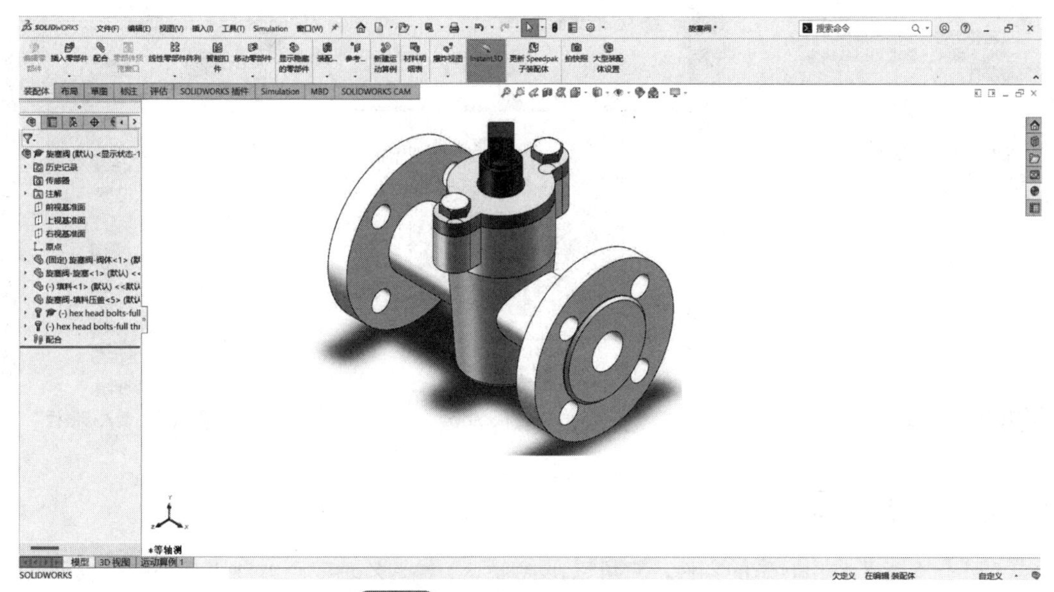

图 11-2　SOLIDWORKS 装配设计界面

② 在零件设计环境下，选择菜单栏中“文件”|“从零件制作装配体”命令，切换到装配设计环境，如图 11-3 所示。

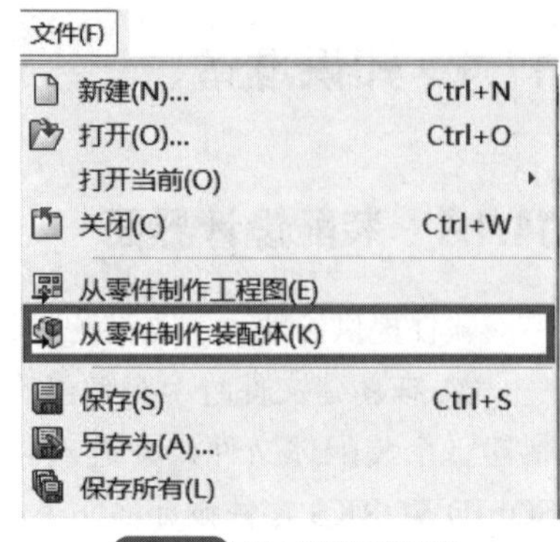

图 11-3 进入装配设计环境

11.1.2 零件的调入方法

在进入装配设计环境后，系统弹出“开始装配体”属性管理器，如图 11-4 所示。

① 点击“浏览”按钮，在弹出的“打开”对话框中选择调入的零件文件，则系统会调入第一个零件模型并默认将其固定在装配体原点处，即将零件的原点与装配体原点重合。

② 点击“装配体”面板，“插入零部件”按钮，选择调入的零件文件，在合适的位置单击以放置零件。

11.1.3 标准件的调入

在生成装配体时，通常会使用到各种标准件。SOLIDWORKS 提供了标准件工具 Toolbox，其中包括常用的各种规格螺栓、螺钉、螺柱、螺母、垫片、轴承等。从而节省了标准件的建模时间，提高了建模和装配效率。

在界面右侧的设计库中选择“Toolbox”，如图 11-5 所示。点击“现在插入”即可启动 Toolbox。在出现的标准件列表中选择所需标准件，如图 11-6 所示。用鼠标将其拖放至工作区域，设定相关参数后即可插入。具体操作详见 11.2 节装配体设计实例。

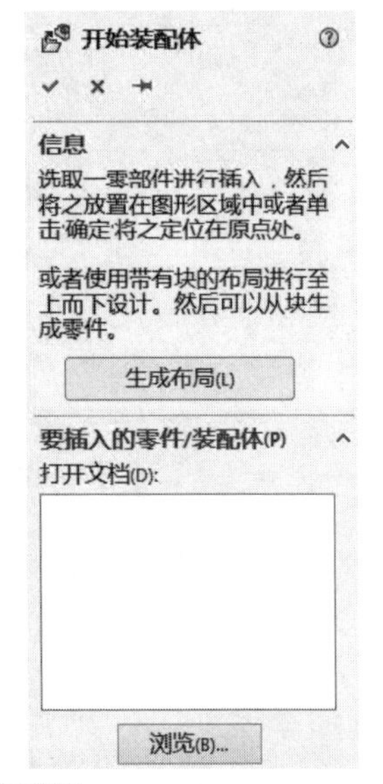

图 11-4 “开始装配体”属性管理器

图 11-5 启动 Toolbox

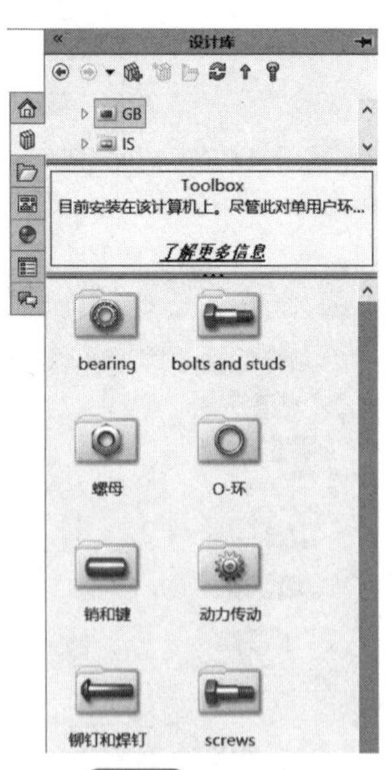

图 11-6 调入标准件

11.1.4 常用装配关系

对于一个处于自由状态的零件，它可以在 X 轴、Y 轴、Z 轴三个方向进行平移，也可以绕着这三个轴进行旋转。因此，对零件进行装配的过程实际上是在零件之间确定约束关系的过程。

点击工具栏中的“配合”命令，会弹出如图 11-7 所示的“配合”属性管理器。SOLIDWORKS 提供了标准配合、高级配合和机械配合三大类型的配合。这里着重介绍一下应用最为广泛的标准配合。标准配合类型及功能如表 11-1 所示。

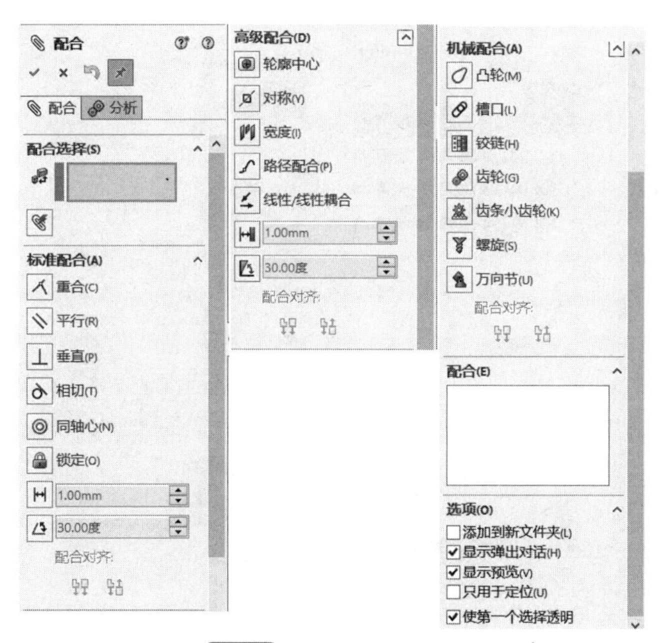

图 11-7　“配合”属性管理器

表 11-1　标准配合类型

图标	配合类型	功能
	重合	将所选面、边线及面定位，使它们处于重合状态
	平行	使所选的配合对象相互平行，对象可以是直线、平面
	垂直	使所选的配合对象以垂直方式放置，对象可以是直线、平面、曲面
	相切	使所选的配合对象以相切方式放置，对象可以是线、平面、曲面、回转面
	同轴	使所选的配合对象共享同一中心线，对象可以是直线、回转面
	锁定	保持两个零部件间的相对位置和方向，使其无法做相对运动，对象任意
	距离	使所选的配合对象间距离固定，对象可以是点、线、面
	角度	使所选的配合对象间角度固定，对象可以是直线、平面
	同向对齐	使所选两个面法向量方向相同
	反向对齐	使所选两个面法向量方向相反

11.1.5　配合关系的编辑

在进行零部件的装配后发现需要进行修改，则可在界面左侧的设计树中点击“配合”前的三角符号，将配合关系展开。找到要编辑的配合，单击该配合，在弹出的工具栏中选择“编辑特征”图标，即可在该配合的“编辑”属性管理器（图 11-8）中对配合内容进行修改。

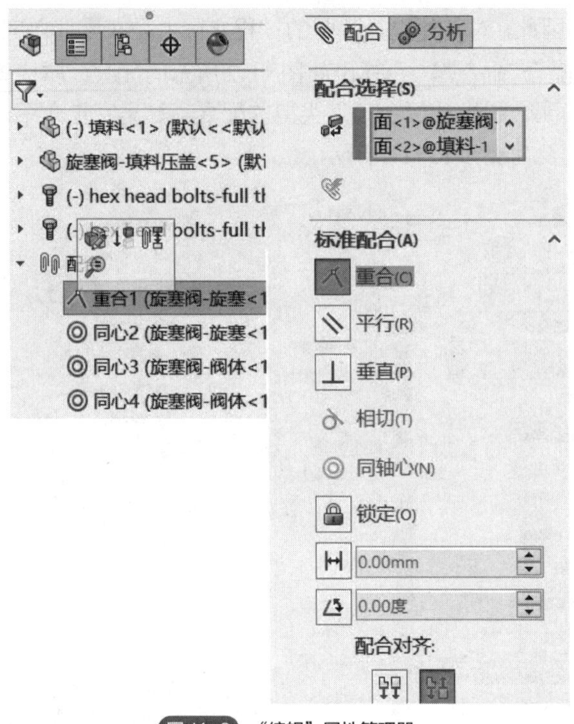

图 11-8 “编辑”属性管理器

11.2 装配体设计实例

在进行零部件的装配时，应根据装配原理合理选择第一个调入装配空间的零件。通常第一个调入的零件是整个装配体中最关键的零件，也是通常不会被删除的零件。在后期进行装配编辑时，如果删除了第一个调入的零件则整个装配模型就会被删除。在调入第一个零件后，则可以按照装入驱动零件、装入空间位置确定的零件、装入空间位置由其他零件确定的零件和装入标准件的顺序进行装配。

下面以旋塞阀的装配为例，详细说明装配的具体操作。在进行装配练习时可扫码下载旋塞阀各零件的模型文件。

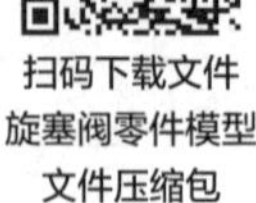

扫码下载文件
旋塞阀零件模型
文件压缩包

扫码看视频
旋塞阀装配
演示

① 新建装配文件，进入装配设计环境。点击“标准”工具栏中“新建”按钮，在弹出的“新建 SOLIDWORKS 文件”对话框中选择“装配体”选项，点击“确定”即可进入装配设计环境，如图 11-1 所示。

② 在进入装配设计环境后，系统后弹出“开始装配体”属性管理器，点击“浏览”按钮，在弹出的“打开”对话框中选择调入的“旋塞阀-阀体.sldprt”零件文件，用鼠标在绘图区点击，则系统默认将阀体的坐标原点与装配体坐标原点重合，如图 11-9 和图 11-10 所示。

③ 点击“装配体”面板中的“插入零部件”按钮，在弹出的“插入零部件”属性管理器继续点击“浏览”按钮，在弹出的“打开”对话框中选择调入“旋塞阀-旋塞.sldprt”零件，点击“打开”按钮，如图 11-11 所示。

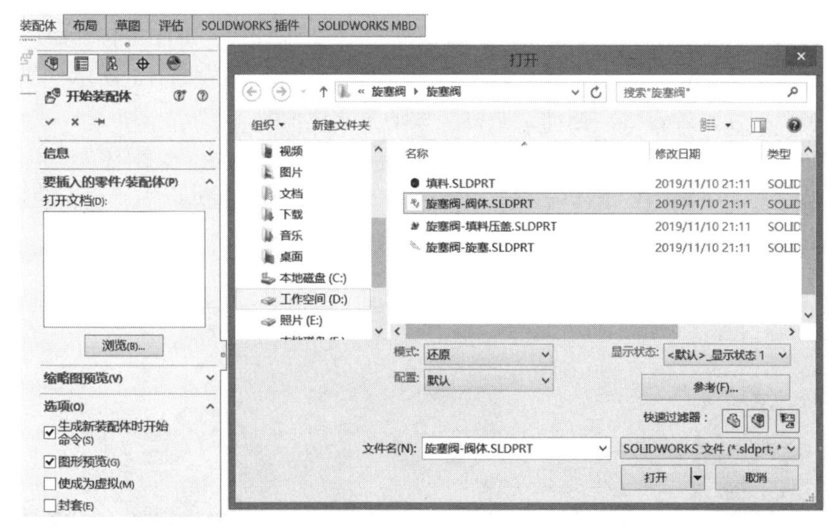

图 11-9　调入第一个零件操作

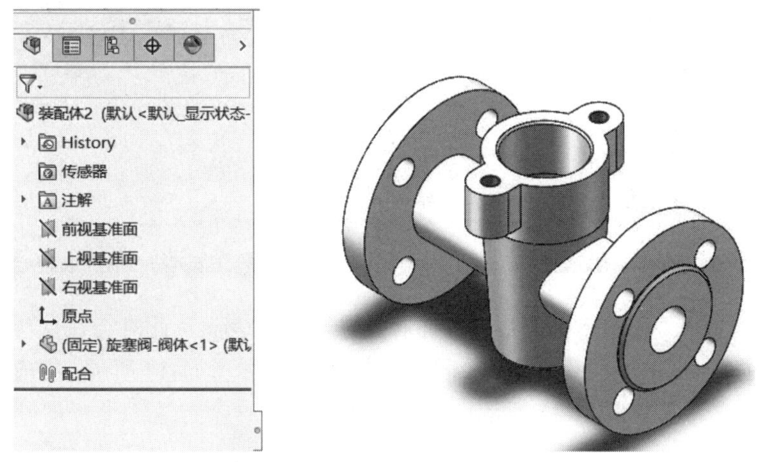

图 11-10　调入第一个零件后效果图

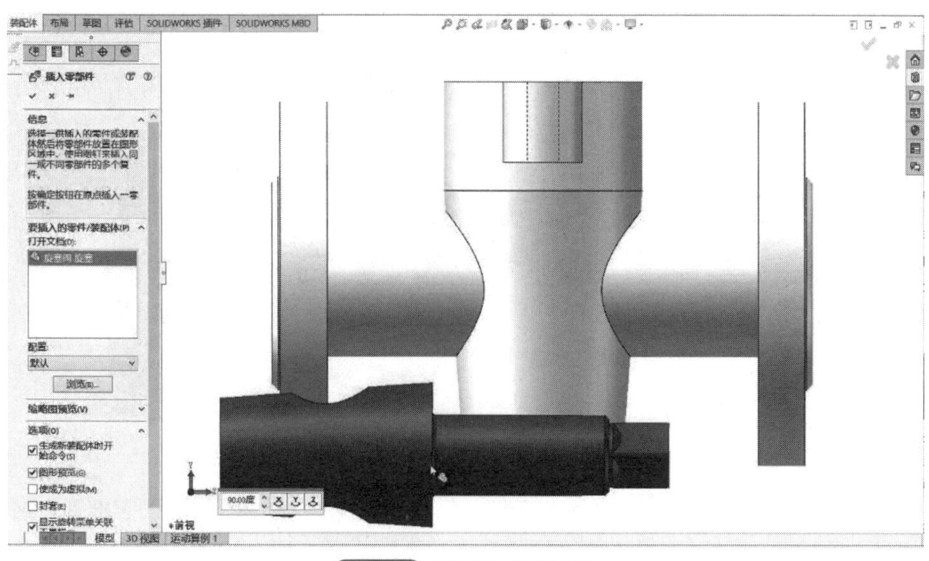

图 11-11　调入第二个零件操作

④ 点击界面左下角[90.00度 工具栏]中的[旋转按钮]，使旋塞绕着 Z 轴旋转，拖动鼠标在绘图区适当的位置，点击鼠标左键，确定第二个零件旋塞在装配空间的位置，如图 11-12 所示。如果旋塞的位置不合适也可以按住鼠标左键，拖动旋塞将其移动至合适位置。

⑤ 按住 Ctrl 键，选择阀体右侧中心孔表面和旋塞孔表面，点击“装配体”面板中的“配合”按钮，系统会弹出“同心”属性管理器，如图 11-13 所示。点击“✔”按钮，确认默认设置，完成两孔“同轴心”的约束关系设置。

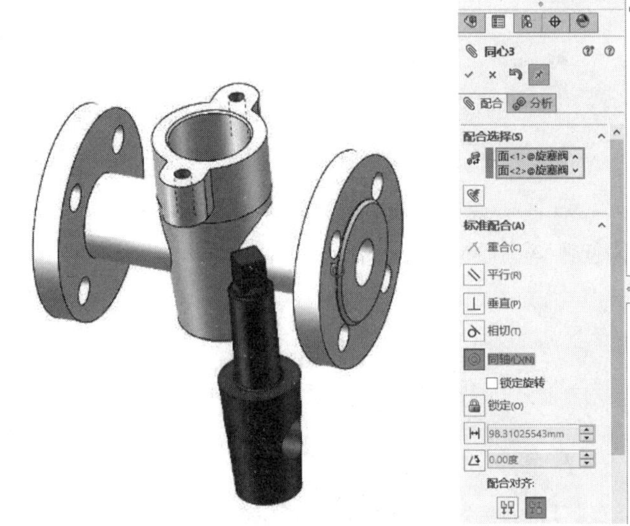

图 11-12 调整第二个调入零件位置后效果图

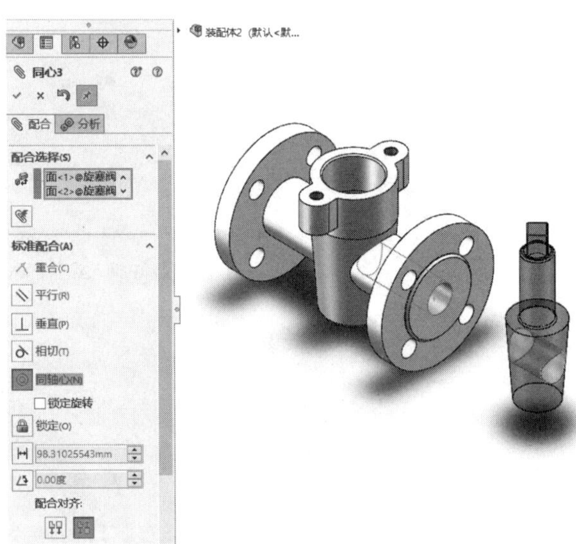

图 11-13 设置两孔“同心”装配约束

⑥ 按住 Ctrl 键，选择阀体中心孔表面和旋塞圆柱外表面，此时会在鼠标右上侧出现如图 11-14 所示的辅助菜单。选择其中的“同轴心”按钮◎，如图 11-14 所示，完成二者“同轴心”的约束关系设置，效果如图 11-15 所示。

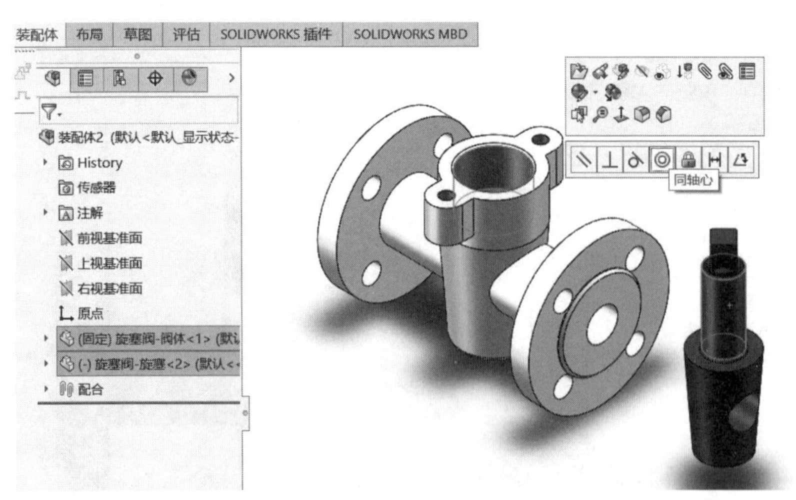

图 11-14 设置旋塞和阀体“同轴心”装配约束

⑦ 点击“装配体”面板中的“插入零部件”按钮，在弹出的“插入零部件”属性管理器继续点击“浏览”按钮，在弹出的“打开”对话框中选择“旋塞阀-填料.sldprt”和“旋塞阀-

填料压盖.sldprt”两个文件，点击“打开”按钮，将两个零件一起调入装配环境中，如图 11-16 所示。

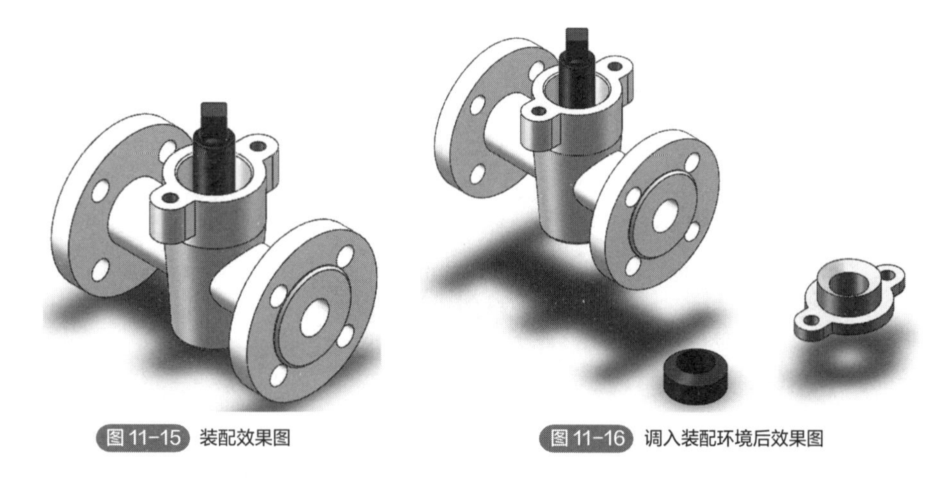

图 11-15 装配效果图　　图 11-16 调入装配环境后效果图

⑧ 按住 Ctrl 键，选择旋塞上表面和填料下表面，点击“装配体”面板中的“配合”按钮，系统会弹出“重合”属性管理器，如图 11-17 所示。点击“✔”按钮，确认默认设置，完成两平面“重合”的约束关系设置。

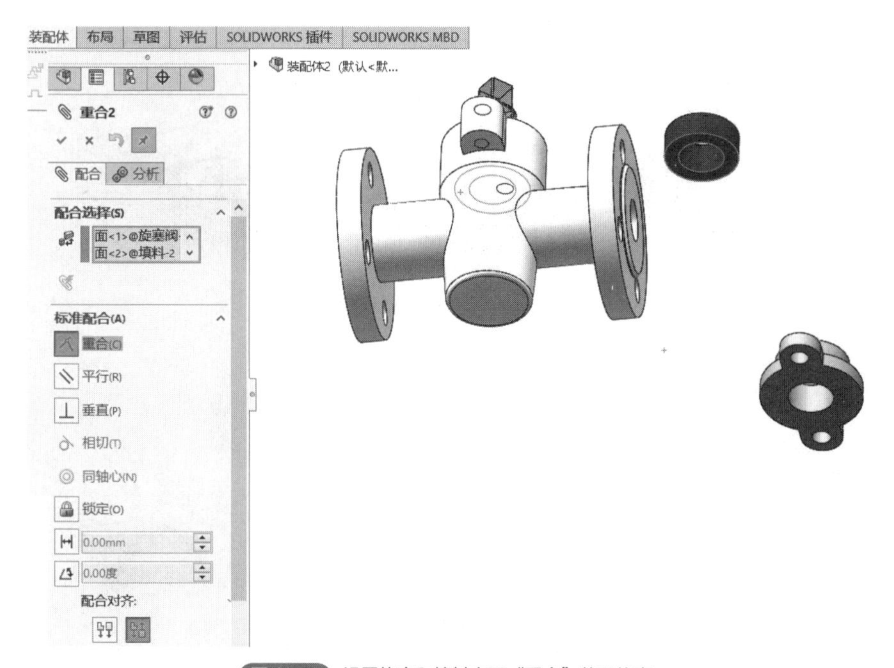

图 11-17 设置旋塞和填料表面“重合”装配约束

⑨ 按住 Ctrl 键，选择旋塞圆柱外表面和填料圆柱外表面，点击“装配体”面板中的“配合”按钮，系统会弹出“同心”属性管理器，如图 11-18 所示。点击“✔”按钮，确认默认设置，完成两柱面“同轴心”的约束关系设置。

⑩ 按住 Ctrl 键，选择阀体上表面和填料压盖表面，如图 11-19 所示，点击“装配体”面板中的“配合”按钮，系统会弹出“重合”属性管理器，如图 11-20 所示。点击“反向对齐”按钮，使所选填料压盖表面向下，点击“✔”按钮，完成两平面“重合”的约束关系设置。

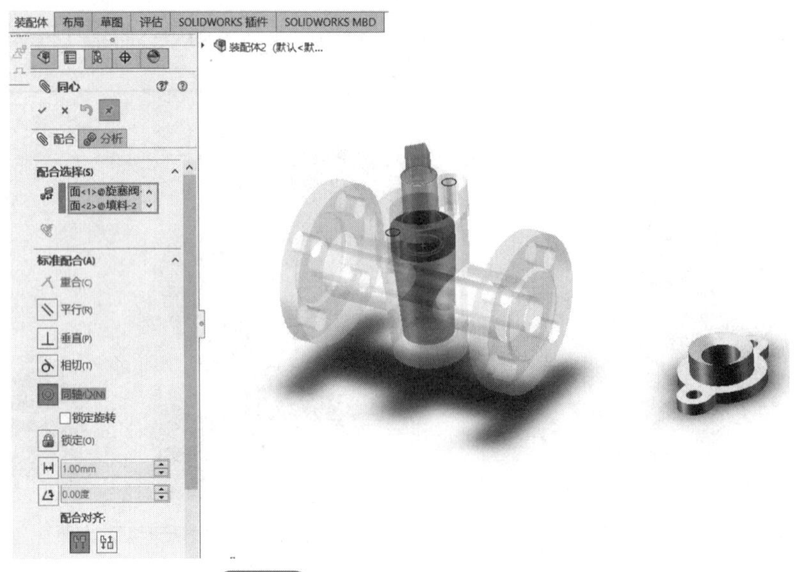

图 11-18 设置旋塞和填料同轴心装配约束

图 11-19 设置重合配合的两表面

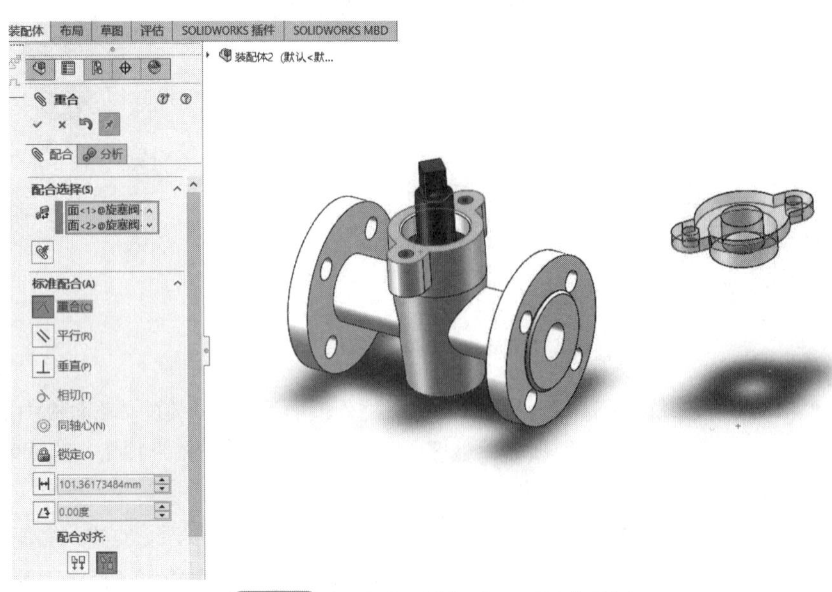

图 11-20 设置阀体和填料压盖两面重合装配约束

⑪ 按住 Ctrl 键，选择阀体中心孔和填料压盖中心孔表面，点击“装配体”面板中的“配合”按钮，系统会弹出“同心”属性管理器，如图 11-21 所示。点击“✔”按钮，确认默认设置，完成两孔“同心”的约束关系设置。

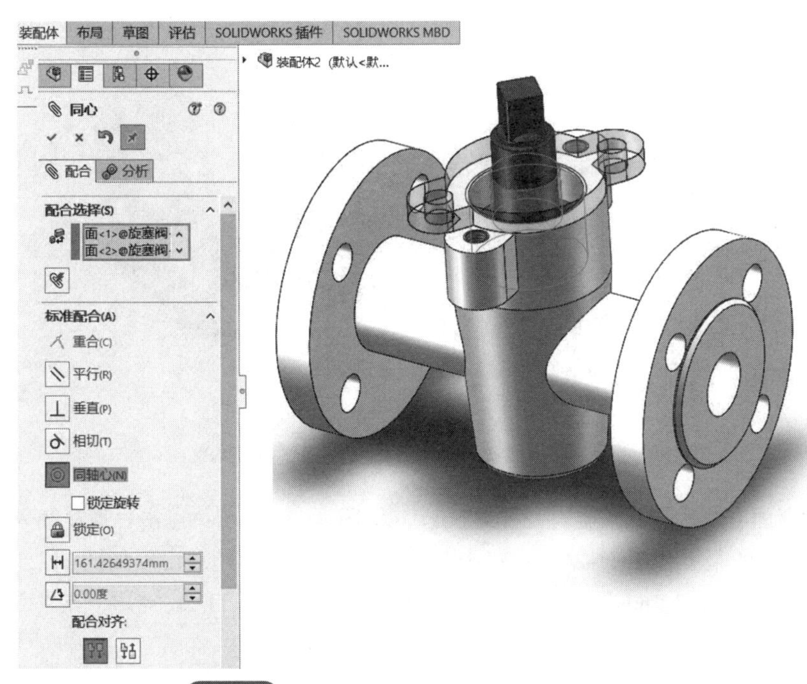

图 11-21 设置阀体和填料压盖两孔“同心”装配约束

⑫ 按住 Ctrl 键，选择阀体前侧孔的表面和填料压盖前侧孔表面（图 11-22），点击“装配体”面板中的“配合”按钮，系统会弹出“同心”属性管理器，如图 11-23 所示。点击“✔”按钮，确认默认设置，完成两孔“同心”的约束关系设置。

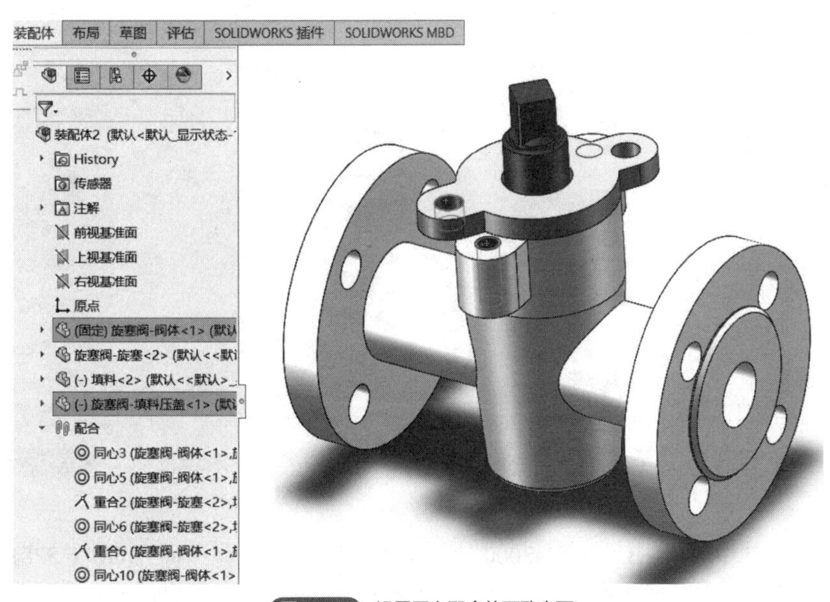

图 11-22 设置同心配合的两孔表面

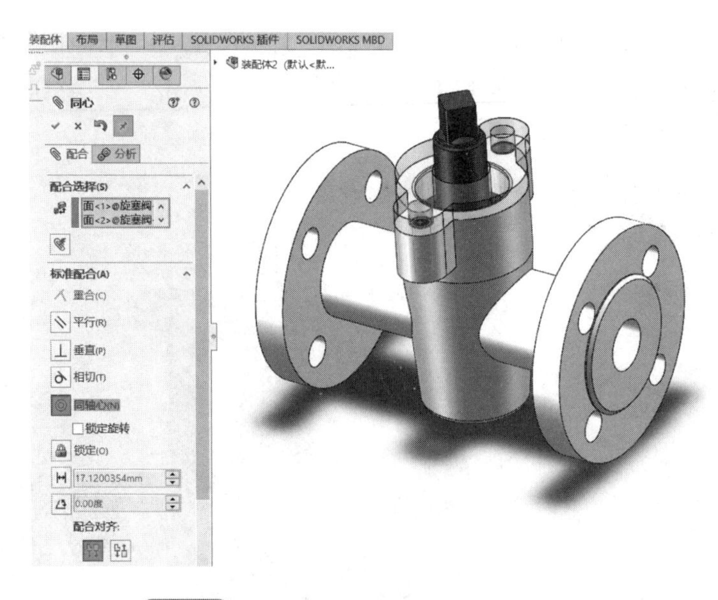

图 11-23 设置阀体和填料压盖两孔“同心”装配约束

⑬ 选择界面右侧的设计库中“Toolbox”，如图 11-5 所示。点击“现在插入”即可启动 Toolbox。在弹出的菜单（图 11-24）中双击 GB（国标）按钮。随后出现如图 11-25 所示的标准件列表，双击“bolts and studs”选项，会出现螺栓类型列表（图 11-26），再点击“六角头螺栓”，出现如图 11-27 所示列表。

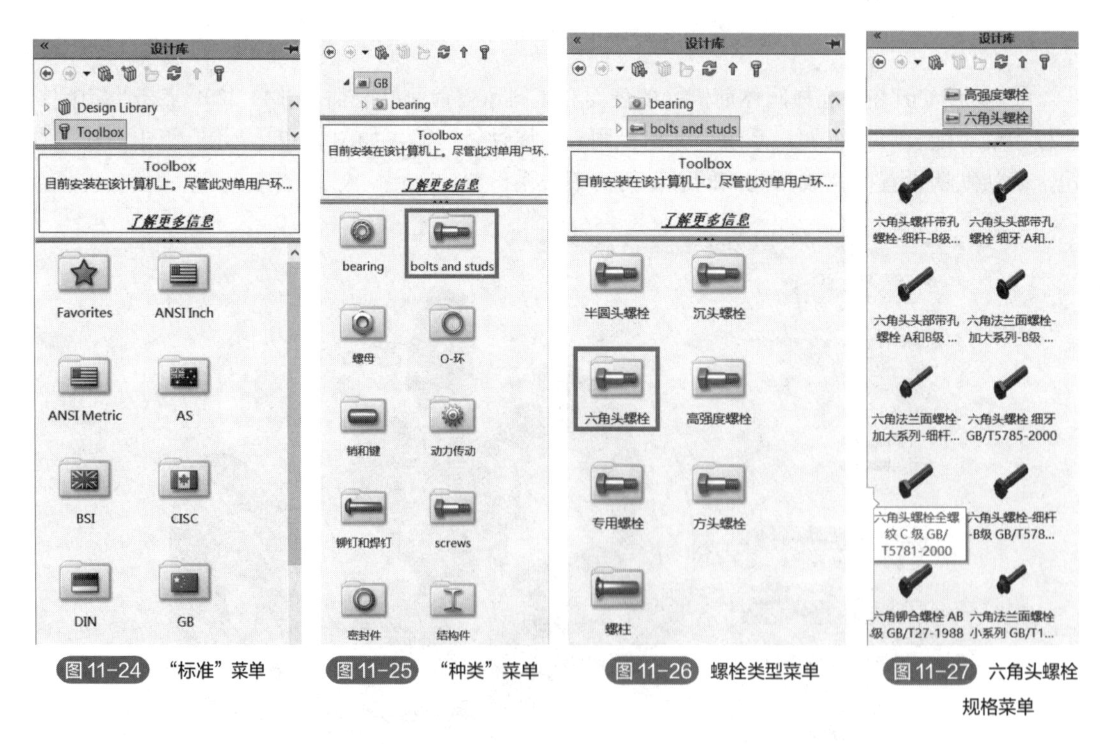

图 11-24 “标准”菜单　图 11-25 “种类”菜单　图 11-26 螺栓类型菜单　图 11-27 六角头螺栓规格菜单

⑭ 在图 11-27 中选“GB/T 5781-2000”（该标准已废止，替代国标为 GB/T 5781—2016），用鼠标将其拖放至工作区域或按鼠标右键选择“插入到装配体”，会出现相应的参数管理器，如图 11-28 所示。设置螺纹公称直径为 M8，螺栓杆长度为 25，点击“✔”按钮，完成设置。系

统默认的是继续插入标准件。再次点击鼠标左键，则继续插入相同类型的螺栓。如果不需要插入则单击“取消”或按 Esc 键退出。

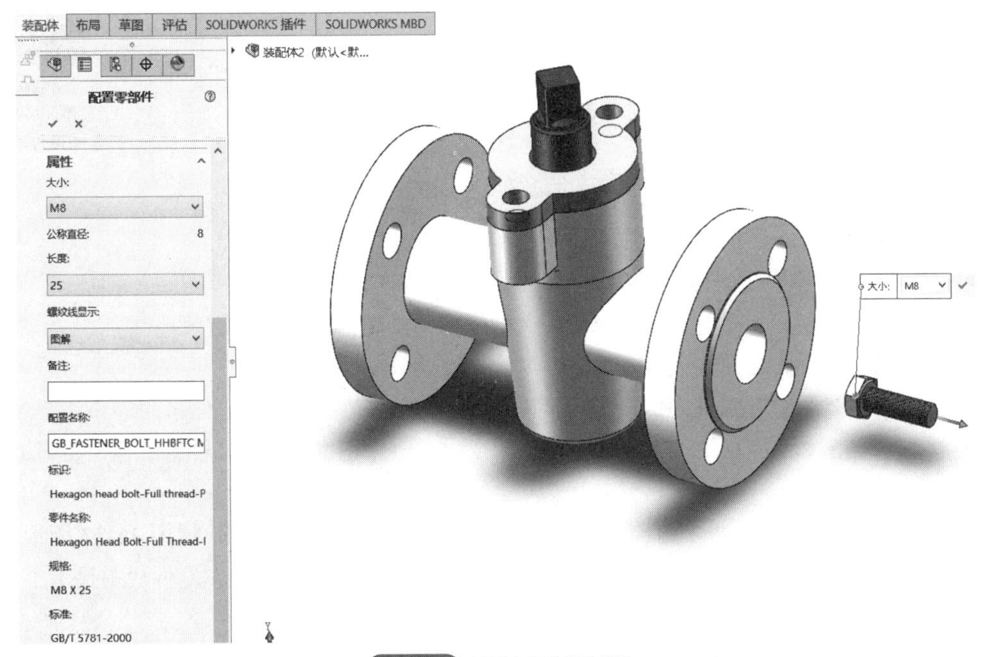

图 11-28 设置六角头螺栓参数

⑮ 按上面介绍的方法，将螺栓与填料压盖孔进行“同心”配合设置，将螺栓头部下表面与填料压盖上表面进行面“重合”设置，效果如图 11-29 所示。

⑯ 对于标准件的配合还有另一种方法。从图 11-27 中选“GB/T 5781-2000”，用鼠标将其拖放至填料压盖放置螺栓的孔处松手，系统会自动进行配合处理。同时，在弹出的如图 11-28 所示的螺栓参数管理器中进行相关参数的设置。本例中插入两个相同规格的螺栓。插入后的效果如图 11-30 所示。

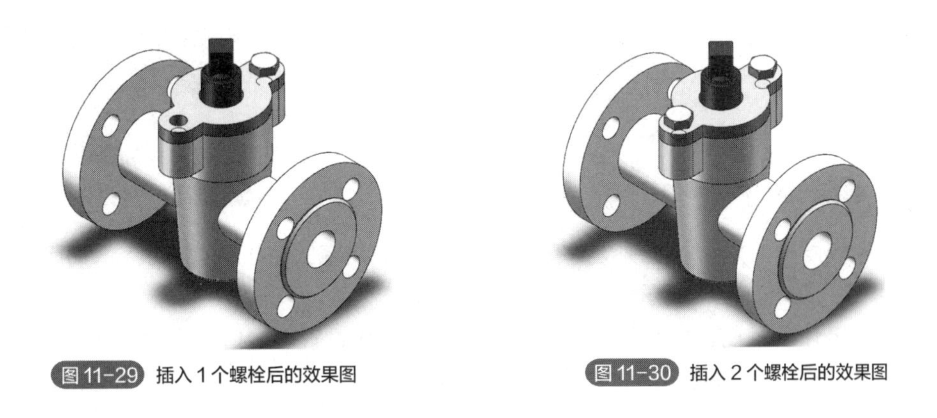

图 11-29 插入 1 个螺栓后的效果图

图 11-30 插入 2 个螺栓后的效果图

11.3 装配体爆炸图制作及动画生成

为了更清楚地表达机器或部件的组成和装配关系，可将装配体分解成零件，这种表达形式在 SOLIDWORKS 中被称为爆炸图。在爆炸图的基础上可以进一步生成动画视频，便于展示。

11.3.1 装配体爆炸图的制作

扫码看视频
旋塞阀装配爆炸图和动画制作

点击“装配体”面板中的“爆炸视图”命令，会弹出“爆炸”属性管理器，如图 11-31 所示。其中，“爆炸步骤”显示设定的爆炸步骤；“设定”选项组设定爆炸视图中相应的参数，包括：

- “爆炸步骤的零部件”：显示当前爆炸步骤所选的零部件；
- “爆炸方向”：显示当前爆炸步骤所选的方向；
- “爆炸距离”：设置当前爆炸步骤所选的零部件移动的距离；
- “角度”：设置当前爆炸步骤所选的零部件旋转的角度；
- “离散轴”：按照轴线进行爆炸。

以 11.1 节中装配的旋塞阀为例，说明旋塞阀爆炸视图的生成步骤。

① 点击“装配体”面板中的“爆炸视图”命令，会弹出“爆炸”属性管理器，如图 11-31 所示。

② 按住 Ctrl 键，选择两个螺栓，在两个零件上出现“移动操纵杆”，如图 11-32 所示。用鼠标拖动两个螺栓在 Y 轴方向上向上移动至适当的位置，同时在“爆炸”属性栏中显示了当前设置的爆炸步骤“爆炸步骤 1”，如图 11-33 所示。

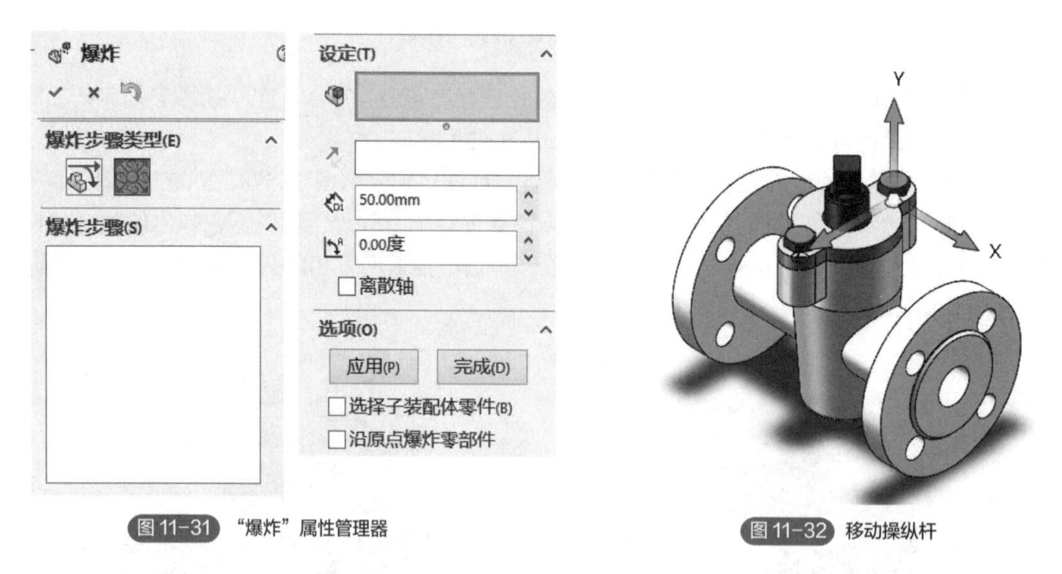

图 11-31 “爆炸”属性管理器

图 11-32 移动操纵杆

③ 继续按同样的方法，分别设置填料压盖、填料、旋塞的沿 Y 轴方向的移动距离，设置其他的爆炸步骤，如图 11-34 所示。

④ 在各爆炸步骤设置好后，点击“✔”按钮，完成设置。同时，在“配置”属性栏中显示了设置的爆炸视图的爆炸步骤，如图 11-35 所示。如要对爆炸步骤进行编辑修改，可将鼠标移至爆炸视图名称或在需要进行修改的某个爆炸步骤名称处点击鼠标右键，在弹出的快捷菜单中选择“编辑特征”重新进入“爆炸”属性管理器中进行修改，如图 11-36 所示。

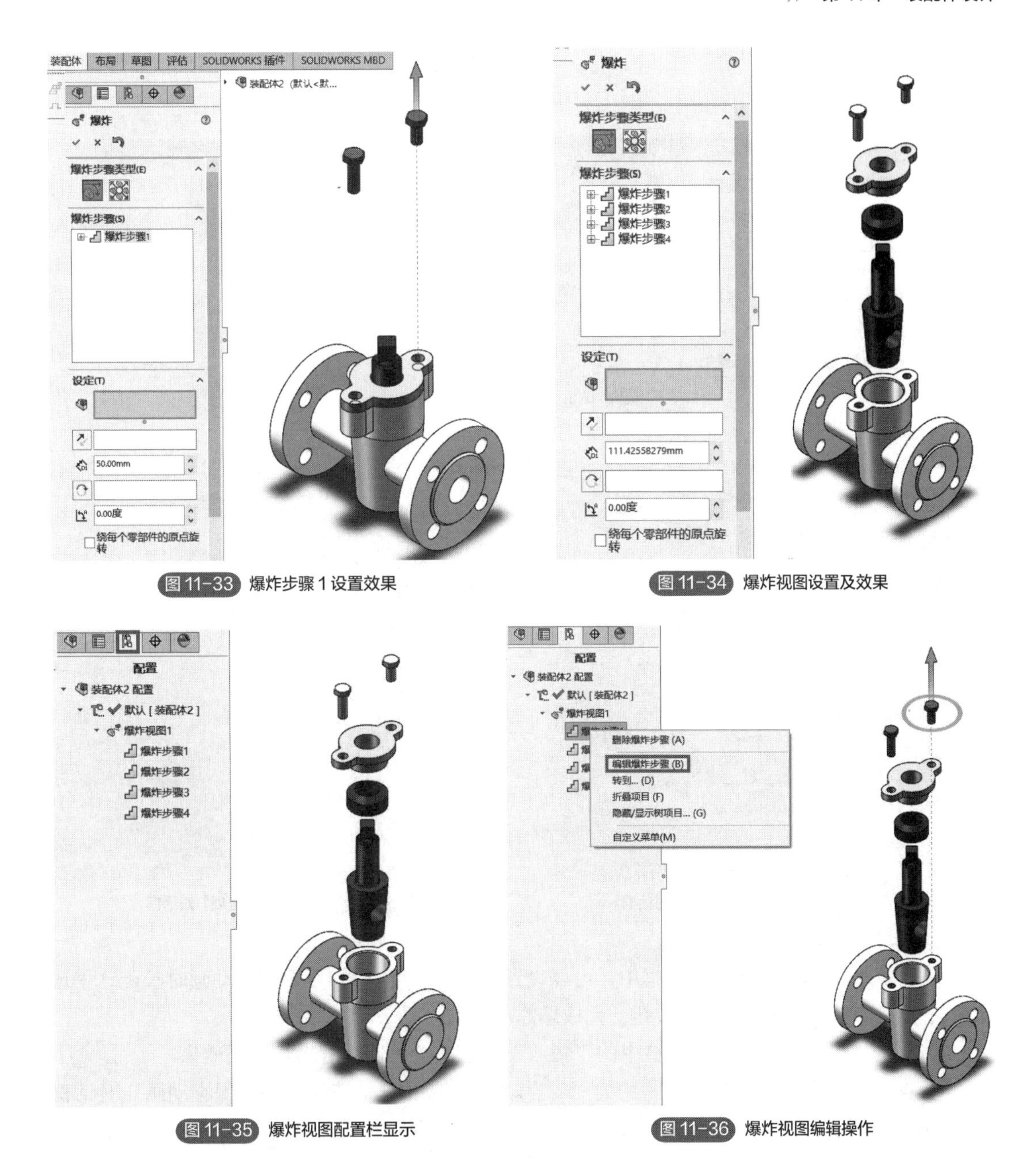

图 11-33　爆炸步骤 1 设置效果

图 11-34　爆炸视图设置及效果

图 11-35　爆炸视图配置栏显示

图 11-36　爆炸视图编辑操作

11.3.2　装配体爆炸动画的制作

装配体爆炸动画是将装配体爆炸的过程制作成动画，方便直观地表现零件的装配和拆卸过程。

现以 11.3.1 节生成的装配体爆炸图为基础，说明生成爆炸动画的过程。

① 选择菜单 | 插入 | 新建运动算例命令，在绘图区下方出现“运动管理器”工具栏及时间线，如图 11-37 所示。

② 点击“运动管理器”工具栏中“动画向导”按钮，弹出如图 11-38 所示的对话框。

③ 选择“爆炸”选项，再点击“下一步”按钮，会弹出如图 11-39 所示的“动画控制选项”

对话框。

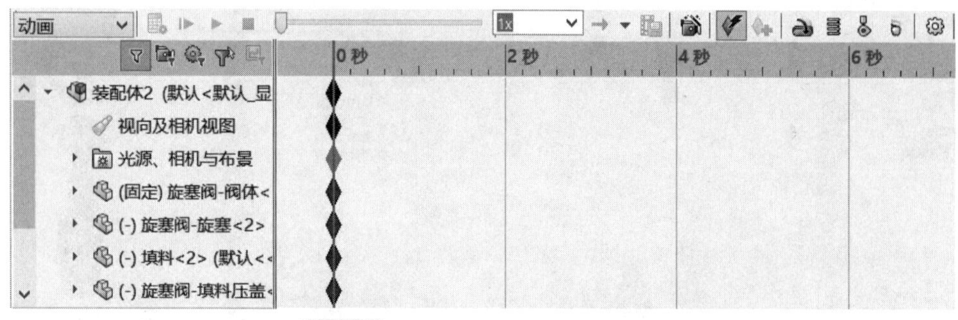

图 11-37 “运动管理器”工具栏及时间线

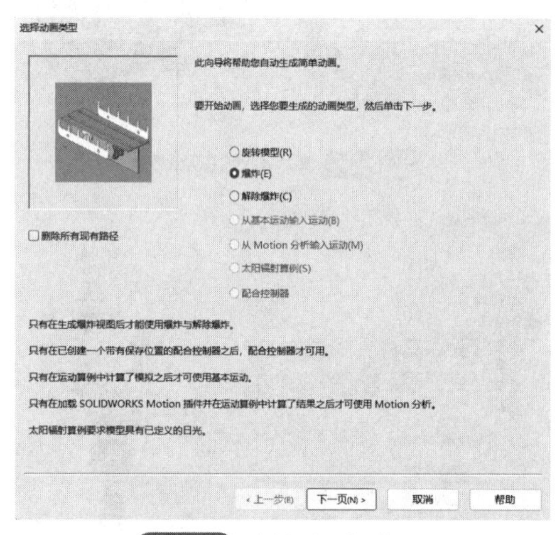

图 11-38 “选择动画类型”对话框

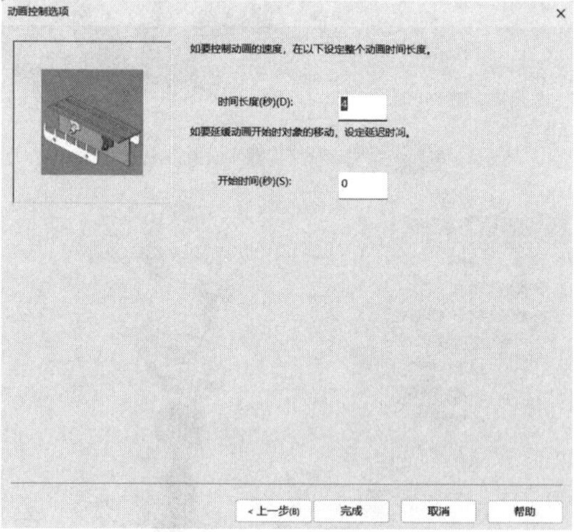

图 11-39 “动画控制选项”对话框

④ 在“动画控制选项”对话框中，可以设置“时间长度（秒）”来调节动画时长，这里选择默认选项 4 秒，点击“完成”按钮，完成爆炸动画的设置。

⑤ 点击“运动管理器”工具栏中的“播放”按钮▶，可以观看爆炸动画效果。

⑥ 点击“运动管理器”工具栏中的“保存动画”按钮，在弹出的“保存动画”对话框（图 11-40）中设置相关参数和视频文件名称，点击“保存”按钮，则将动画保存为 AVI 视频文件。

生成爆炸视图动画还有一种简洁的快捷设置方法：

① 在如图 11-35 所示的配置显示中，在“爆炸视图”上点击鼠标右键，会弹出快捷菜单，如图 11-41 所示。

② 在快捷菜单中选择“动画解除爆炸”，此时出现如图 11-42 所示的动画控制器。点击“播放”按钮▶，可以看到默认参数下整个爆炸过程的动画演示。

③ 点击 “保存动画”按钮，在弹出的“保存动画”对话框（图 11-40）中设置相关参数和视频文件名称，点击“保存”按钮，则将动画保存为 AVI 视频文件。

图 11-40　“保存动画”对话框

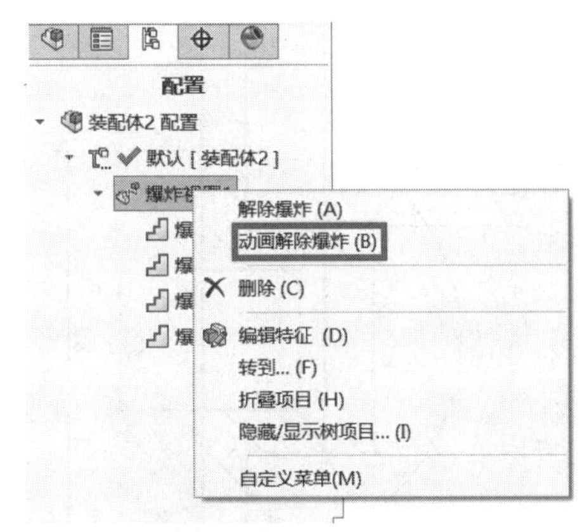

图 11-41　生成爆炸视图动画快捷菜单

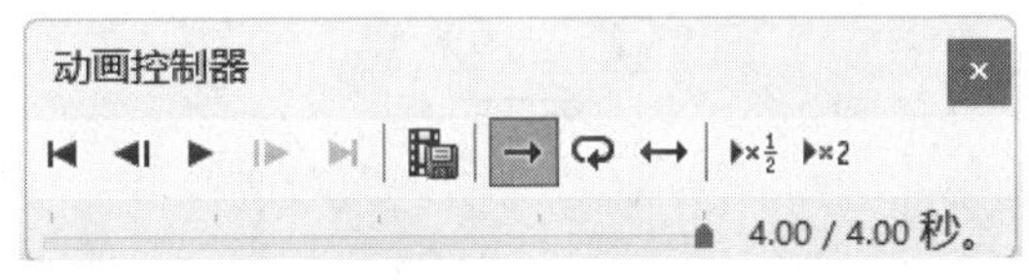

图 11-42　动画控制器

扫码看视频
阀体建模

扫码看视频
旋塞建模

扫码看视频
填料建模

课后练习

（1）根据给出的组成旋塞阀各零件的效果图和零件图（图 11-43～图 11-47），创建组成旋塞阀的各零件的三维模型（由于填料本身无固定形状，放置于填料压盖和旋塞之间的空隙中起到密封的作用，在造型时可根据空隙的形状对填料进行造型）。再根据旋塞阀的工作原理和工作原理示意图，将各个零件装配起来构成旋塞阀装配体并生成旋塞阀的爆炸动画。

扫码看视频
填料压盖建模

扫码看视频
旋塞阀装配爆炸图和动画制作

图 11-43　阀体效果图

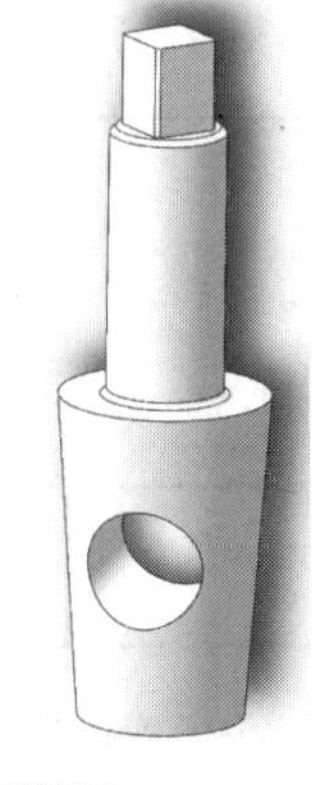

图 11-44　旋塞效果图

图 11-45　填料压盖效果图

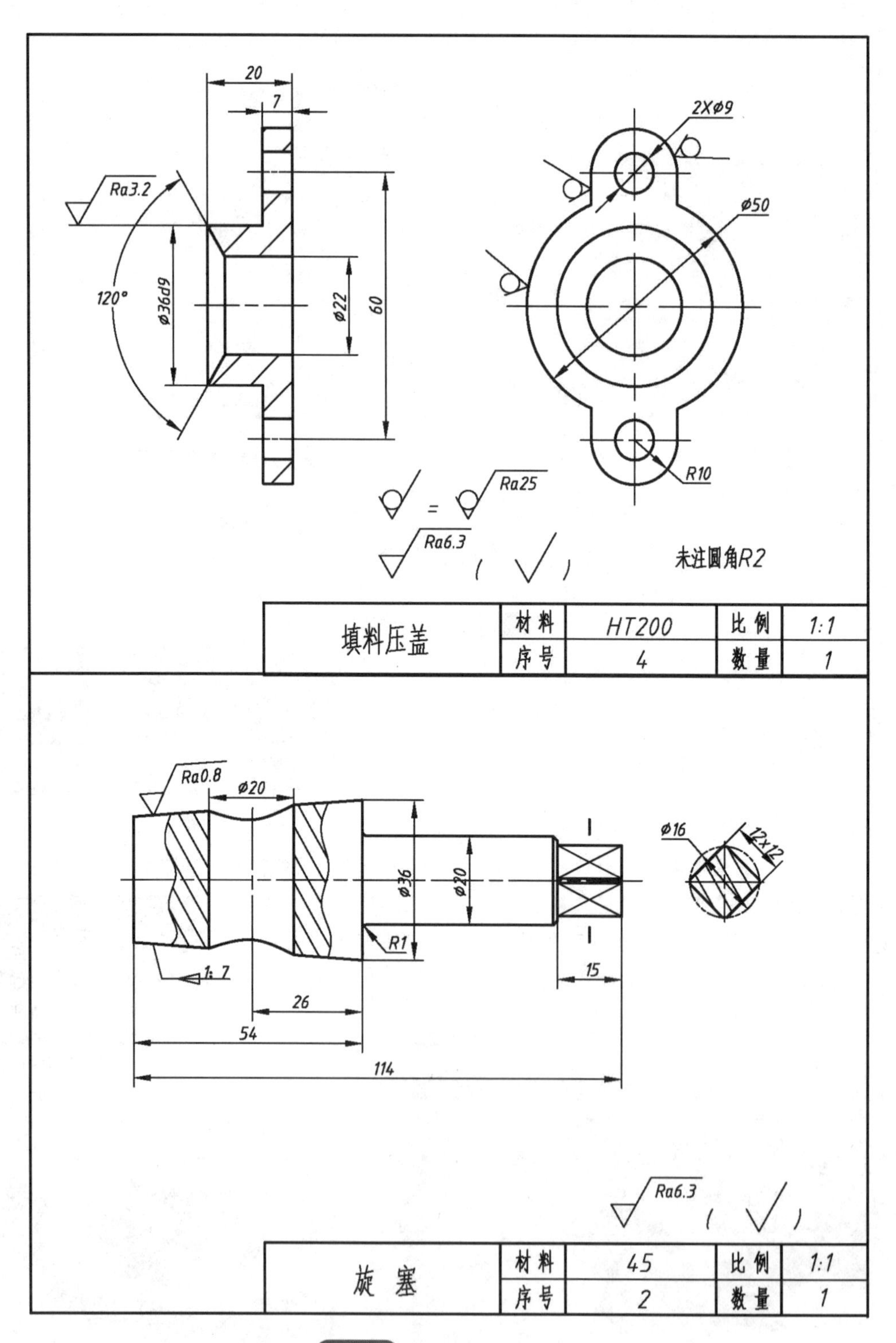

图11-46 填料压盖和旋塞零件图

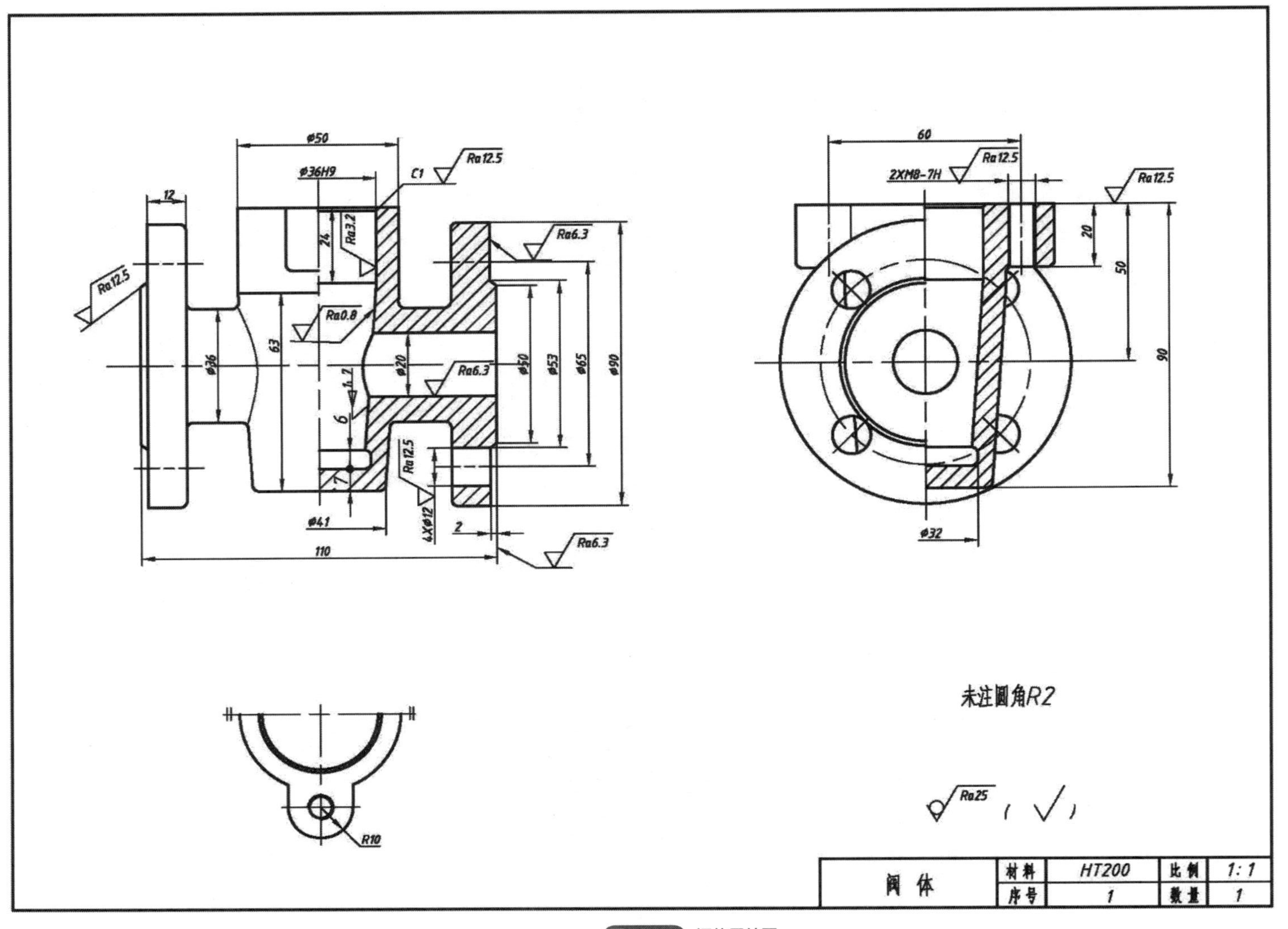
ϕ50
ϕ36H9
C1
Ra12.5
12
24
Ra3.2
Ra6.3
Ra12.5
Ra0.8
63
ϕ36
ϕ20
Ra6.3
ϕ50
ϕ53
ϕ65
ϕ90
1.2
6
7
Ra12.5
ϕ41
4Xϕ12
2
Ra6.3
110
60
2XM8-7H
Ra12.5
Ra12.5
20
50
90
ϕ32
R10
未注圆角R2
Ra25
阀体
材料
HT200
比例
1:1
序号
1
数量
1

图 11-47 阀体零件图

旋塞阀的工作原理及构成

旋塞阀是安装在管路中控制流体流量的开关装置。当旋塞阀处于开通状态时，流体从阀体和旋塞的通孔流过。将旋塞旋转 90° 通道关闭。在阀体和旋塞之间有填料。拧紧螺栓，通过填料压盖将其压紧，起到密封作用。

旋塞阀构成如表 11-2 所示，旋塞阀工作原理示意图如图 11-48 所示。

表 11-2　旋塞阀构成

序号	零件名称	数量	材料	备注
1	阀体	1	HT200	
2	旋塞	1	45	
3	填料	1	石棉绳	
4	填料压盖	1	HT200	
5	螺栓 M8×25	2	Q235	GB/T 5781—2016

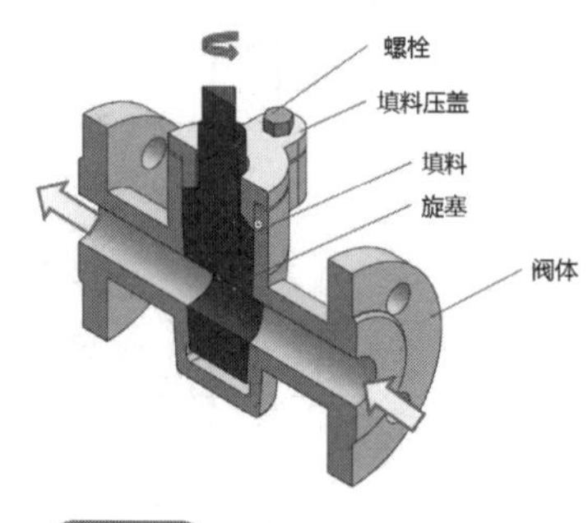

图 11-48　旋塞阀工作原理示意图

（2）根据给出的组成千斤顶各零件的效果图和零件图（图 11-49 ~ 图 11-56），创建组成千斤顶的各零件的三维模型。再根据千斤顶装配示意图（图 11-57），将各个零件装配起来构成千斤顶装配体并生成千斤顶的爆炸动画。

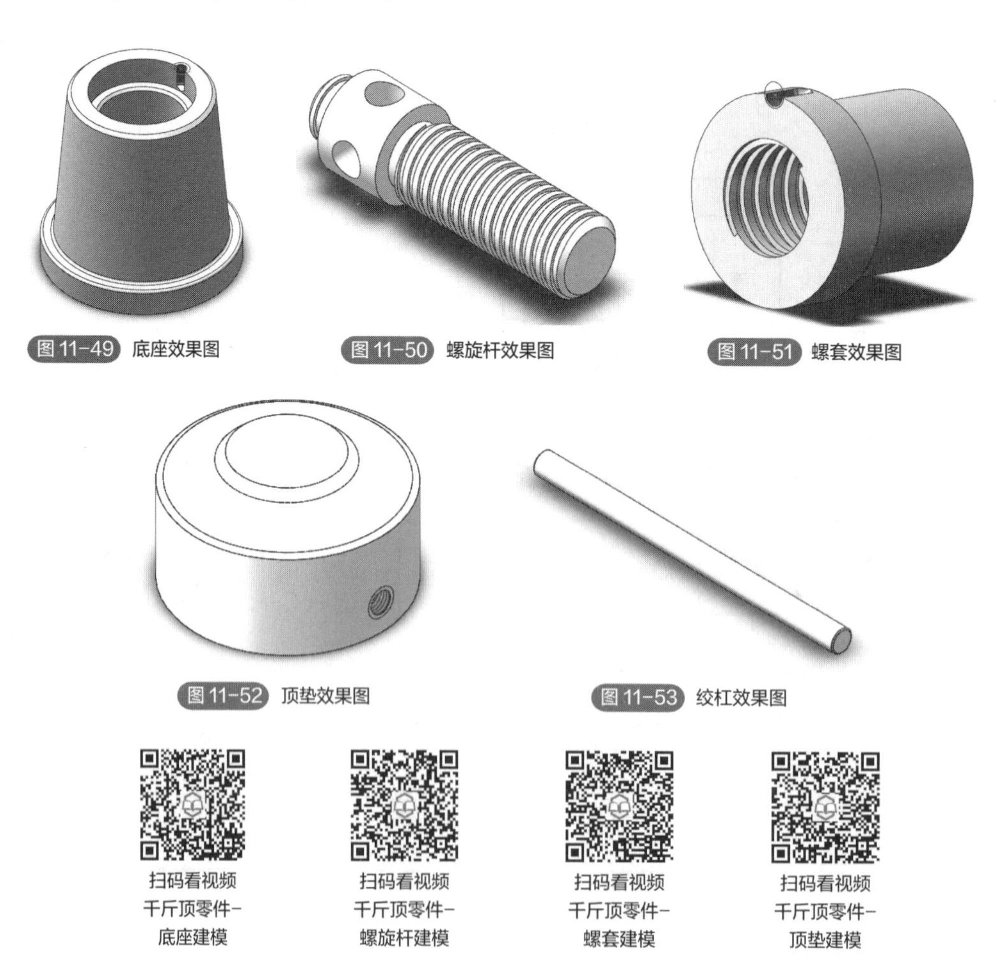

图 11-49　底座效果图

图 11-50　螺旋杆效果图

图 11-51　螺套效果图

图 11-52　顶垫效果图

图 11-53　绞杠效果图

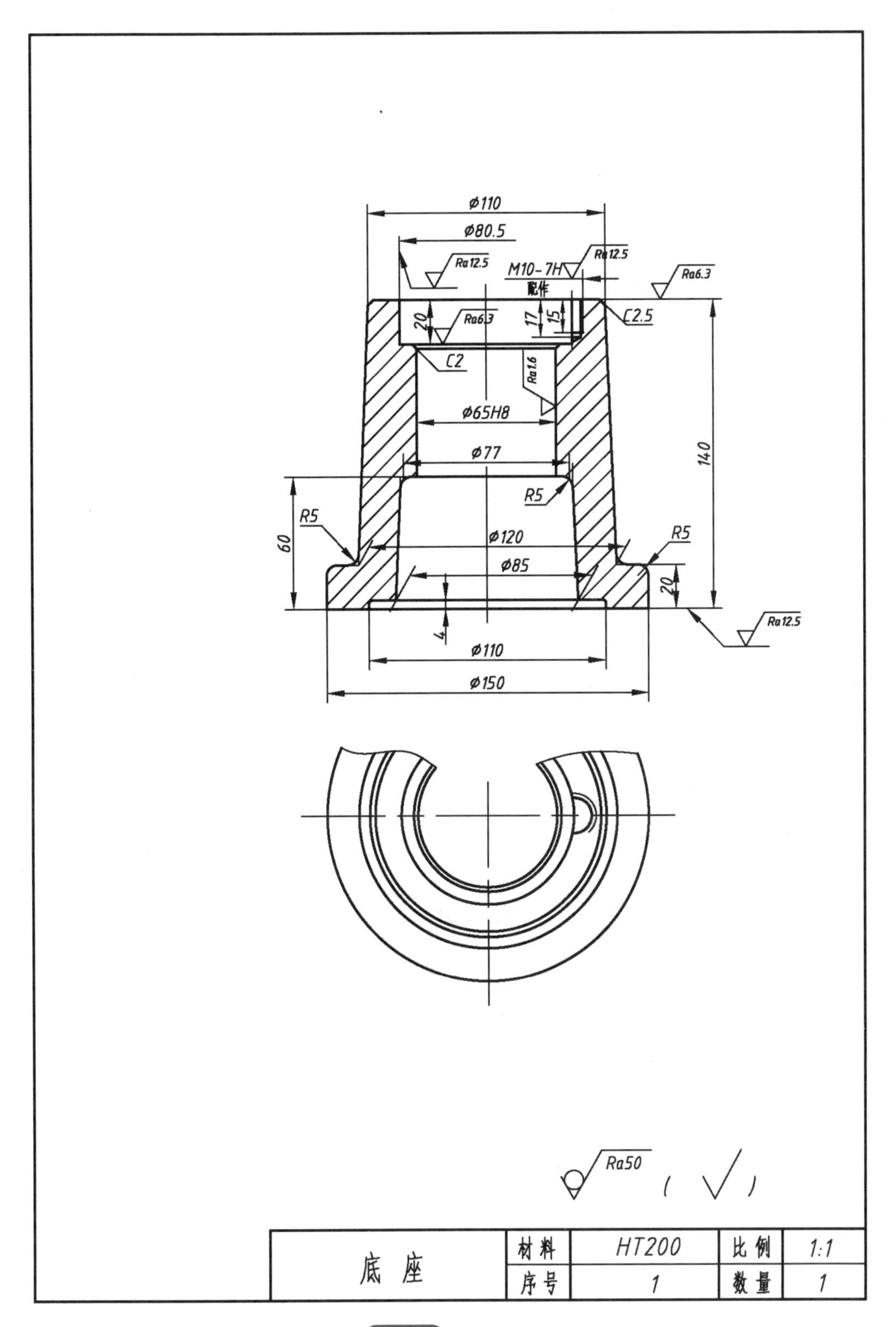
Ø110
Ø80.5
Ra12.5
M10-7H
配作
Ra12.5
Ra6.3
C2.5
20
Ra6.3
17
15
C2
Ra1.6
Ø65H8
Ø77
140
R5
R5
60
Ø120
R5
Ø85
20
4
Ra12.5
Ø110
Ø150
Ra50
底座
材料
HT200
比例
1:1
序号
1
数量
1

图 11-54　底座零件图

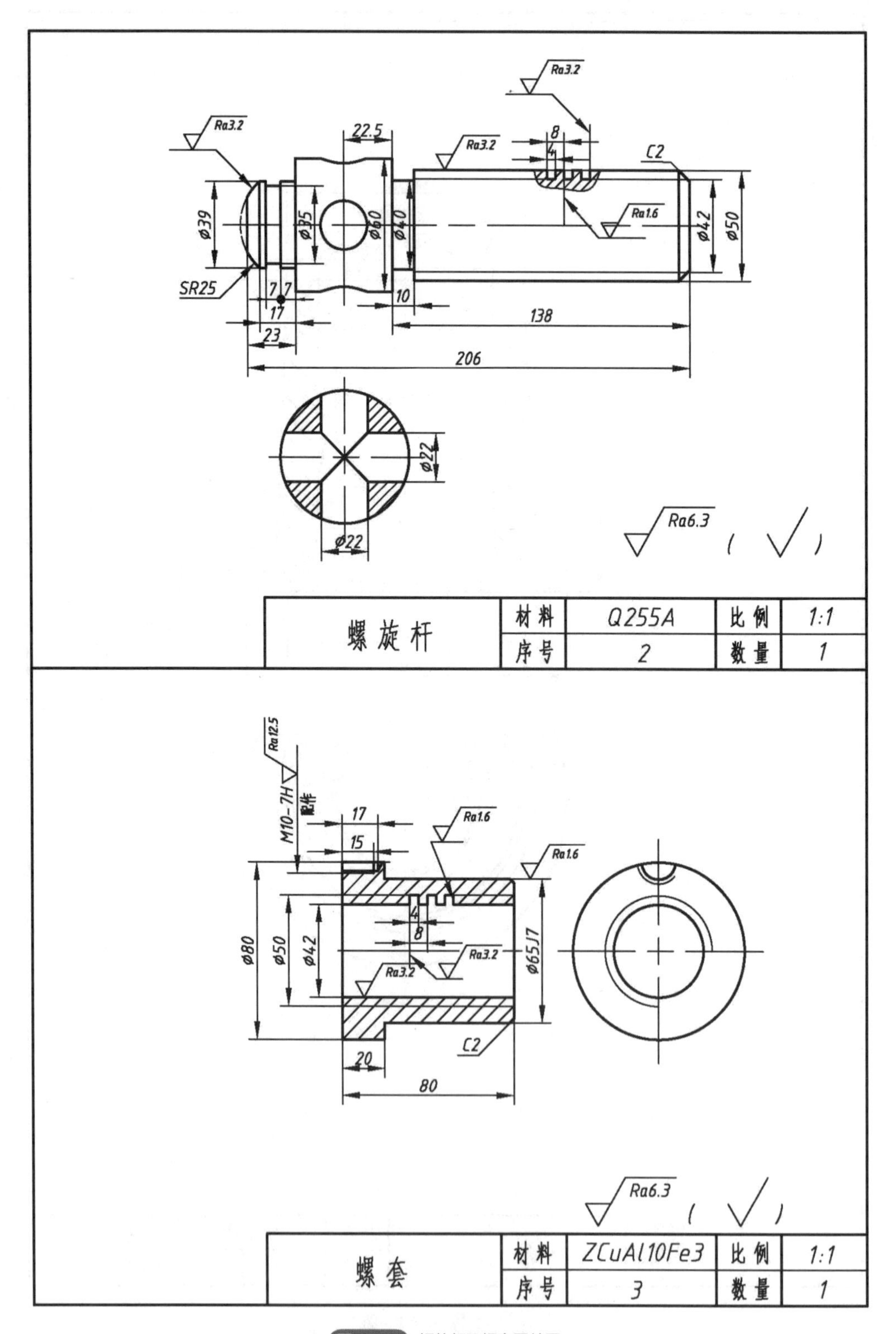

图 11-55 螺旋杆及螺套零件图

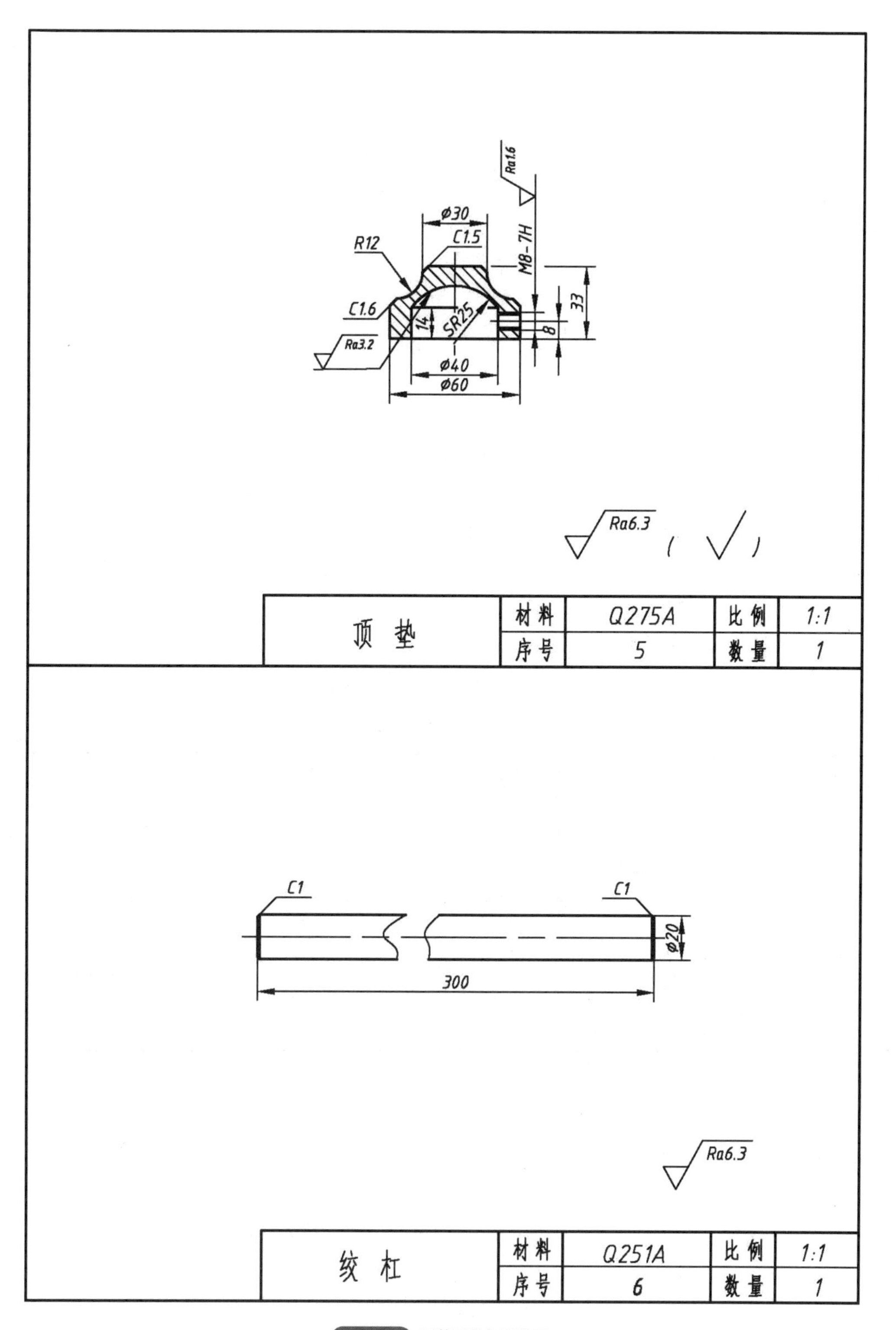

图 11-56 顶垫及绞杠零件图

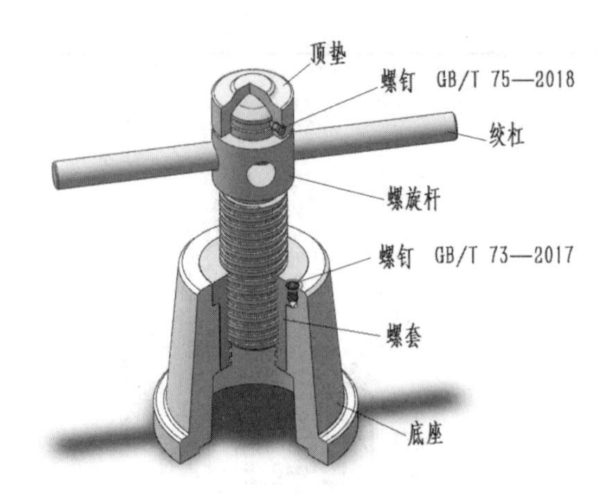

图 11-57 千斤顶装配示意图

千斤顶的工作原理及构成

千斤顶是一种手动起重、支承装置。扳动绞杠转动螺旋杆，由于螺旋杆与螺套间的螺纹作用，可以使螺旋杆上升或下降，起到起重、支承作用。

千斤顶底座上装有螺套，螺套与底座间由螺钉固定。螺旋杆与螺套由方牙螺纹传动，螺旋杆头部穿有绞杠，可扳动螺旋杆传动。螺旋杆顶部的球面结构与顶垫的内球面接触起浮动作用。螺旋杆与顶垫之间有螺钉限位。

千斤顶构成如表 11-3 所示，装配示意图如图 11-57 所示。

表 11-3 千斤顶的构成

序号	零件名称	数量	材料	备注
1	底座	1	HT200	
2	螺旋杆	1	Q255A	
3	螺套	1	ZCuAl10Fe3	
4	螺钉 M10×12	1	14H 级	GB/T 73—2017
5	顶垫	1	Q275A	
6	绞杠	1	Q215A	
7	螺钉 M8×12	1	14H 级	GB/T 75—2018

第 12 章

工程图转化

本章思维导图

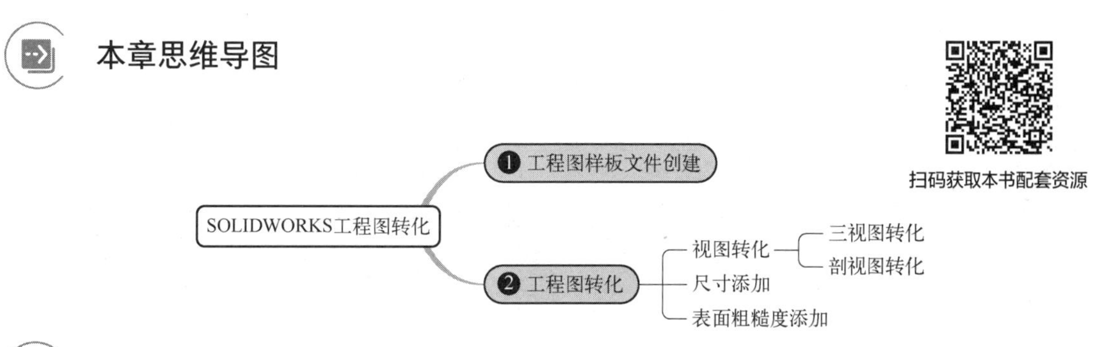

本章学习目标

（1）熟悉 SOLIDWORKS 2022 创建工程图样板文件的方法。

（2）掌握 SOLIDWORKS 2022 软件转化工程图的具体步骤及操作。

（3）掌握 SOLIDWORKS 2022 创建完整的零件图的方法。

工程图转化是 SOLIDWORKS 的三大功能之一，它可以将 SOLIDWORKS 创建的三维实体零件和装配体转化为二维工程图来表达，同时可以标注尺寸、几何公差等三维模型中所不能表达的信息。本章将以一个简单模型转化零件图为例，来说明工程图转化零件图的具体方法。

12.1 生成工程图样板文件

① 点击“新建”按钮，选择“工程图”选项。

② 在弹出的“新建 SOLIDWORKS 文件”对话框中选择“gb-a3”，如图 12-1 所示。

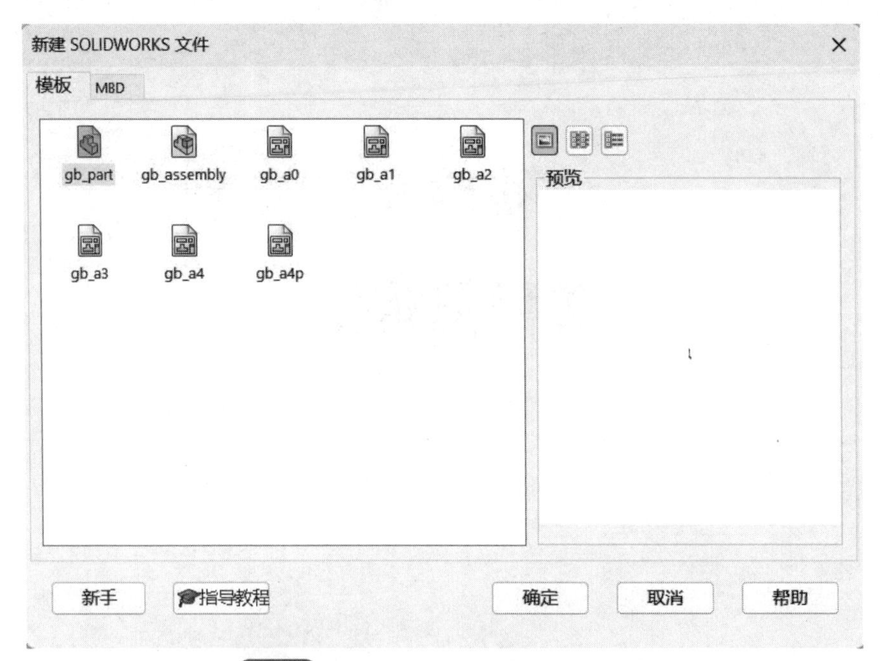

图 12-1 “新建 SOLIDWORKS 文件”对话框

③ 点击“确定”按钮，进入工程图环境，如图 12-2 所示。

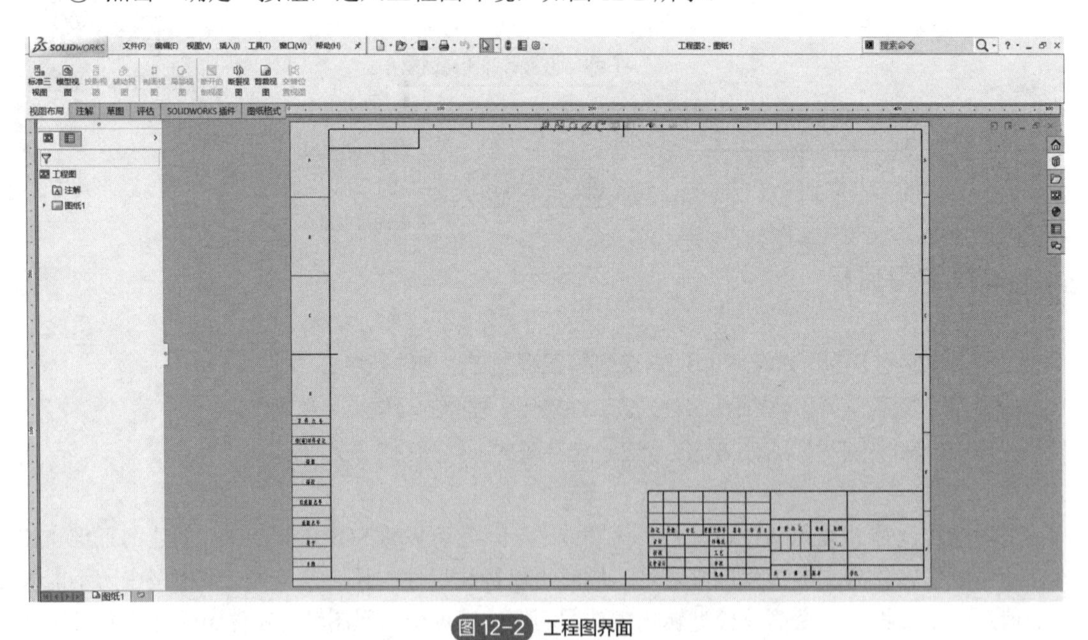

图 12-2 工程图界面

④ 选择左侧“图纸 1”，右击选择“编辑图纸格式”，删除图框和标题，如图 12-3 所示。

⑤ 选择左侧“图纸 1”，右击选择“属性”，会弹出“图纸属性”对话框，如图 12-4 所示。设定图纸尺寸：宽 297，高 210。

⑥ 选择“草图”面板中“边角矩形”命令，绘制图框内框（设定所在图层为轮廓实线层），标注尺寸（长 279 宽 190），如图 12-5 所示。把图框左下角坐标固定在（10，10），如图 12-6 所示。同样的方法，将图框右下角坐标固定在（287，10）。

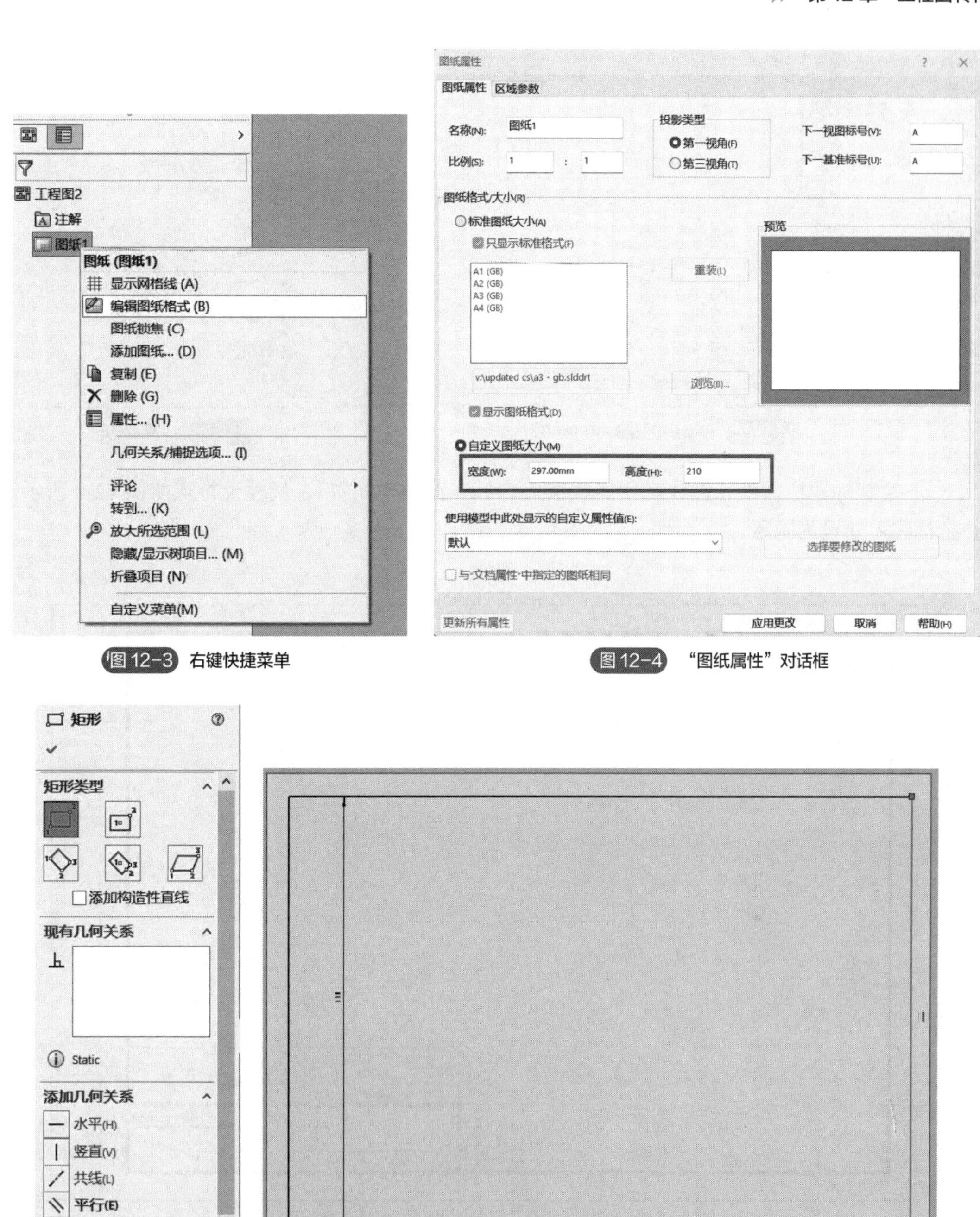

图 12-3　右键快捷菜单

图 12-4　“图纸属性”对话框

图 12-5　绘制图框

⑦ 将图框标注的尺寸选中，右击，设为隐藏，如图 12-7 所示。

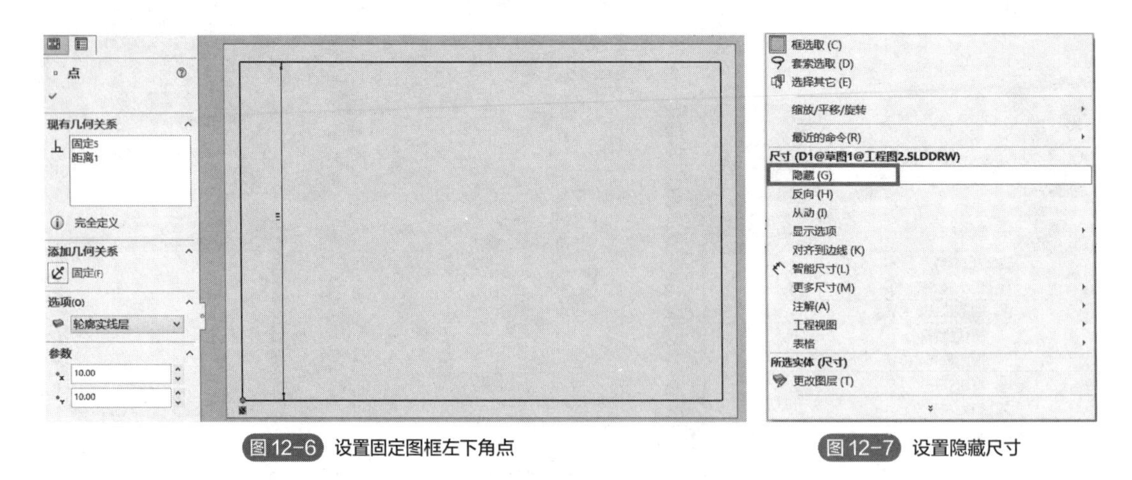

图 12-6 设置固定图框左下角点　　图 12-7 设置隐藏尺寸

⑧ 绘制标题栏（外轮廓线在粗实线层，内部线在细实线层），尺寸及格式如图 12-8 所示，并将标注尺寸设为隐藏。

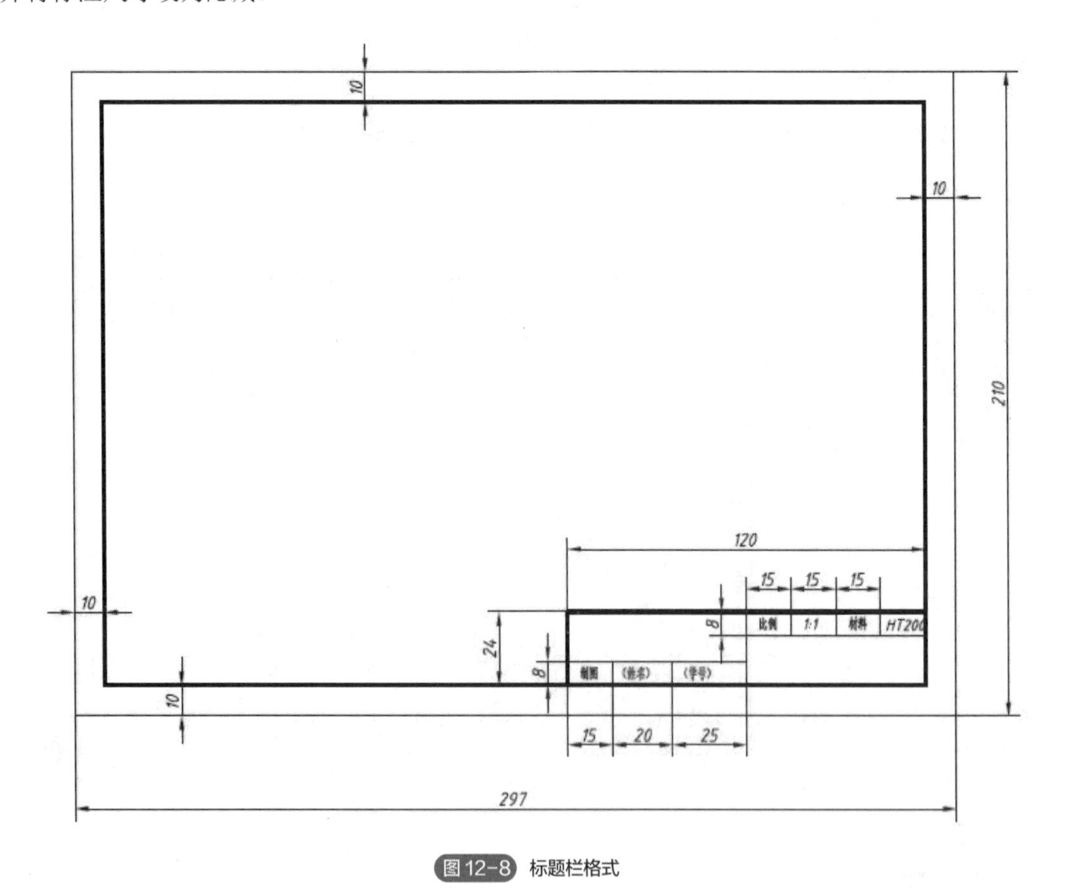

图 12-8 标题栏格式

⑨ 使用“注释”面板的“注释”命令A，书写标题栏内文字，如图 12-9 所示。（注意文字高度，图层为文字层）

⑩ 为图纸设置尺寸标注 GB 环境。

a. 选择“工具”菜单|“选项”命令，会弹出“系统选项”对话框。选择“文档属性”选项卡，设置“绘图标准”为“GB”，如图 12-10 所示。

图 12-9　书写文字后的标题栏

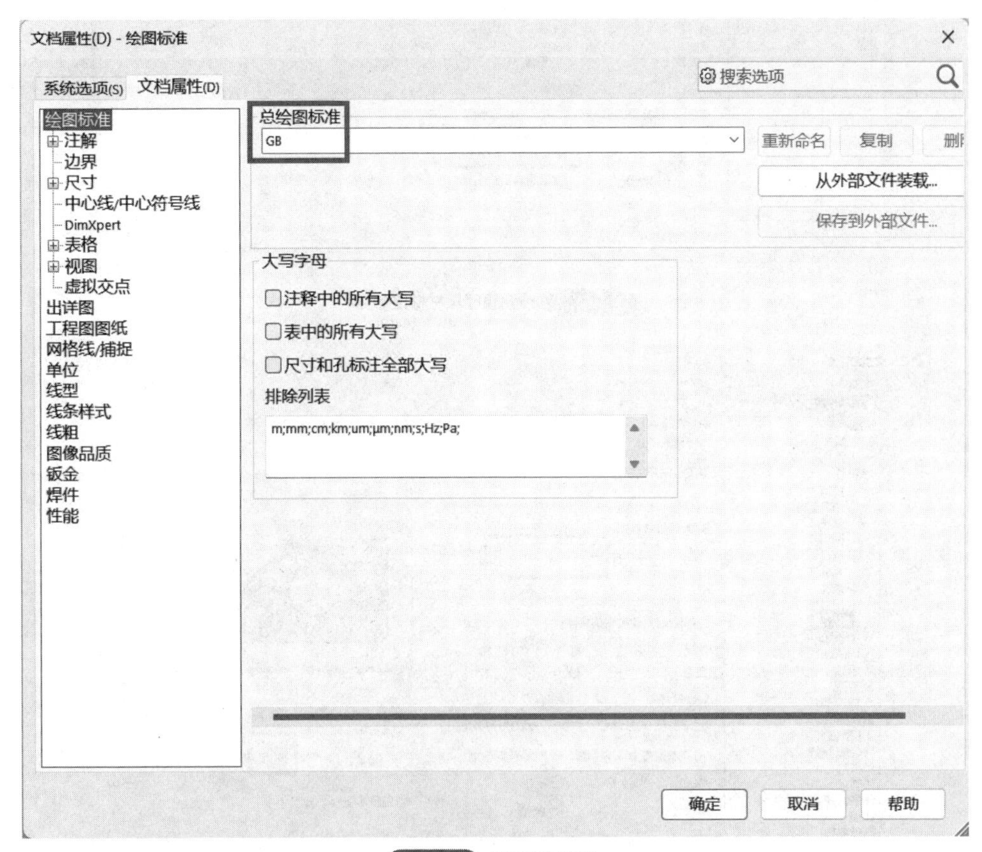

图 12-10　设置绘图标准

b. 选择“文档属性”选项卡，选择“尺寸”选项，设置直径标注的相应参数，如图 12-11 所示。

c. 选择“文档属性”选项卡，选择“尺寸”选项，设置半径标注的相应参数，如图 12-12 所示。

⑪ 将文件另存为“a4.drwdot”（工程图模板），保存到图 12-13 所示文件夹中（只有保存到该目录下才可以在生成工程图时调用）。

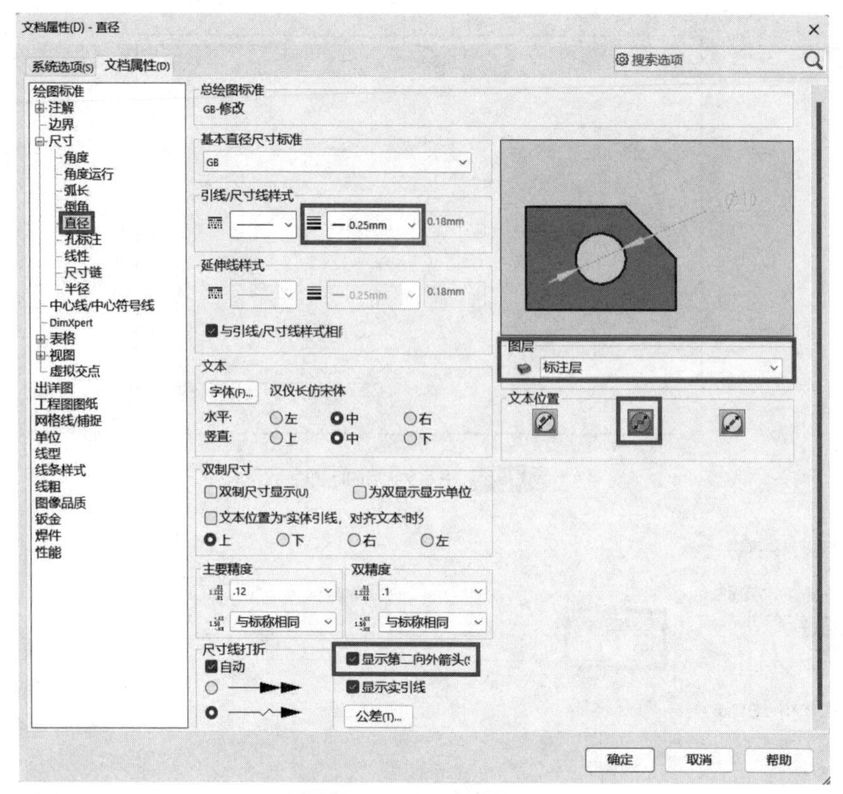

图 12-11 设置直径尺寸标注参数

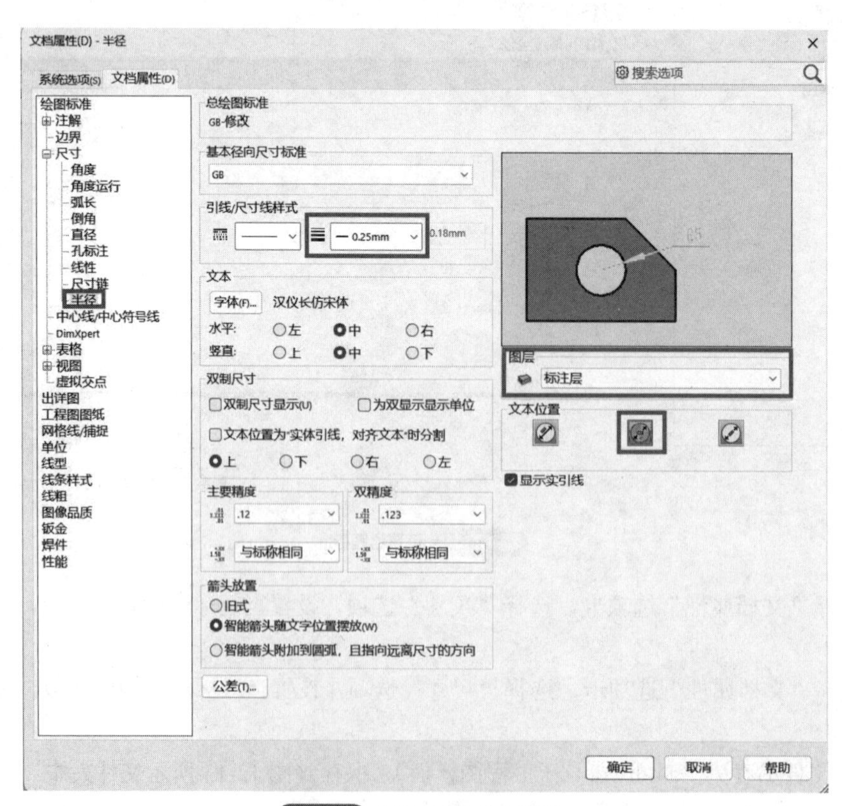

图 12-12 设置半径尺寸标注参数

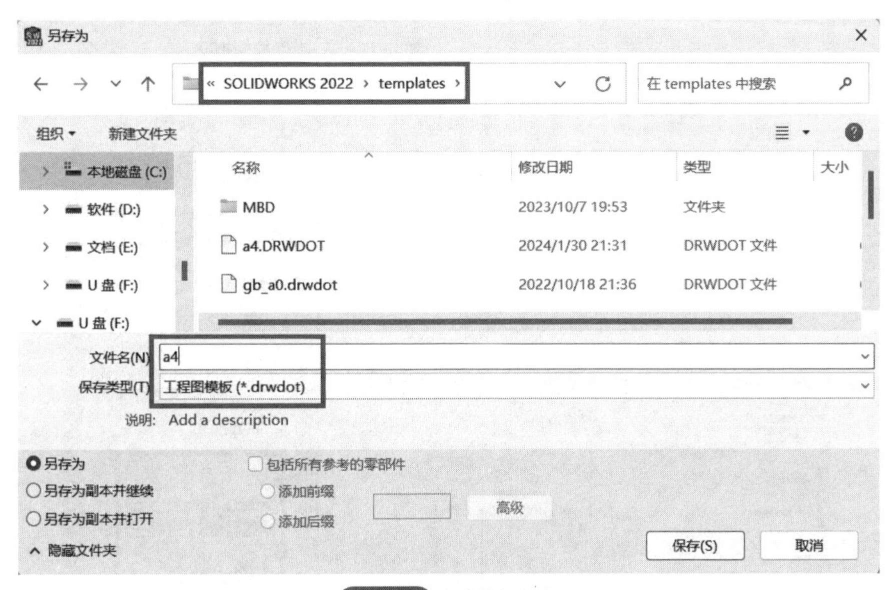

图 12-13 保存模板文件

12.2 生成工程图案例

① 打开三维建模零件。

② 选择“从零件制作工程图”，如图 12-14 所示。

③ 在弹出的“新建 SOLIDWORKS 文件”对话框中选上节中建立的模板文件 gb_a4，如图 12-15 所示。

图 12-14 调用工程图转化命令

图 12-15 选择模板文件

④ 选择“视图布局”面板上“模型视图”按钮，选“下一步”按钮，如图 12-16 所示。选择插入上视图和当前模型视图，如图 12-17 和图 12-18 所示。

⑤ 选择上视图，设置其显示模式为“隐藏线可见”，如图 12-19 所示。

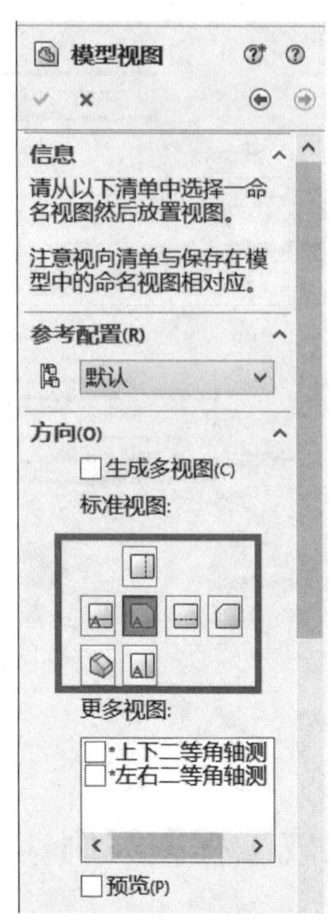

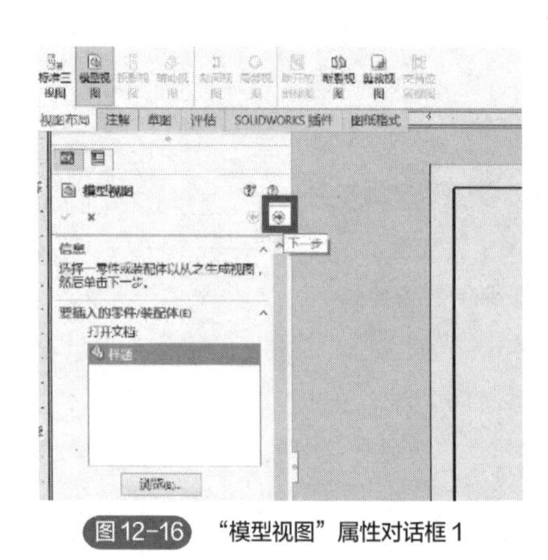

图 12-16 “模型视图”属性对话框 1

图 12-17 “模型视图”属性对话框 2

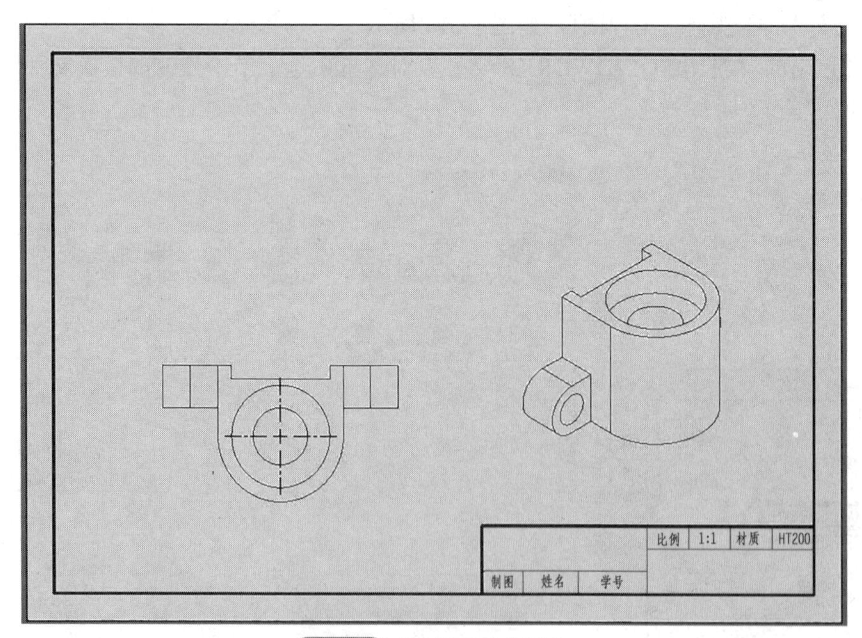

图 12-18 插入视图后的效果图

⑥ 选择两个视图中不应该显示的线（图中画圈的线），右击，将其设为“隐藏”，如图 12-20 所示。

⑦ 选择“视图布局”面板上“剖面视图”命令，在弹出的“剖面视图辅助”属性管理器（图 12-21）中选“半剖面”选项板，选择“半剖面”选项中右侧向上按钮，用鼠标在俯视

图上指定剖切位置（图12-21），并向上拖动，生成主视半剖视图，如图12-22所示。

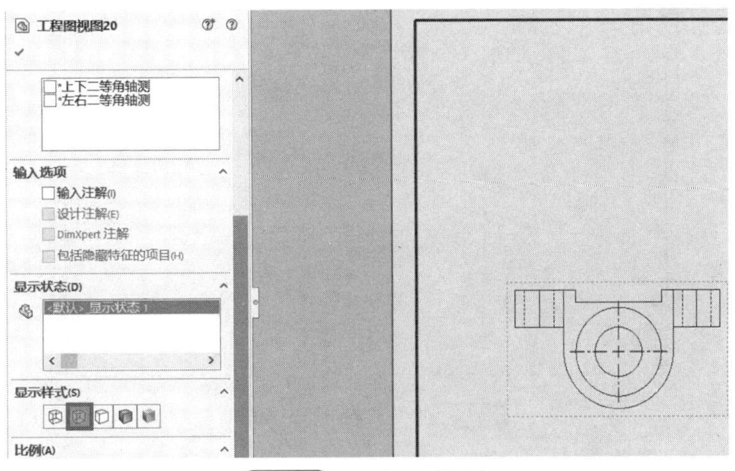

图12-19 显示视图中的图线

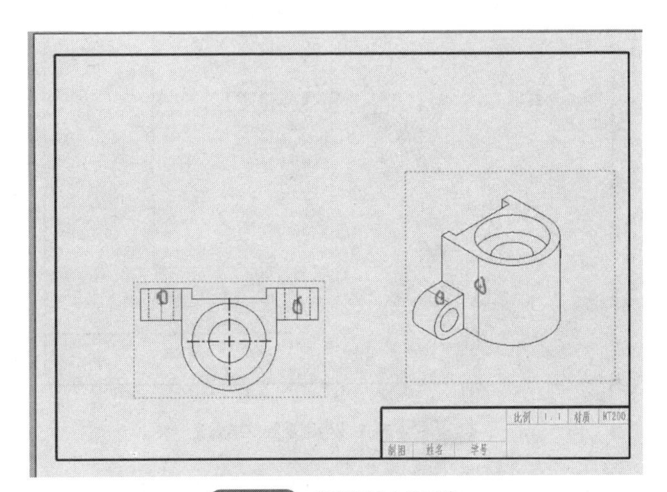

图12-20 隐藏视图中的图线

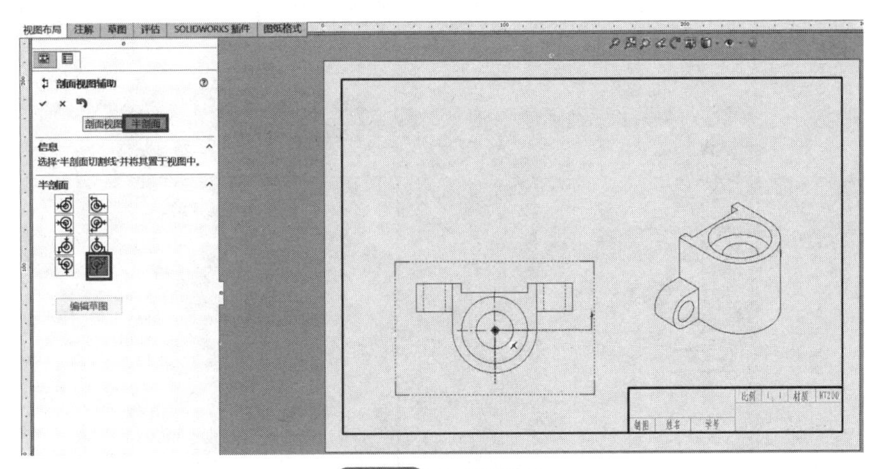

图12-21 生成半剖视图

⑧ 选择主、俯视图中剖切符号，右击，选择“隐藏切割线”，如图12-23所示。

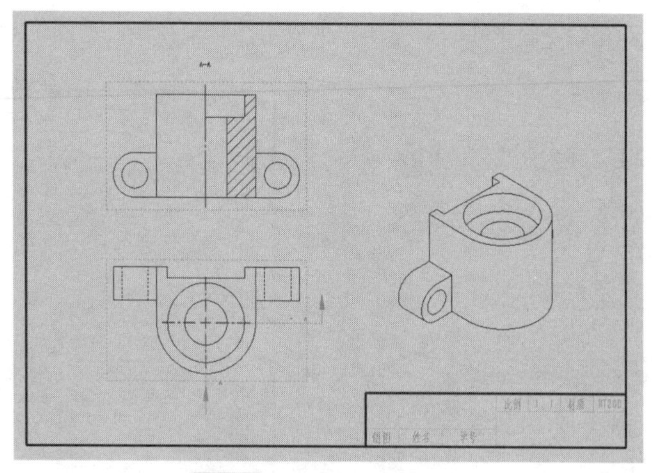

图 12-22 生成半剖视图效果图 1

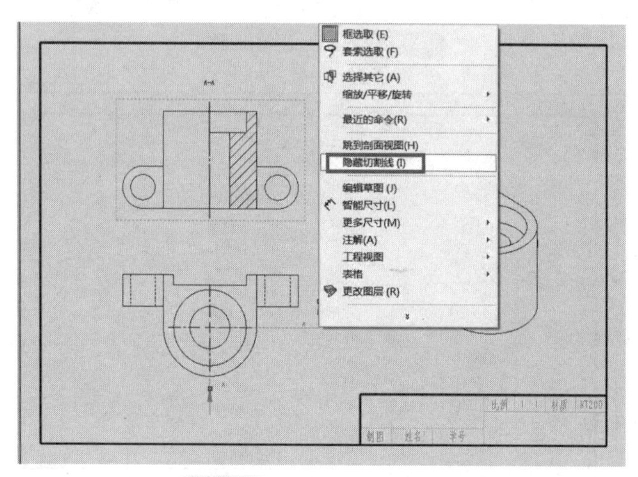

图 12-23 生成半剖视图效果图 2

⑨ 点击“注释”面板“中心线”命令，在弹出的“中心线”属性管理器中选择“自动插入”|“选择视图”选项，在图形区选择俯视图，在俯视图中插入中心线，如图 12-24 所示。

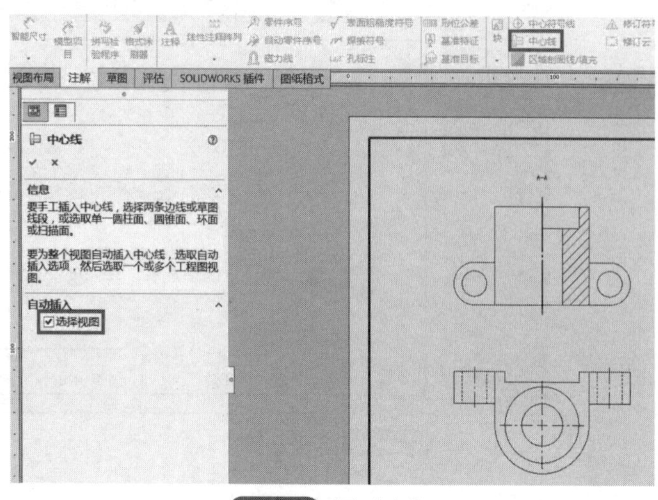

图 12-24 添加中心线

⑩ 点击“注释”面板“中心线”命令中心符号线⊕，为主视图两个圆插入中心线，并调整中心线长度，效果如图12-25所示。

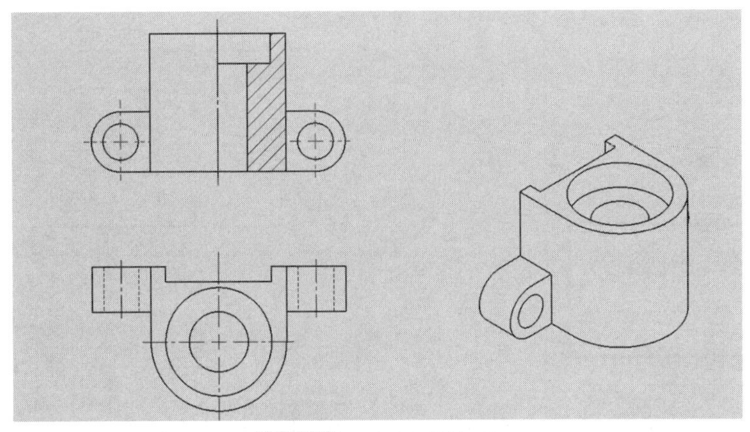

图12-25　添加中心线效果图

⑪ 在工程图上添加尺寸。

SOLIDWORKS为了方便建立零件或装配体的工程图，零件或装配体和工程图有完整的双向关联性。可以在所有转化的工程视图中显示建模时定义的尺寸。同时，当对零件或装配体做改变时，工程图也会自动更新。

a. 单击“注释”面板中的“模型项目”，会弹出“模型项目”属性管理器，如图12-26所示。

b. 在左侧模型项目选项板中，“来源”选项选择“整个模型”；“尺寸”选项“为工程图标注”，以输入所有模型尺寸。选择“消除重复”选项，单击✔确定。

c. 此时可以发现尺寸标注比较杂乱。拖动尺寸将之定位，将不合适的尺寸隐藏起来（选中尺寸后右击，选择隐藏），并选择“智能尺寸”将新尺寸补上，如图12-27所示。

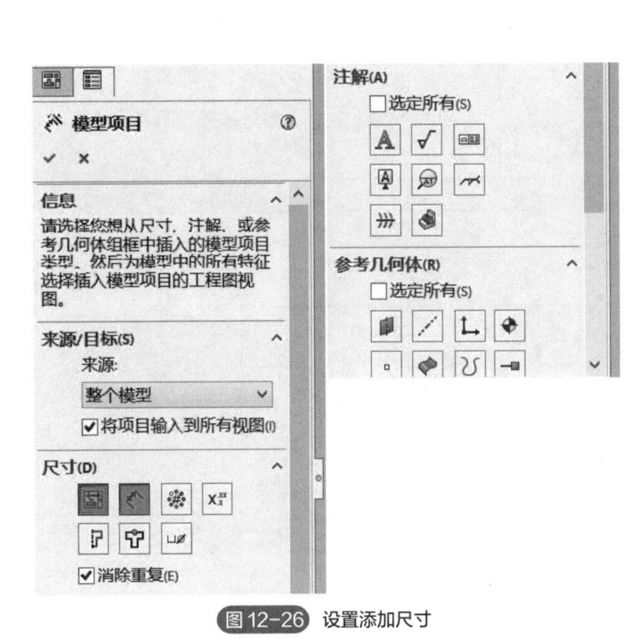

图12-26　设置添加尺寸

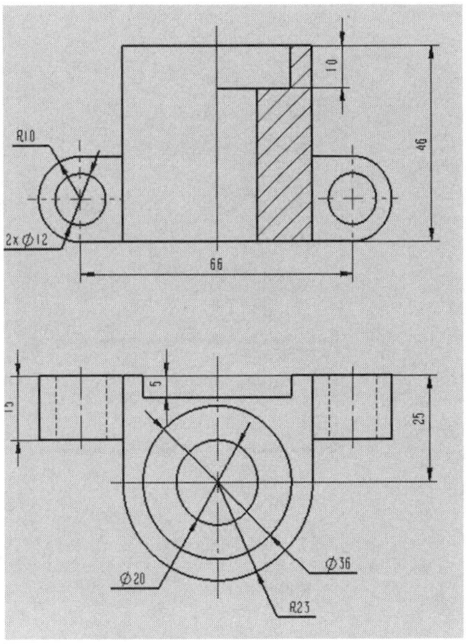

图12-27　设置添加尺寸后效果

d. 双击图中尺寸“25”，在左侧对话框中对其参数进行修改，添加公差，如图 12-28 所示。

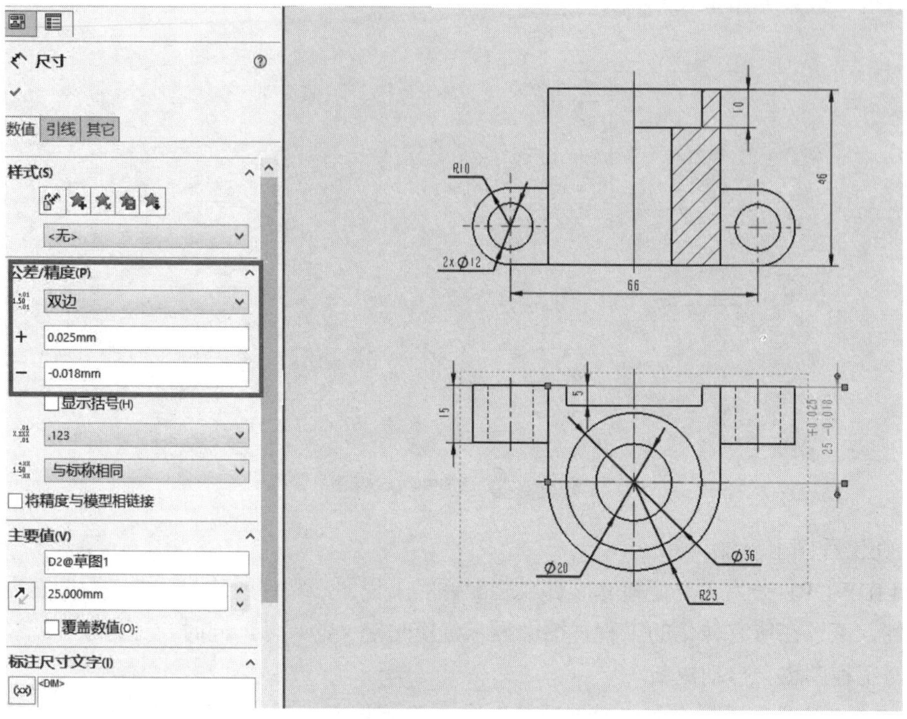

图 12-28 编辑尺寸 1

e. 与步骤 d 类似，用智能尺寸在主视图中添加尺寸“36±0.08”，如图 12-29 所示。

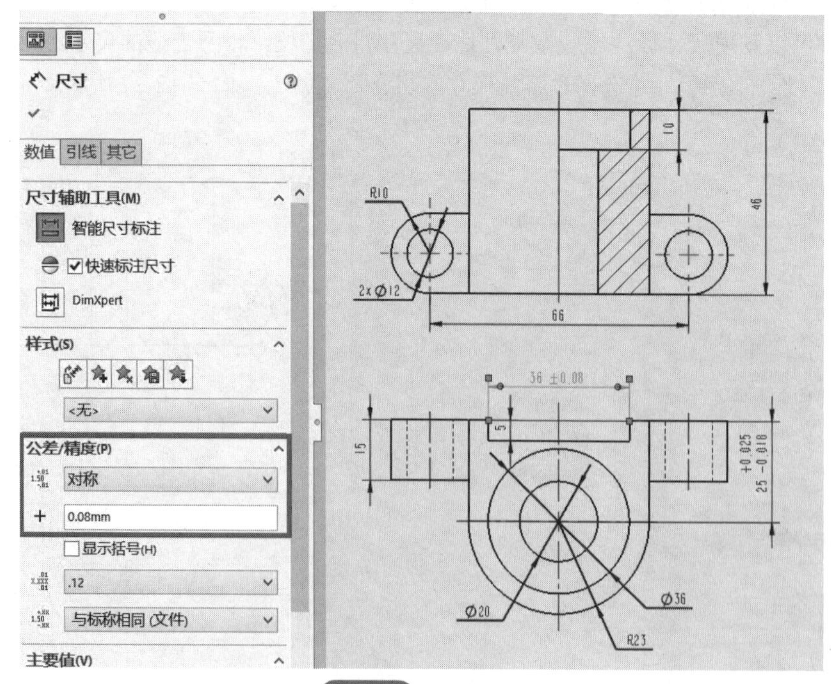

图 12-29 编辑尺寸 2

⑫ 单击“注释”面板中的“粗糙度符号”√，在弹出的“表面粗糙度”属性管理器中设定相关参数，并用鼠标指定放置位置，如图 12-30 所示。

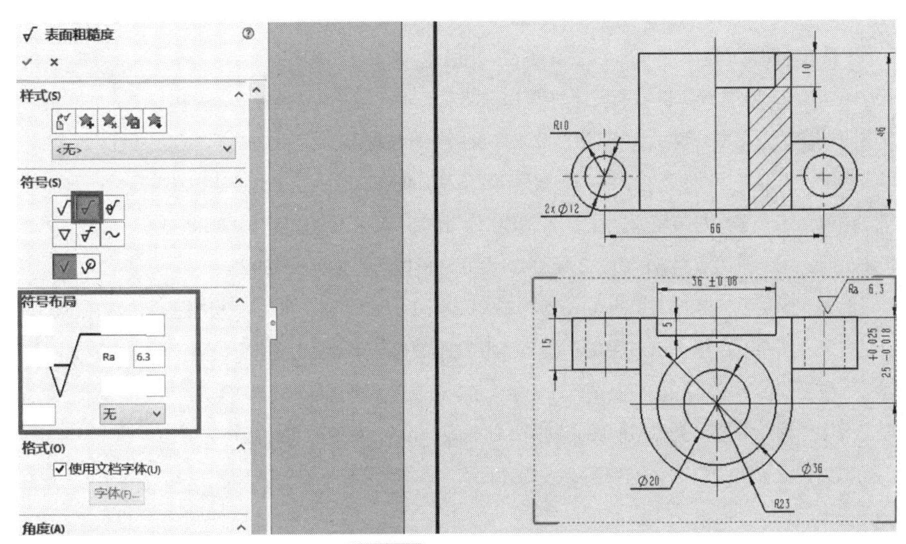

图 12-30　插入粗糙度符号

这样一张完整的工程图就转化完成了，效果如图 12-31 所示。

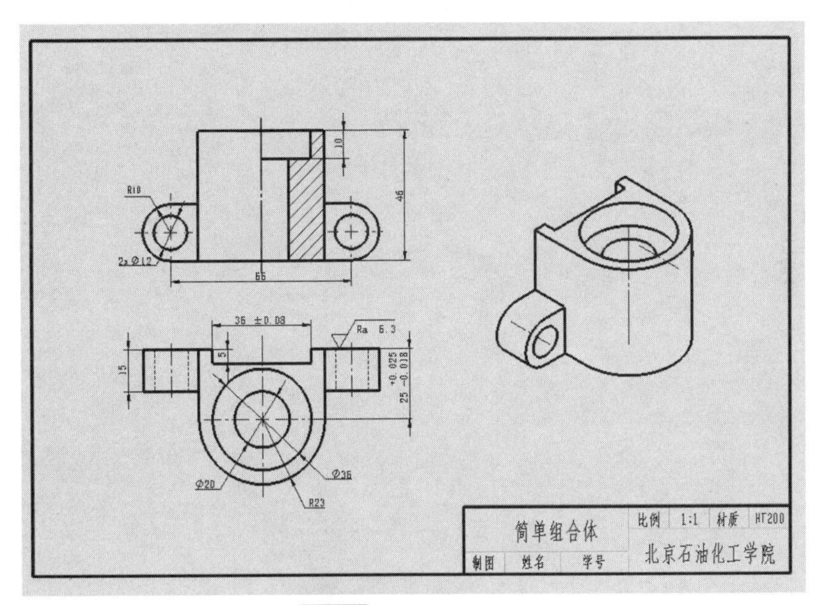

图 12-31　转化的完整工程图

课后练习

扫码下载文件
轴承座造型

扫码看视频
轴承座三视图转化

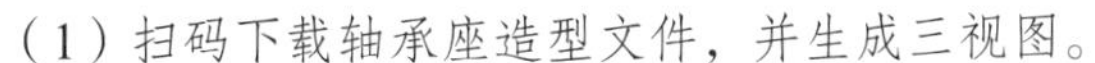
（1）扫码下载轴承座造型文件，并生成三视图。

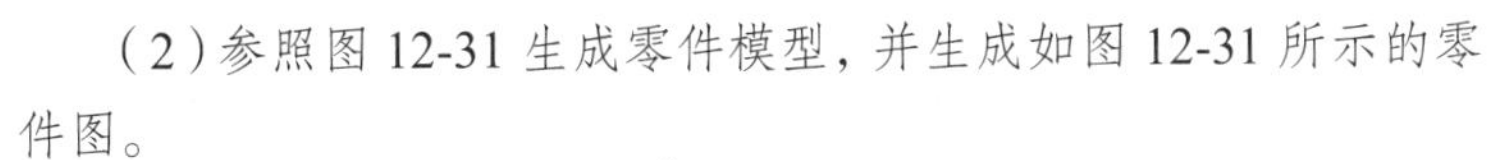
（2）参照图 12-31 生成零件模型，并生成如图 12-31 所示的零件图。

参考文献

[1] 孙铁红. 计算机辅助设计[M]. 西安：西安交通大学出版社，2019.

[2] 孙铁红. AutoCAD 2017 计算机辅助设计教程[M]. 北京：北京理工大学出版社，2018.

[3] 程绪琦，王建华，张文杰，等. AutoCAD 2022 中文版标准教程[M]. 北京：电子工业出版社，2022.

[4] 吴佩年，宫娜，王迎，等. 计算机绘图基础教程[M]. 3 版. 北京：机械工业出版社，2022.

[5] 戴瑞华. Solidworks 零件与装配体教程(2022 版)[M]. 北京：机械工业出版社，2022.

[6] 戴瑞华. Solidworks 高级零件教程(2022 版)[M]. 北京：机械工业出版社，2022.

[7] 段辉，马海龙，汤爱君，等. SOLIDWORKS2022 基础与实例教程[M]. 北京：机械工业出版社，2023.

[8] 罗蓉，王彩凤，严海军，等. SOLIDWORKS 参数化建模教程[M]. 北京：机械工业出版社，2021.

[9] 大连理工大学工程图学教研室.机械制图[M]. 7 版. 北京：高等教育出版社，2013.

[10] 大连理工大学工程图学教研室.机械制图习题集[M]. 6 版. 北京：高等教育出版社，2013.

[11] 冯涓，杨惠英，王玉坤，等. 机械制图[M]. 4 版. 北京：清华大学出版社，2018.